东北黑土地地球化学质量评价

DONGBEI HEITUDI DIQIU HUAXUE ZHILIANG PINGJIA

戴慧敏　辛后田　刘国栋　刘　凯　宋运红
钱　程　杨　泽　魏明辉　张哲寰　贺鹏飞
李秋燕　张一鹤　肖红叶　王晓光　梁　帅　著
许　江　韩晓萌　房娜娜　陈超群　赵　君
许可可　王宏博

图书在版编目(CIP)数据

东北黑土地地球化学质量评价/戴慧敏等著.—武汉:中国地质大学出版社,2024.4
ISBN 978-7-5625-5791-3

Ⅰ.①东… Ⅱ.①戴… Ⅲ.①黑土-地球化学-质量-评价-东北地区 Ⅳ.①P596.2

中国国家版本馆CIP数据核字(2024)第045445号

审图号:GS(2024)1127号

东北黑土地地球化学质量评价		戴慧敏 等著
责任编辑:周 豪 选题策划:毕克成 段 勇		责任校对:徐蕾蕾
出版发行:中国地质大学出版社(武汉市洪山区鲁磨路388号)		邮编:430074
电 话:(027)67883511 传 真:(027)67883580		E-mail:cbb@cug.edu.cn
经 销:全国新华书店		http://cugp.cug.edu.cn
开本:880毫米×1230毫米 1/16	字数:424千字	印张:13.5
版次:2024年4月第1版		印次:2024年4月第1次印刷
印刷:武汉中远印务有限公司		
ISBN 978-7-5625-5791-3		定价:98.00元

如有印装质量问题请与印刷厂联系调换

前 言

化学元素是非生命地球的基本组成单位,类似于生命科学中的基因,而地球上的生命是在元素周期表中所有化学元素存在的环境中逐步演化的,地球表层存在92种稳定的化学元素,在人体中已经发现了81种。1971年,英国地球化学家埃里克·汉密尔顿指出,除了生物原生质的主要组成(碳、氢、氧、氮)与地壳中主要组分(硅、铝)外,人体中元素含量与地壳的元素丰度曲线十分相似。医学界发现,各种元素过多过少都会导致人体生病,人体各种元素通过食物链直接或间接来自土壤,其中主粮是重要来源之一。东北地区对我国粮食安全具有重要战略意义,习近平总书记多次就黑土地保护利用做出重要指示批示。2020年7月22—24日,习近平总书记在吉林省梨树县考察调研时指出:"采取有效措施切实把黑土地这个'耕地中的大熊猫'保护好、利用好,使之永远造福人民"。2023年9月7日,习近平总书记主持召开新时代推动东北全面振兴座谈会时指出,当好国家粮食稳产保供"压舱石",是东北的首要担当。党中央、国务院高度重视东北黑土地保护,近年来多个中央一号文件对加强黑土地保护都作了具体要求,提出"实施国家黑土地保护工程",将黑土地保护上升为国家战略。2022年8月,《中华人民共和国黑土地保护法》开始实施。

土地质量地球化学调查是国家基础性、公益性、战略性地质调查工作。20世纪末,中国地质调查局以国家重大需求为导向,更加紧密地与国家粮食安全和经济社会发展等重大战略相结合,土地质量地球化学调查应运而生。本书资料就来源于2003—2021年中国地质调查局组织实施的东北地区1:25万土地质量地球化学调查48.47万 km^2 的数据,其中包括耕地面积4.17亿亩(1亩≈666.67km^2)。

项目工作中,采用双层网格化采样布局进行不同地貌景观区的土壤样品采集。其中,表层土壤1km×1km的网格(即1500亩)布设1个采样点位,母质层(深层)土壤2km×2km的网格(即6000亩)布设1个采样点位;每个样品分析测试54项元素和指标,pH和有机碳除外的52项元素和氧化物化学组分总含量平均为92.91%。不同类型的土壤52项指标(元素和氧化物)总含量差异明显。其中,棕壤和暗棕壤52项指标总含量最高,分别为94.54%和94.42%。这些基础数据的掌握相当于对土壤进行"体检",是黑土地"类基因图谱"极为重要的国情数据。

本书集成了东北地区1:25万土地质量地球化学调查评价工作成果,书中的黑土地是指两大平原耕地集中分布区,包括其内分布的全部耕地、园地、林地、草地以及后备耕地资源。全书分为五章:第一章概括地介绍了东北黑土地生态地质概况,包括自然地理、区域地质背景与黑土地资源分布格局、黑土地发育与地质环境演变、区域水文地质与黑土地资源生态环境。第二章简要介绍了东北地区农业生产条件,主要包括土壤类型和利用现状。第三章系统地对野外调查采样方法、样品分析测试方法及数据质量、评价方法、图件编制作了详细的介绍。第四章详细介绍了黑土地表层和深层元素含量、分布及区域组合特征,为黑土地质量空间特征提供信息。第五章详尽评价和分析了黑土地质量、养分情况、富硒分布、重金属环境质量、酸碱分布差异及时空变化等。第六章评价了土壤表层、成土母质中碳的分布、密度及储量特征。

本书前言由戴慧敏撰写，第一章由辛后田、钱程、宋运红、戴慧敏、王晓光撰写，第二章由戴慧敏、肖红叶撰写，第三章由刘国栋、刘凯、魏明辉等撰写，第四章由刘国栋、戴慧敏、刘凯、许江撰写；第五章由戴慧敏、宋运红、刘凯、杨泽撰写，第六章由刘国栋撰写。微机制图由宋运红、李秋燕、张一鹤、张哲寰、赵君、韩晓萌、房娜娜、贺鹏飞、陈超群等完成。

本书在编写过程中得到了中国地质调查局以及沈阳地质调查中心领导的大力支持。辽宁省地质调查院有限公司、黑龙江省自然资源调查院、吉林省地质调查院、内蒙古自治区地质调查院、辽宁省地质矿产研究院有限公司等有关技术支撑单位参与了野外调查采样、资料收集整理与数据分析工作，中国科学院沈阳应用生态研究所、沈阳农业大学等相关老师在本书编写过程中给予了指导，在此一并表示感谢！

由于著者水平有限，书中不足之处在所难免，敬请广大读者批评指正。

著　者

2023 年 11 月

目　录

第一章　生态地质概况 ……………………………………………………………………（1）
　第一节　自然地理 ……………………………………………………………………………（1）
　第二节　区域地质背景与黑土地资源分布格局 ……………………………………………（5）
　第三节　黑土地发育与地质环境演变 ………………………………………………………（19）
　第四节　区域水文地质与黑土地生态环境 …………………………………………………（30）

第二章　农业生产条件 ……………………………………………………………………（31）
　第一节　东北黑土资源主要土壤类型 ………………………………………………………（31）
　第二节　土地利用现状及土地利用变化 ……………………………………………………（35）
　第三节　农业生产概况 ………………………………………………………………………（39）

第三章　土地地球化学质量评价方法 ……………………………………………………（40）
　第一节　样品采集方法 ………………………………………………………………………（40）
　第二节　数据参数统计 ………………………………………………………………………（48）
　第三节　土地地球化学质量评价方法 ………………………………………………………（55）
　第四节　图件编制方法 ………………………………………………………………………（59）

第四章　元素地球化学特征 ………………………………………………………………（61）
　第一节　土壤地球化学背景与地球化学基准 ………………………………………………（61）
　第二节　土壤地球化学富集特征 ……………………………………………………………（74）
　第三节　土壤元素组合特征 …………………………………………………………………（75）

第五章　黑土地地球化学质量特征 ………………………………………………………（103）
　第一节　土壤养分丰缺状况 …………………………………………………………………（103）
　第二节　土壤环境地球化学评价 ……………………………………………………………（119）
　第三节　土壤质量地球化学综合特征 ………………………………………………………（128）
　第四节　绿色天然富硒土地资源 ……………………………………………………………（130）

第六章　土壤碳库构成 ……………………………………………………………………（132）
　第一节　表层土壤碳及有机碳区域分布特征 ………………………………………………（132）
　第二节　成土母质碳及有机碳区域分布特征 ………………………………………………（134）
　第三节　土壤碳密度及土壤碳储量 …………………………………………………………（138）

主要参考文献 ………………………………………………………………………………（144）

附　图 ··· (148)

附图1　黑土地土壤全氮评价图 ··· (148)
附图2　黑土地土壤磷元素评价图 ··· (149)
附图3　黑土地土壤钾元素评价图 ··· (150)
附图4　黑土地土壤有机质评价图 ··· (151)
附图5　黑土地土壤氧化钙评价图 ··· (152)
附图6　黑土地土壤氧化镁评价图 ··· (153)
附图7　黑土地土壤硒元素评价图 ··· (154)
附图8　黑土地土壤氟元素评价图 ··· (155)
附图9　黑土地土壤碘元素评价图 ··· (156)
附图10　黑土地土壤锗元素评价图 ··· (157)
附图11　黑土地土壤铜元素评价图 ··· (158)
附图12　黑土地土壤锌元素评价图 ··· (159)
附图13　黑土地土壤钼元素评价图 ··· (160)
附图14　黑土地土壤锰元素评价图 ··· (161)
附图15　黑土地土壤养分综合评价图 ··· (162)
附图16　黑土地土壤环境综合评价图 ··· (163)
附图17　黑土地土壤质量综合评价图 ··· (164)
附图18　黑土地土壤绿色食品产地适宜区评价图 ··· (165)

附　表 ··· (166)

附表1　表层土壤54项指标与中国土壤A层背景值对比 ····································· (166)
附表2　松辽平原和三江平原表层土壤地球化学背景对比 ································· (167)
附表3　不同地质背景表层土壤元素富集与贫乏组合 ··· (168)
附表4　不同土壤类型表层土壤元素富集与贫乏组合 ··· (174)
附表5　不同流域表层土壤元素富集与贫乏组合 ··· (179)
附表6　不同土地利用类型表层土壤元素富集与贫乏组合 ································· (183)
附表7　土壤地球化学基准值 ··· (185)
附表8　与中国东部平原土壤地球化学基准值对比 ··· (187)
附表9　东北地区两大平原土壤地球化学基准值 ··· (188)
附表10　不同地质背景深层土壤元素富集与贫乏组合 ······································· (189)
附表11　不同土壤类型深层土壤元素富集与贫乏组合 ······································· (195)
附表12　不同流域深层土壤元素富集与贫乏组合 ··· (201)
附表13　不同土地利用类型深层土壤元素富集与贫乏组合 ······························· (204)
附表14　表层与深层土壤元素含量比值 ··· (207)

第一章 生态地质概况

黑土地是大自然赋予人类的宝贵资源。中国东北地区是全球仅有的四大黑土区之一,粮食产量占全国总量的1/4,是我国最重要的商品粮基地,被誉为粮食生产的"稳压器"和"压舱石"。因长期过度开发利用、气候变化等多种因素影响,黑土地出现了"变薄""变瘦""变硬"等不同程度的退化,生态地质环境问题突出,直接影响到国家粮食安全。

第一节 自然地理

一、地形地貌特征

东北地区地形以平原、丘陵和山地为主,东部为长白山地,北部为小兴安岭,西倚大兴安岭,在山地之间分布着松辽平原和三江平原,以山环水绕、平原居中为特征,沃野千里。

松辽平原第四纪地貌是在中生代以来的北北东向欧亚板块大陆边缘裂谷带构造格局的基础上继承发展而来的。中生代以来区域性的不均衡断隆与拗陷运动表现出西部大兴安岭与东部小兴安岭、长白山地断隆抬升,中部松辽平原西部大幅度沉降,东部小幅度沉降,山区的隆升、平原区的下沉以及新构造断裂的形成,构成了自西向东推进的冲洪积台地、冲湖积与沼泽低平原、冲积低平原等陆地波浪。松辽平原地形平坦辽阔,西部和南部地势低洼,以堆积作用为主,形成堆积盐沼低平原;东部和中部地形凸起,形成以剥蚀为主的高平原;松花江、辽河及其他河谷地带地形平坦,形成以堆积和侧向侵蚀作用为主的河谷平原。

三江平原地区由兴凯湖平原和三江平原两大平原组成,地势平坦、低洼,以堆积作用为主,形成冲湖积沼泽低平原。西部为小兴安岭,属于花岗岩、火山岩及变质岩褶断侵蚀低山丘陵,地形标高300~600m,发育近东西向顺坡河谷,山前多形成河谷平原与扇形平原。三江平原东、南两面为那丹哈达岭,属于花岗岩、沉积岩褶断侵蚀低山丘陵,地形标高300~800m,与平原多以断裂相接,地形发生突变。三江平原北隔黑龙江,与俄罗斯阿穆尔平原相连,东接乌苏里江、完达山,是一个四面环山,呈北东向展布的内陆平原,标高一般50~60m,最低的抚远三角洲标高34m。地势低平,沼泽湿地发育,并有零星的残山、残丘突立于平原之中。兴凯湖平原位于完达山南麓,北依完达山,南抵大、小兴凯湖,东界乌苏里江,西邻那丹哈达岭,为典型内陆湖积平原。地势低平,标高60~70m。晚更新世以来,湖泊不断退缩,遗留下数条湖堤环列于湖泊北缘,气势宏伟壮观。

二、气候特征

东北黑土地跨暖温带、中温带、寒温带 3 个气候区，南部临海，东部近海，西靠沙漠，具有较多的西风带天气和气候特色。东部有地势较高的长白山屏障，海洋气候不易深入黑土分布区，西部大兴安岭西坡平缓，与蒙古高原相接，西伯利亚的大陆性气候系统较易进入松辽平原腹地，故东北黑土地分布区有明显的大陆性气候特点，总体以寒带—温带大陆季风型气候为其特征。季节分明，春季多风干燥，多发春旱；夏季炎热，雨量集中，多发洪涝；秋季雨量骤减；冬季漫长，干燥寒冷。

全区多年平均气温-4~10℃，大部分地区为 2~6℃，呈现由西北向东南递增的特点，南北温差达 10 余摄氏度。大兴安岭地区的北部多年平均气温-6~-4℃，沈阳以南至沿海地区多年平均气温 8~10℃。7 月的气温最高，并且南北差别不大，一般在 20~25℃ 之间，极端最高气温为抚顺，达 45℃；1 月气温最低，南北差别较大，南部为-4℃，北部为-30℃，极端最低气温出现在黑龙江省最北部的漠河，可达-52.3℃。随着气温的增高，季节性冻土深度由 1.8~2.5m 减少至 1.0~1.5m。

东北黑土地分布区降水不均一（图 1-1），年降水量及其季节分配主要由季风环流水汽来源及地形等因素控制，多年平均降水量在 350~800mm 之间，总的趋势是由北向南递增；蒸发量的变化与降水量相反，自西南向东北呈递减趋势，大部分在 900~2000mm 之间。以松嫩平原为例，松嫩平原多年平均降水量为 484.57mm，最大年平均降水量为 646.4mm（1957 年），最小年平均降水量为 303.01mm（2001 年）。降水量分布东部较多，西部较少，由东向西降水量递减，西南降水量最少。随降水量减少，气候也由东部的半湿润气候过渡为西部的半干旱气候。东部高平原区多年平均降水量在 500~600mm 之间，干燥度在 0.9~1.2 之间，属半湿润气候；西部年降水量在 350~450mm 之间，干燥度为 1.18~1.45，属半干旱气候。降水量年内分布极不均匀，6—9 月降水量在 350~500mm 之间，占全年降水量的 70%~80%。多年平均蒸发量为 1 498.1mm，最大年蒸发量为 1 783.7mm（1982 年），最小年蒸发量为 1 247.8mm（1957 年）。全区蒸发量自东北向西南递增，东部高平原区蒸发量在 1150~1500mm 之间，西部在 1600~1150mm 之间。

三、水文特征

水系是在松辽盆地地质构造、古地貌发育的基础上，几经变迁逐渐演变而成的。水文网比较发育，但分布不均。在大兴安岭东坡和松辽平原西部水文网较发育，主要呈北西向和近北北东向展布，形成不对称的树枝状水文网；南部地区下辽河平原及东部三江平原水文网发育且径流量大，松嫩平原北部地区水文网不发育且径流量较小。在小兴安岭—张广才岭—长白山—千山山地地势较高，两侧河流发育，特别是在长白山地区多呈放射状水文网；其他地区水文网不甚发育。主要水系有黑龙江水系、辽河水系、鸭绿江水系等，其中黑龙江、乌苏里江为界河（图 1-2）。大兴安岭—阴山东段和小兴安岭—张广才岭—长白山—千山两条山脉构成地表分水岭，使其两侧河流分向流动。由于河流的侵蚀作用，山脉支离破碎，平原被分割成地块。因河流各段的侵蚀切割作用程度不同，宽谷、U 型谷、V 型谷等地形广布。

1. 松花江

松花江全长 2309km（从嫩江源头算起），流域面积 54.56 万 km²，约占东北黑土地总面积的 50%。松花江有南、北两源；北源为嫩江，发源于伊勒呼里山南麓；南源为第二松花江，发源于长白山天池。两江在扶余县三岔河附近汇合后形成松花江干流，之后又有拉林河和呼兰河注入，向东北经哈尔滨于同江附近注入黑龙江。哈尔滨水文站记录的松花江多年平均径流量为 431.39 亿 m³。流域内的洮儿河、霍林河、乌裕尔河、双阳河对本区湖沼水量平衡影响最显著。

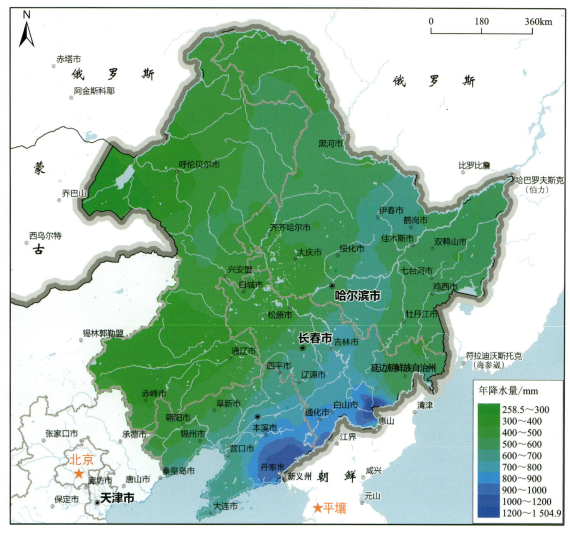

图 1-1 东北黑土地降水量等值线图

2. 辽河

辽河是东北黑土地南部河流,流经河北、内蒙古、吉林、辽宁四省(自治区),全长 1345km,最终注入渤海,流域面积 21.9 万 km^2,是中国七大河流之一。辽河有两源,东源称东辽河,西源称西辽河。两源在辽宁省昌图县福德店汇合,始称辽河,一般以西辽河为正源。而西辽河又有两源,南源为老哈河,北源为西拉木伦河。两源于翁牛特旗与奈曼旗交界处汇合,成为西辽河干流,自西南向东北,流经河北省平泉县,内蒙古自治区宁城县、翁牛特旗、奈曼旗、开鲁县,在内蒙古自治区通辽市、吉林省双辽市,至科尔沁左翼中旗白音他拉纳右侧支流教来河继续东流,于小瓦房汇入北来的乌力吉木伦河后转为东北-西南向,进入辽宁省,到昌图县与东辽河汇合。辽河流域总面积 21.9 万 km^2,河长 1390km。根据河口控制站 1956—1979 年资料推算,辽河多年平均流量约 $400m^3/s$,多年平均径流量 126 亿 m^3,多年平均输沙量 2098 万 t。干流自然落差达 1200m。

3. 黑龙江

黑龙江是我国与俄罗斯的界河,有南、北两源。南源为额尔古纳河,发源于我国大兴安岭北坡,北源

图 1-2 东北黑土地主要水系分布图

为石勒喀河，发源于蒙古人民共和国北部肯特山东麓。两源在黑龙江省漠河县西北部的洛古河村附近汇合后称黑龙江干流，经黑龙江省同江、抚远，至俄罗斯哈巴罗夫斯克与乌苏里江汇合后流入鄂霍次克流线形的鞑靼海峡。黑龙江全长 4510km，流域面积 185.5 万 km²，在我国境内面积为 89.34 万 km²。黑龙江干流长 2850km，在黑龙江省内长 1887km。水面宽 0.8～2.6km，弯曲系数 1.1～1.9，河床平均比降 1/5000。黑龙江水源以雨水补给为主，季节性融雪为辅。夏季受太平洋及鄂霍次克海暖湿空气影响，雨量充沛，地表径流条件好，水量丰富。每年有两次明显的洪水过程，一是融雪形成的春汛，二是降水形成的夏汛。径流量年内分配不均，12 月至翌年 3 月径流量仅占全年径流量的 2%，4—5 月径流量占 16%，6—9 月径流量占 70%，10—11 月径流量占 12%。径流量年际变化较为显著，从萝北站的水文监测资料可以看出，丰水期平均水位 94.18m，比枯水期平均水位 90.18m 高 4.0m；历年最高水位 99.57m（1984 年），比历年最低（夏汛）水位 81.15m（1979 年）高 18.42m。黑龙江冰冻期长，平均封冻 164d，封冻日期一般为 11 月到翌年 4 月。平均最大冰厚 1.28m。近百年出现了 10 次大洪水。本区江段在我国境内，除有乌苏里江、松花江两大支流外，还有小支流鸭蛋河、莲花河、青龙河、鸭绿河、浓江河等。本区黑龙江干流，水深、流急，透明度大，水暗青色，砂砾底，为一些大型鲤科鱼类的越冬场所，并且是鲟鱼、鲤鱼栖息和繁殖场所。

4. 乌苏里江

乌苏里江是我国黑龙江支流,我国与俄罗斯的界河。乌苏里江全长 890km,有两个发源地,一个发源于俄罗斯的锡赫物岭西麓,一个发源于兴凯湖。松阿察河源于俄罗斯境内锡霍特山脉南端西麓。兴凯湖以下为中俄界河。总流域面积 18.7 万 km², 左岸我国境内流域面积 5.6 万 km², 占流域总面积的 30%。源头到河口长 890km, 干流长 500km, 在三江平原内长 223km, 比降 0.56%, 年径流量 619 亿 m³, 年平均流量 1963m³/s, 多年平均水位 96.14m, 年平均最高水位 97.00m, 最低水位 94.92m, 年变差 2.08m。平均封冻天数 150 d, 封冻日期 11 月中旬, 解冻日期 4 月中旬, 平均最大冰层厚 0.81m。主要支流有挠力河、七星河、别拉洪河。本区河床平整,水质清澈,泥砂底,生活着鲑鱼、鲤鱼、鳇鱼、狗鱼、鳜鱼等多种鱼类。抚远的乌苏镇、抓吉、海青、四合为主要鱼类产区。

第二节 区域地质背景与黑土地资源分布格局

一、区域地质背景

东北黑土地位于东北亚活动大陆边缘,夹持于华北克拉通、西伯利亚克拉通和太平洋板块之间,横跨华北克拉通和兴蒙造山带。从 38 亿年前的奥长花岗岩到公元 1720—1721 年的五大连池火山喷发,区域地质演化历史极为漫长且复杂,主要包括早前寒武纪古陆形成、古生代古亚洲洋构造域演化以及中—新生代蒙古-鄂霍次克洋构造域和西太平洋构造域叠加演化几个重要地质构造阶段。南部的华北克拉通具有二元结构模式,主要由变质基底和沉积盖层组成,相继经历了中—新太古代陆核形成和陆壳生长、古元古代微陆块拼合、中—新元古代多期陆内裂谷作用和盖层沉积,古生代表现为稳定的陆块。北部的兴蒙造山带古生代受控于古亚洲洋构造域演化,形成以微陆块和造山带镶嵌分布的复合造山区。中生代,兴蒙造山带已增生至华北克拉通北缘,东北亚地区叠加蒙古-鄂霍次克洋构造域和西太平洋构造域,岩浆活动强烈,上叠盆地发育,造就了良好的成矿地质背景和独特的盆-山构造格局。新生代以来,西太平洋板块向亚洲大陆持续俯冲,区域地壳发生差异抬升且陆内裂谷火山活动强烈,在此基础上冬季风和夏季风强弱交替作用,塑造了东北黑土地特有的"山环水绕"地形地貌,奠定了黑土地形成与分布的地质地貌条件。

(一)区域构造格架

东北地区前中生代的地质演化基本奠定了区域大地构造格局,即南部为华北克拉通北缘东段,北部为兴蒙造山带。中—新生代,相继受蒙古-鄂霍次克洋板块南向俯冲和西太平洋板块西向俯冲作用,东北地区表现为规模巨大的构造-岩浆岩带、盆地群和陆缘断裂系等,主体以北东—北北东向构造线为特征。

1. 大地构造格局

东北地区大地构造格局整体呈现"南北分区、东西分带"的特征。南北分区是指南部的华北克拉通和北部的兴蒙造山带两个一级构造单元,二者大体以赤峰-开原断裂为界。华北克拉通可进一步划分为西北部的冀北地块、西部的冀辽地块以及东部的渤海东陆块。东西分带是指根据兴蒙造山带内微地块和造山带交织分布的特征,由西向东依次划分为额尔古纳地块、兴安地块、松嫩地块、佳木斯-兴凯地块、那丹哈达地体等(图1-3)。另外,兴蒙造山带还包括南部的白乃庙岛弧带。

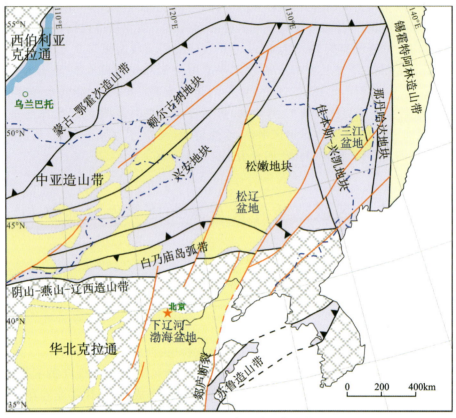

图1-3 东北地区及邻区大地构造格局

华北克拉通的演化历史可追溯至始太古代,大致可划分为早前寒武纪基底演化和晚前寒武纪—早古生代盖层演化两大阶段。基底演化包括>3.0Ga陆核与微陆块形成、2.9~2.7Ga地壳增生、2.5Ga岩浆-变质作用与克拉通化、2.3~1.9Ga古元古代活动(造山)、1.8Ga基底隆升与裂谷-非造山岩浆事件等。基底最终克拉通化发生于1.95~1.80Ga,形成了若干增生或碰撞造山带。古元古代末—早古生代,盖层沉积发育,并伴有1.78~1.60Ga、1.40~1.20Ga、0.92~0.8Ga等多期裂谷岩浆事件。自晚古生代开始,华北克拉通周缘相继活化,北部受古亚洲洋构造域影响,发育早石炭世末—早二叠世安第斯型大陆边缘弧岩浆作用和二叠纪末—三叠纪碰撞—后碰撞岩浆作用,并在该体制下,内蒙地轴隆起,在华北克拉通北部不连续出露变质岩群。

兴蒙造山带呈现古老微陆块和年轻造山带镶嵌的地壳结构。这些微陆块主要包括额尔古纳地块、兴安地块、松嫩地块、佳木斯-兴凯地块、白乃庙岛弧带(地体)等,它们的基底地壳增生时间可追溯到新太古代—中元古代,主要由低角闪岩相—绿片岩相的变质深成岩和变质表壳岩组成,呈不规则残块状零星发育于地块内部或边部。新元古代末—寒武纪,这些地块相继发育岛弧或陆缘弧岩浆作用。早古生代末,额尔古纳地块与兴安地块沿头道桥-塔源构造带拼合,松嫩地块与佳木斯-兴凯地块沿牡丹江构造带拼合,白乃庙岛弧带沿赤峰-开原构造带增生到华北克拉通北缘。晚石炭世末,兴安地块与松嫩地块沿贺根山-黑河构造带拼合,自此兴蒙造山带中的东北微地块群大体拼合完成。二叠纪,受古亚洲洋向南、北两侧陆壳的俯冲作用影响,北侧的微地块群南缘和南侧的华北板块北缘发生强烈的岛弧岩浆作用和地壳增生作用。二叠纪末—早三叠世,东北微地块群沿索伦-林西-吉中缝合带增生到华北板块北缘,由此东北地区形成了统一的块体。

2. 大地构造演化

中国东部中—新生代构造以北北东向为主线、东西分异为特征,经历了多阶段陆内裂陷作用和多期次伸展构造。该区的地球动力学背景与古亚洲洋、蒙古-鄂霍次克洋和西太平洋三大构造体系不同程度的复合和叠加作用有关。基于区域地层格架、沉积建造、盆地演化、岩浆作用等,东北地区的构造演化可大体被划分为中三叠世—中侏罗世局部收缩型盆山构造与东北高原、晚侏罗世—早白垩世高原塌陷与盆-岭构造、晚白垩世以来隆起-坳陷盆-山格局与裂谷盆地3个阶段。

三叠纪的区域构造背景空间差异性大。吉黑东部属古太平洋演化的被动陆缘伸展环境,大兴安岭南部和吉林省中部地区在古亚洲洋闭合背景下发生地壳增厚并向走滑、伸展构造转化,而大兴安岭北部沿额尔古纳地块和兴安地块北部受蒙古-鄂霍次克洋板块南向俯冲作用发育陆缘岩浆弧。至中侏罗世,在蒙古-鄂霍次克洋和西太平洋板块剪切挤压背景下,东北地区地壳增厚,形成高原。

晚侏罗世—早白垩世,西部的大兴安岭地区受蒙古-鄂霍次克洋板块南向俯冲与剪刀式闭合控制,而东部的长白山地区受西太平洋板块俯冲方向和角度的变化影响。整个东北地区构造-岩浆作用强烈,东北高原进入塌陷阶段,形成一系列走向北东—北北东的断陷火山盆地,伴随嫩江断裂和依兰-伊通断裂活动形成以松辽盆地为主体的盆-岭构造体系。

晚白垩世以来,东北地区受环太平洋构造体系持续作用,并伴有地幔柱和超级地幔热带活动,欧亚大陆向东漂移,古太平洋俯冲板块逐渐回撤,形成伸展型大陆边缘。早白垩世末,松辽盆地由断陷盆地转变为坳陷盆地,发育巨厚的陆相细碎屑沉积;晚白垩世晚期,嘉荫-结雅-布列亚盆地与松辽盆地发生构造反转,盆地快速萎缩。古近纪早期,伴随郯庐断裂带北延系右旋伸展走滑,松辽-渤海盆地发育北东向裂谷盆地并伴有古新世—始新世幔源基性火山活动,松辽盆地再次发生断陷并伴有基底抬升剥蚀和裂谷型玄武质岩浆活动。渐新世末—中新世早期,太平洋俯冲板片回卷,形成相似于现今的沟-弧-盆系统。新近纪,松辽盆地进入准平原化演化阶段,局部发育断陷盆地河湖相沉积,而下辽河-渤海等裂谷盆地进入后裂谷期,玄武质岩浆作用增强。

(二)区域基岩特征

东北地区的地质演化历史漫长、地质构造格架复杂、地球动力学背景多变,进而造就了成因多元、组合复杂、形态多样的基岩特征,也形成了不同类型和厚度的黑土土壤。基岩分布受控于区域大地构造格架及各构造单元的地质背景,其出露特征主要与中—新生代构造格架和现今盆-山地貌格局等关系密切。区域出露的基岩大体可划分为片岩/片麻岩、花岗岩、玄武岩、中酸性火山岩、碳酸盐岩、浅变质碎屑岩、碎屑岩等七大类,它们主要分布在大兴安岭、小兴安岭、张广才岭-长白山-千山、努鲁尔虎山-松岭等山地丘陵区(图1-4),这些地区形成的土壤以棕壤和暗棕壤为主,黑土层厚度较薄。

片岩/片麻岩主要形成于前寒武纪,是华北克拉通变质基质的组成部分,也是额尔古纳地块、兴安地块、松嫩地块和佳木斯-兴凯地块等微地块基底地壳的重要组成物质。它们在长白山南部、龙岗、千山等地呈北东东向面状分布,在辽西的努鲁尔虎山、医巫闾山和松岭南部地区呈北东向带状分布,在大兴安岭北部、小兴安岭东北部和老爷岭北部等地呈不规则面状零散分布。

花岗岩的成岩历史漫长,从太古宙一直延续到新生代,但其大规模发育的时间主要为新太古代—古元古代、晚古生代和中生代。新太古代—古元古代花岗岩以TTG片麻岩为特征,是华北克拉通变质基质的重要组成部分,主要分布于吉林省南部以及辽东和辽西的山地丘陵区。晚古生代花岗岩主要形成于俯冲造山、碰撞造山和后造山背景,是兴蒙造山带中各陆块和岛弧带的陆缘及碰撞造山带的重要组成部分,主要沿贺根山-黑河构造带、牡丹江构造带、林西-吉中构造带等分布。中生代花岗岩面积巨大,其形成与蒙古-鄂霍次克洋板块南向俯冲以及西太平洋板片西向俯冲等关系密切,是大兴安岭东部和西北部、小兴安岭东部、张广才岭、长白山东部、千山东部和南部等地出露的最为重要地质体。

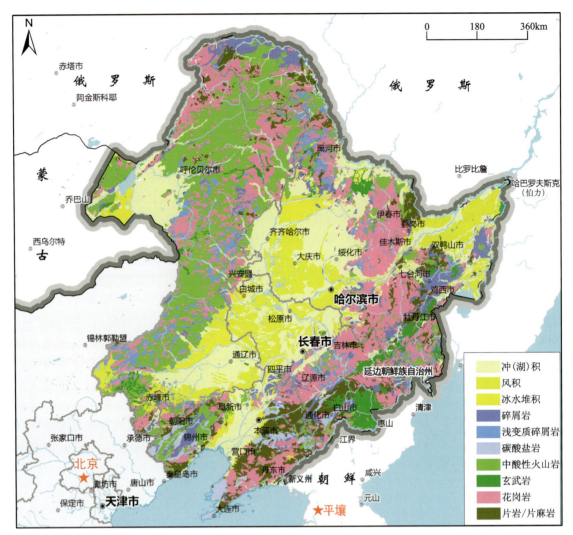

图 1-4 东北地区岩石类型分布图

玄武岩主要形成于新生代，是东北亚地区大陆裂谷火山活动最主要的产物。玄武岩分布与新生代活动的区域大断裂关系密切，主要呈带状沿深大断裂分布或呈面状分布于北东向与北西向区域大断裂的交会处。玄武岩在长白山地区沿敦化-密山断裂呈带状分布，在长白山、龙岗、太平岭、老爷岭等地呈规模较大的面状分布；在小兴安岭主要分布于中部的逊克地区以及西段南麓的五大连池地区；在大兴安岭阿尔山-五岔沟、诺敏、嫩江县北部等地沿河谷分布。此外，松辽平原南部和三江平原也有呈点状分布的玄武岩。

中酸性火山岩主要形成于侏罗纪—白垩纪，主体呈现北东—北北东向带状分布，是东北地区中生代上叠火山盆地的重要充填物。该套岩石是大兴安岭地区出露最为普遍的地质体，也是大兴安岭火山岩带的主体。中酸性火山岩在辽西山地丘陵区主要沿建昌-朝阳-北票、锦州-义县-阜新等地呈带状分布；在小兴安岭孙吴、伊春、嘉荫等地均呈面状分布；在长白山地区主要分布于其北段，包括佳木斯市、七台河市、牡丹江市等周边地区。

碳酸盐岩包括灰岩类和白云岩类岩石，主要形成于中元古代—古生代，是华北克拉通盖层沉积的重要组成部分，主要分布于辽西山地丘陵区和辽东山地区。碳酸盐岩在辽西沿凌源、喀左、北票等地呈北东向带状分布，在辽东沿辽阳、本溪、桓仁地区呈近东西向带状展布。

浅变质碎屑岩包括变质碎屑岩、板岩、千枚岩及微晶片岩等，原岩主要为与古亚洲洋构造域岛弧相关的盆地、残余海盆和后造山盆地等的充填物，形成于古生代，在兴蒙造山带增生造山过程中叠加强变形弱变质作用,以极低—低级变质作用为主。该套岩石在大兴安岭、小兴安岭、张广才岭、老爷岭和太平岭等地均有分布,整体上呈现北东东—北东向串珠状或透镜状不连续分布。

碎屑岩主要形成于中生代,主要呈现北东—北北东向带状分布,是东北地区中生代上叠盆地的重要充填物。该套岩石主要出露于大兴安岭地区的漠河盆地、海拉尔盆地、乌拉盖盆地,小兴安岭的孙吴盆地,辽西地区的义县盆地,以及松辽盆地、三江盆地和下辽河-渤海盆地等周缘的盆山过渡区。

(三)区域第四纪地质特征

1. 第四纪地层的区域分布规律

东北黑土分布区第四纪地层的发育与地形、地貌息息相关,主要受新华夏构造体系控制。隆起带因长期抬升,大部分缺失第四系沉积,仅在山间河谷中堆积了零星的第四系沉积物;沉降带表现为大幅度下降,接受了广泛的第四系沉积。全区第四系沉积物甚为发育,层序齐全,成因类型复杂,厚度可观,岩相岩性多变,以松散的陆相堆积物为主,三江平原、松嫩平原、辽河平原及呼伦贝尔高原以河湖相地层为主。平原东、西两侧丘陵山地沿河谷分布着冲积、冲洪积和坡洪积物。松辽分水岭以南赤峰、敖汉、宁城、奈曼及辽西地区广泛分布着早、中、晚更新世的风成黄土和现代风成砂。东部山区和大兴安岭南如赤峰、五大连池、镜泊湖、长白山等地发育第四纪多期玄武岩,沿渤海、黄海海岸带分布有海相、海陆交互相地层。大兴安岭、小兴安岭、张广才岭广泛分布着厚度可观的残积、残坡积层。三江平原、松嫩平原近期发育了沼泽、湖沼相沉积。大兴安岭、长白山—千山及燕山山地的沟谷中有冰积、冰水沉积物发育。全区第四系主要集中分布于下辽河平原、松辽平原、三江平原和呼伦贝尔高原,这些较大平原第四系不仅分布连续而且厚度可观,三江平原第四系厚近300m,松嫩平原第四系厚100~120m,而南部的下辽河平原第四系的厚度超过480m。

2. 第四纪地层分布及特征

根据东北地区第四纪地层的分布规律、地层特点和地貌对第四纪地层的控制作用,区内第四纪地层可划分为7个地层区,分别为大兴安岭南部—辽西地层区、大兴安岭北部地层区、小兴安岭—张广才岭地层区、长白山—千山地层区、松辽平原—三江平原地层区、呼伦贝尔高原地层区和下辽河平原地层区。

1) 大兴安岭南部—辽西地层区

该地层区包括辽宁西部、昭乌达盟及哲里木盟南部地区,以霍林河为界,以南为南部区,以北为北部区。本区的第四纪地层较辽东、长白山地区发育,其显著特点是风成黄土分布广泛及各个时期的冰积、冰水堆积物及河湖相地层甚为发育,在赤峰、达来诺尔湖一带还有第四纪玄武岩分布。现从老到新分述如下。

(1)下更新统

早更新世初期,区内发育了一套以老府冰期为代表的冰积物和其上的湖相地层及玄武岩几套沉积物。老府冰期的冰积物仅见于赤峰西南的老府,以冰积杂色砾、卵石为代表,其中混黏土呈泥质半胶结状,厚度约2.5m。气孔状、致密状橄榄玄武岩发育在这套冰碛物之上,厚度达5~12m。

早更新世中晚期发育了两套地层。其一是以白土山组(辽西地区称大杖子组或纪家窝堡组)为代表的冰水堆积物,这套地层在本区分布普遍,呈灰白色及绛红色,以砂砾石为主,砾石成分复杂,风化破碎较严重,呈半胶结状态,厚度3~20m。白土山组主要分布于大兴安岭东坡,以阿鲁科尔沁旗清水剖面最为典型。大杖子组与纪家窝堡组主要分布于辽西地区,前者为冰水沉积,主要分布于盆地的山前地带;后者主要分布于山间沟谷之中,是一套冰碛物。这套地层之上在辽西丘陵山区的山前地带广泛分布着厚层的坡洪积物(钱家杖子组),以棕红色黏土为主,内含零散的碎石或碎石透镜体;在大兴安岭南部赤峰、宁城、奈曼一带广泛分布着的风成黄土(宁城黄土),呈棕褐色,成分以黏土为主,其垂直节理不甚发育,有 2～3 层棕红色古土壤层发育,该层最大厚度可超过 30m。在区内个别低洼部位发育了湖相地层(水泉组),典型地点出露于喀佐县水泉公社,呈不连续的薄层或透镜体状,由红色土与灰白色砂砾石夹薄层的钙质粉土互层组成,有时为灰白色薄层钙质粉土层与灰黄色粉土互层,钙质粉土层接近于泥岩,单层厚 10cm,总厚度可达 10m。上述早更新世地层在区内分布不广泛,而且地表露头较为少见。

(2) 中更新统

中更新统在地层区内的代表性堆积物是冰期所形成的冰碛、冰水堆积物,以乃林组为代表。中更新世晚期以赤峰黄土和上三家子组为代表,分布范围不广泛。

中更新统下部乃林组为冰水堆积,呈棕黄色,半胶结,由砂砾层组成,风化程度中等;在大兴安岭南部地区相当于大西营子冰期的一套棕红色、橘红色、棕黄色的亚黏土含砾,下部为灰色、灰白色砂砾卵石混黏土,它一般多直接覆于钱家杖子组之上,厚度 4～6m。

中更新统上部以赤峰黄土为代表,呈棕黄色、红褐色,由亚黏土或黄土状土组成,局部含砾,具垂直节理和大孔隙,古土壤呈棕红色,较宁城黄土中古土壤薄而层次多。与赤峰黄土相当的地层在辽西地区称"上三家子组",其岩性与赤峰黄土大体相同。这套地层在努鲁尔虎山以北分布较广,在辽西地区分布较局限,厚度变化较大,最厚可达 30m。

(3) 上更新统

晚更新世沉积在区内分布广泛,早期是以分布零散的冰斗、冰川所形成的冰积、冰水堆积物及在冰缘气候条件下所形成的冲积、湖积、坡洪积层,进入晚期后除堆积了冲积、湖积物外还广泛形成了黄土(马兰黄土)沉积。

晚更新世早期地层主要分布于现代河谷及丘陵山地的山谷中,由棕黄色泥砾、砾石层及棕黄色亚砂土夹砾石组成,砾石成分各地不一,多呈松散状。在大兴安岭南部林东、林西一带岩性变化大,为灰白色砂、砾卵石,含亚黏土、亚砂土;在河谷阶地上部为亚砂土、中细砂、粉砂层,下部为含砾的亚砂土、中细砂、细中砂层。该层厚度变化较大,一般在辽西地区较薄(2～3m),在赤峰地区最厚,可达 20m。

上更新统上部成因类型比较复杂,分布也更广泛。坡洪积层主要分布于山间河谷两侧斜坡地带或丘陵的周边,以黄色、黄褐色黄土状土为主,内含砾石或砂砾石透镜体,结构较松散,具不发育的垂直节理及大孔隙,厚 5～30m。冲湖积层多分布于赤峰一带的低洼部位,上部为黄褐色黄土状亚砂土,下部为浅黄色、浅灰色粉细砂夹薄层亚砂土、含砾的中粗砂透镜体及薄层、黑灰色淤泥质亚黏土,交错层理明显,厚度可达 10m。冲积层广布于西拉木伦河、大凌河、牤牛河、老哈河、教来河、苇塘河等河流两侧,多组成Ⅱ、Ⅲ级阶地,以浅灰色、黑灰色、灰色亚黏土和亚砂土为主,下部由中粗砂、粉细砂含砾、砂砾石层组成,最大厚度可达 10～30m。晚更新世分布面积较大的沉积物属风成的马兰黄土,分布于区内丘陵山区的斜坡或河流阶地上,以浅黄色、灰黄色黄土为主,粉土的含量较高,垂直节理、大孔隙发育,在上部有一层黑灰色古土壤层,厚度 2～30m 不等。

(4) 全新统

全新统广布于全区,是区内主要的第四纪地层。成因类型为冲积、冲洪积、湖沼积及现代风成砂。这些地层大多数沿河谷或沟谷呈条带状分布,其中以大凌河、小凌河、西拉木伦河等较大河流两侧分布最为广泛,一般多构成河流的Ⅰ级阶地及漫滩。其岩性以细砂、中粗砂、砂砾石为主,结构很松散,最大厚度可达 1.5m。在一些丘间洼地河谷平原,可见到一套灰黑—灰褐色细砂、亚砂土、亚黏土分布,在下部还有灰褐色粉细砂或淤泥亚黏土层,内可见铁质浸染及较多的植物残骸及草炭层,这套地层大多形成于湖相或牛轭湖相。在昭盟、哲盟部分地区,其中尤以西拉木伦河两岸和以北地区广泛分布着现代风成砂,厚度不等,而且这些现代风成砂因自然生态平衡遭到破坏,其南界在不断地向南推移。

2) 大兴安岭北部地层区

该地层区位于大兴安岭山脉的北部,南部以霍林河为界,北至中俄边界,包括内蒙古自治区的兴安盟、呼盟东部以及黑龙江省北部大兴安岭地区。本区第四纪地层在东麓山前地带发育较为齐全,其特点是各个时期的冰积、冰水堆积物及河相地层甚为发育。

(1) 下更新统

早更新世早期仅发育规模较小的山谷冰川，而冰缘堆积较为发育，典型代表为一套绿黄—杂色泥砾，在黑龙江称合山组，厚度20m左右，它相当于大兴安岭南部的老府冰期沉积物，只在东麓巴彦盆地底部有所分布。此层的泥包砾结构明显，砾石成分以中酸性火山岩、花岗岩、玄武岩为主，砾石风化极严重。在这套地层之上发育一套灰白色、灰黄色、灰黑色、黑绿色黏土夹薄层砂、砂砾石的浅湖相地层，在黑龙江称东华组，本层沉积连续，厚度50～90m，其层位可与大兴安岭南部老府冰期沉积物之上的一套湖相地层相当，主要分布于白土山台地的古盆中，与上覆白土山组之间存在一明显剥蚀面。

早更新世中晚期地层是以白土山组冰水堆积物为代表，出露于大兴安岭东麓白土山台地主要河流出口处，在大兴安岭南段冰川堆积物较发育，而北段则以冰水堆积为主。该组由一套灰白—姜黄色泥砾、砾石层夹砂、黏土透镜体组成，砾石成分复杂，以中酸性火山岩为主，风化很严重，厚度8～30m，在此层底部见有东华组黏土块。早更新世晚期地层为棕红—褐红色亚黏土、含砾亚黏土及砂砾石层，称平台组，厚度小于5m，覆于白土山组之上，与之呈假整合接触。

(2) 中更新统

中更新统代表性堆积物以冰期所形成的冰积、冰水堆积物为主，以绰尔河组为典型代表，厚度2.5～10m，在辽西地区称乃林组。该组主要分布于大兴安岭山区主要河谷的Ⅱ级基座阶地中，靠近平原边缘的白土山台地顶面亦有分布。岩性为棕黄—棕红色泥砾、砂砾石、砾石层，泥砾由黏土、砾石混杂而成，砾石以中酸性火山岩为主，风化微弱。该组与下伏白土山组呈现明显沉积间断。上覆地层为浅褐色土状堆积物，主要分布在大兴安岭东坡白土山台地及Ⅱ级基座阶地顶部，厚度1.3m，岩性由浅褐色黄土状亚黏土、亚砂土组成，具垂直节理及大孔隙。该组与大兴安岭南段的赤峰黄土属于同一层位，与下伏绰尔河组呈假整合接触。

(3) 上更新统

上更新统在本地层区分布普遍，但出露面积不大，多数分布于大兴安岭山区较大河谷的埋藏谷地中。早期为一套冰斗冰川所形成的冰积、冰水堆积物；中晚期为冰缘气候条件下形成的冲积、冲洪积物。

上更新统早期堆积物以埋藏于山区较大河谷中的浅绿—黄灰色泥砾、砾石层（诺敏河组）为主，其泥砾由砾石、砂及少量黏土混杂而成，砾石成分以中酸性火山岩为主，基本未经风化，厚度一般8～27m。其上部地层为一套由灰白色亚黏土及灰黄色砂砾石组成的埋藏冲积层，相当于晚更新世中期，与下伏诺敏河组呈连续沉积，层厚一般小于4m。晚更新世晚期沉积了冰缘河谷砾石层（雅鲁河组），主要分布于大兴安岭东西麓各级谷地的Ⅰ级阶地中，岩性为土黄色、黄色砾石层，其间夹有砂及亚黏土透镜体；砾石成分以中酸性火山岩为主，基本未经风化，厚度0～9m。

(4) 全新统

全新统在本地层区分布广泛，以沿河谷两侧分布的冲积物为主，还发育一些冲沼积、风积堆积物。

早全新世堆积物由黄色冲积亚黏土、砂砾石组成，厚度2～5m。全新统中部为黑土、泥炭层，主要由黑色、灰黑色亚黏土、黏土组成，局部含少量细砂、砂砾，厚度0.4～1.2m。晚全新世堆积物由含草根黑土层及亚砂土、砂砾石的现代冲积层构成，分布于现代河床及各级河谷的沼泽湿地及低漫滩中，厚度1～2m。

3) 小兴安岭—张广才岭地层区

本地层区北邻黑龙江，西至松嫩平原，东接三江平原及中俄边界，南达吉林省，包括小兴安岭、张广才岭及老爷岭等主要山脉和丘陵地区。本地层区第四系分布局限，只在山前及山间河谷地带分布，而多期玄武岩的分布主要受区内各条断裂制约。

(1) 下更新统

第四纪初期沉积了以湖相堆积物为主的地层，主要分布于小兴安岭山前倾斜平原中，厚度一般大于2m，岩性为粉砂、粉砂质黏土、黏土互层，上部为灰白色，下部为灰褐色。在该层顶部有一铁质胶结薄层，并见有黏土已风化成碎块。与上覆地层口门子组存在一明显剥蚀面，呈角度不整合接触。

早更新世中期区内沉积了一套灰白色、灰黄色砾石,间夹细砂、黏土透镜体的冰川、冰水相堆积物(口门子组),与大兴安岭地区白土山组相当,该层在小兴安岭山前倾斜平原及较大河谷两岸出露较好。砾石成分主要为中酸性火山岩、花岗岩、玄武岩、砂岩、泥岩、燧石、玛瑙、脉石英等,风化较严重,夹有次生铁质胶结薄层和黏土透镜体。

下更新统上部为零星分布于小兴安岭山前倾斜平原及丘陵顶部的红色风化壳,岩性为红色含砾亚黏土、砂砾石,相当于大兴安岭地区的平台组,厚度一般0.3~0.5m。在五大连池地区分布的东焦布得山组碱性玄武岩及覆于上部的淤泥质亚黏土亦属此期堆积。

(2)中更新统

中更新统下部沉积物主要分布于较大河谷的Ⅱ级基座阶地之上,为一套冰川冰水相堆积,黑龙江称乐山组。岩性为棕褐色、褐黄色泥砾和砂砾石,砾石成分以中酸性火山岩为主,风化程度较低,厚度1.5~3.0m,与大兴安岭地区的绰尔河组为同期沉积。此外,在黑龙江省海伦县东北部的山前岗埠状平原前缘分布的棕黄—棕红色含黏土砂砾石也属同期堆积物。该层呈微弱胶结,砾石成分以脉石英、玛瑙和火山岩为主,夹浅灰绿色黏土透镜体。乐山组上覆地层为浅褐色风化壳,时代相当于中更新世晚期,岩性为灰黄色含砾亚黏土,胶结紧密。在牡丹江市以南台地上分布的镜泊早期玄武岩亦属此期产物,由黑灰色、灰色和钢灰色气孔状粗玄武岩和致密块状橄榄粗玄武岩组成。

(3)上更新统

晚更新世共发育3套地层。下部为浅灰白色、灰黄色泥砾和砂砾石层,为冰川、冰水堆积物,与大兴安岭地区的诺敏河组为同期堆积,厚度一般小于40m;主要分布在松花江、嫩江主要支流河谷的埋藏谷地中,在松嫩平原地区称此层为哈尔滨组。中部为埋藏冲积物,岩性为灰绿色、灰黑色含砾泥质砂砾石夹亚黏土及薄层细砂,厚度大于2m;与下伏冰积、冰水堆积物处于同一地貌部位,地表出露极少。上部发育两套同期异相地层,一套为冰缘泥砾,一套为冲积层。冰缘泥砾由土黄色泥砾及砂砾石组成,砾石成分以中酸性火山岩为主,半胶结状,主要分布于松花江、嫩江的主要支河谷的Ⅰ级阶地中。冲积层上部为黄色、黄褐色黄土状亚黏土、亚黏土或黏土,下部为灰白色、灰黄色、黄褐色砂砾石层,厚度20~45m,松嫩平原地区称顾乡屯组,分布于牡丹江、倭肯河、穆棱河、汤旺河、蚂蚁河等河流的Ⅰ级阶地之上。

(4)全新统

该区早全新世发育两套地层:一套为分布于五大连池地区的龙门山组玄武岩,岩性主要为碱性玄武岩,厚度5~50m;另一套为温泉河组冲积层,主要分布在松花江等各主要河流的高漫滩上,本层具有双层结构,厚度5~30m,上部为黄色亚黏土、亚砂土,下部为黄色、棕黄色或灰白色砂砾石。该区中全新统为分布于沟谷中的冲积、洪积、沼泽堆积物,岩性主要为淤泥质亚黏土,局部夹砂砾石,厚度一般3~4m。该区上全新统以遍布全区的河床及低漫滩中的冲积物为主,岩性由黑色和黄褐色黏土、淤泥及砂砾石组成,厚度3~20m。此外,在五大连池地区、牡丹江以南的牡丹江河床及沿江台地中分布的老黑山组、镜泊晚期玄武岩亦属此期堆积物,尤以老黑山组为典型,厚度20~350m不等,岩性为黑色碱性玄武岩,黑色、褐色和红色玄武集块岩,黑色浮岩及火山砾、火山弹等。

4)长白山—千山地层区

本地层区第四系极不发育。更新统以冰积、冰水堆积物为主,并相应发育一些冲积、冲洪积物,冲湖积物;全新统在本区分布较为普遍,主要为冲积、冲洪积、海积、冲海积等地层,分布于山间谷地及沿海地带。区内第四系分布局限,多数残缺不全,厚度一般不超过40m。另外区内有多期玄武岩分布,尤以北部长白山区最为典型和集中。

(1)下更新统

早更新世下部地层以冰积物为主,主要分布于本区北部吉林省长白县四等房、鸭绿江上游的十五道沟等地,在吉林省称之为四等房组,在该区南部—辽东半岛地区缺失此地层。四等房组岩性为暗红色冰积泥砾,成分以花岗岩为主,泥包砾结构明显,半胶结,风化严重,厚度0.5~30m。该组顶部被军舰山玄武岩覆盖,下伏船底山玄武岩,为本区第一冰期形成的产物。与之相当的堆积分布于白头北侧、第二松花江上游支流二道江一带,玄武岩台面上均有褐红色冰积泥砾零星分布。在龙岗山一带为冰水堆积层,厚度56m。在四等房组之上有间冰期冲积层及军舰山玄武岩,冲积层具上粗下细的二元结构,下部为黄绿色的砂石层,向上渐变为黄绿色和黄褐色砂层和土层,厚度约20m。

早更新世晚期发育有冰水堆积物及玄武岩。冰积物以粘泥岭组为代表,主要分布于沈阳、源县一带,岩性为一套棕黄—灰白色的粗砂夹砂砾石层,并夹有灰白色的黏土层,砾石风化严重,厚度5m左右。相当于此期的冰积、冰水堆积物在辽南许家窑子一带也有分布,但岩性多为棕红色、紫红色黏土砾石层。另外在吉林省白山区相当于粘泥岭组的地层为腰岭组冰积层,除在颜色上多呈红褐色外,其他皆可与粘泥岭组相对比。本次冰期结束后,由于新构造运动,火山的喷发,在宽甸、长白山地区分布有玄武岩。

(2)中更新统

中更新统发育冰积、冰水堆积、坡洪积、冲洪积等,晚期还发育玄武岩。冰积、冰水堆积物多零星分布于山区河流的Ⅳ、Ⅴ级阶地或丘陵之上,岩性一般为棕红色、褐红色泥砾,砾石成分复杂,主要以石英岩为主,在吉林称布老克组,为本区第三冰期所形成的产物,在沈阳、本溪、营口以及吉林省长白县等地皆有分布,总厚度小于15m。

除上述堆积外,中更新世在辽东宽甸、吉林长白山地区皆有岩浆喷发,形成的玄武岩分布在吉林白头,岩性主要为橄榄玄武岩。此外在一些河流上游还分布有河流相或呈面状分布的坡洪积物,总厚度不大于25m。

(3)上更新统

晚更新世早期地层在本区有冰川、冰水堆积物、坡洪积物、冲积、海积物,晚期还有风积物及玄武岩。晚更新世早期冰川、冰水堆积物以一套薄层黏土夹砾石层为主,主要分布于河流高阶地及玄武岩高台地上,尚有一些残留于山前地带,其堆积物在辽东地区的林家屯、前糖房、西鞍山发育较有代表性。岩性为一套棕黄色黏土夹砾石层或砂石层,砾石风化轻微。此套地层在长白山地区厚度较大,可达27.8m,在松辽平原称哈尔滨组。晚更新世晚期主要在一些山前山麓地带分布有风成黄土,岩性为灰黄色、棕黄色土及黄土状土,可见垂直节理、大孔隙,成分以粉土为主,厚度4~5m,与马兰黄土为同一时期的产物。

本区晚更新世地层除上述外,还在河流两侧及山前地带发育有冲积、冲洪积、坡洪积地层,岩性多为砂砾石、亚黏土含砾、黄土状土等,分布零星,厚度不一,一般小于15m。

(4)全新统

全新世地层分布普遍,以冲积、冲洪积、海积、冲海积堆积物为主,此处还发育有面积较小的湖沼堆积物。下全新统以辽宁南部普兰店组为代表,岩性为泥炭层、灰白色粉砂层及灰白色泥炭砂砾,分布在山间盆地和河谷之中,范围局限。中全新统以大孤山组为代表,岩性以富含有机质的淤泥和泥炭沉积为主,成因类型为湖沼相、海相以及潟湖相。在长白山地区的图们江、鸭绿江流域的下、中全新统则多以分布于高漫滩Ⅰ级阶地上的砾卵石为主,厚度一般3~5m。上全新统由两套岩性组成,以庄河组为代表:上部为棕黄色、灰黄色亚砂土或亚黏土,多为冲洪积;下部为灰色、灰黑色淤泥或泥炭,属湖沼沉积。

5)松辽平原—三江平原地层区

本地层区包括松辽平原及三江平原广大地区,北西以大兴安岭为界,南达康法低丘,向东与张广才岭、吉林哈达岭的山前低丘为邻,东至中俄边界。区内第四系分布广泛,以河湖相地层为主,其次为冰水、冲洪积相地层,其中有著名的哈尔滨组、荒山组、顾乡屯组。

(1)下更新统

下更新统以冲湖积相沉积为主,多分布于松辽平原、三江平原的底部及小兴安岭山前地带。下部冲湖积层厚度40~120m,岩性为灰白色、灰黄色、灰绿色砂、砂砾石夹薄层黏土透镜体,砾石成分以中酸性火山岩为主,长石多已风化成高岭土。与其同期的地层为广泛分布于低平原的湖相地层,岩性为灰白色含高岭土的砂砾石,砾石成分主要为中酸性火山岩,厚度3~45m,由平原中心向边缘厚度变薄。

下更新统上部地层为林甸组一、二段,主要分布于松嫩平原中、西部广大低平原地区,此套地层在三江平原相当于浓江组一、二段。林甸组一段岩性为灰白色砂砾石、含砾中粗砂、中细砂,厚度 4～30m。该套地层为冲湖积成因,相当于平原边缘的白土山组同一时期沉积。二段岩性为亚黏土、黏土及粉细砂,厚度 20～30m。

(2) 中更新统

中更新世地层以分布于松嫩平原东部的上荒山组、下荒山组为代表,一般在河谷及深切陡坎处有不同程度的出露,厚度一般 30～90m。

下荒山组:为河湖相沉积,厚度 10～80m。岩性为灰黄色、灰白色亚黏土、淤泥质亚黏土、亚砂土及灰白色砂、砂砾石,组成粗细相间的韵律层,砾石主要成分为中酸性火山岩。与此相当的层位在松嫩平原中西部及三江平原地区分别称为林甸组三段、浓江组三段。

上荒山组:覆盖于下荒山组之上,厚度 10～40m,分布于松嫩平原的广大高平原中。岩性主要为黄褐色、棕黄色、灰色亚黏土、黄土状亚黏土、亚砂土与中细砂互层,为静水湖相沉积,间有水下湖浊流沉积及河流边滩相沉积。在松嫩平原西部及三江平原相当于上荒山组层位的为林甸组四段及浓江组四段。

本区中更新世地层在靠近山前部位还相应发育了部分冲积成因的黄土状土、含砾亚黏土、砂砾石等,厚度 5～50m。

(3) 上更新统

上更新统中下部以主要分布于松嫩平原东部平原的安达、哈尔滨、双城、拉林一带的哈尔滨组为代表,厚度一般 10～25m,岩性由淡黄色、褐黄色黄土状亚黏土及亚黏土、亚砂土组成,成分以粉土为主,与下伏上荒山组呈假整合接触。在三江平原中广泛发育的向阳川组可以与之对比。另外在吉林省白城地区大兴安岭山前一带还分布有此期冲洪积层,岩性为冲洪积砂砾石、砾卵石等,厚度 10～20m。

上更新统上部以广泛分布于各级河谷的Ⅰ、Ⅱ级阶地及广大低平原中的冲积物为主,在黑龙江省哈尔滨、富拉尔基、肇源站等地出露较好。现以顾乡屯组为代表叙述如下:上部为黄色、褐黄色黄土状亚黏土、黄土状亚砂土,结构较疏松,厚度 3～15m;下部为黄色、灰黄色和灰白色砂及砂砾石层,间夹淤泥质亚黏土透镜体,厚度 1～5m。顾乡屯组在辽河、第二松花江及其支流沿岸地区厚度较大,可达 30m。

(4) 全新统

全新世地层在全区分布极为普遍,主要分布于各大河流及其支流河谷或高平原冲沟中,以冲积为主,间夹一些冲湖、湖沼积堆积物。

全新世早期冲积层主要分布于区内各河流的高漫滩中,在黑龙江省称此层为泉河组。本层上部为灰褐色、黄褐色亚黏土和亚砂土、黏土及泥炭层,厚度 58m;下部为灰黄色、灰白色中细砂、中粗砂、砾石层,结构松散,砾石成分以火山岩、花岗岩为主,厚度 5～20m。

中全新统以主要分布于各种闭流洼地、古河道和一些湖积阶地上的灰黑色、褐黑色亚黏土、亚砂土、淤泥质亚黏土为主,多为湖沼积、冲湖积成因,总厚度 1～5m。

上全新统以广泛分布于各级河流的河床及低漫滩中的砂、砂砾石为主,夹有细砂及亚黏土透镜体,厚度 2～10m。上全新统还有风积发育,主要分布于松嫩平原北部、松辽平原的西部和南部,岩性多为黄色细粉砂,厚度一般 5～10m。

6) 呼伦贝尔高原地层区

全区第四系不甚发育,以广布全区的冰积、冰水堆积物为主,此外还发育有规模较小的冲积、湖积、盐湖、湖泊、风积等地层。

(1) 下更新统

下更新统底部发育有零星分布的冰碛-冰水堆积物,厚度 10～25m,岩性为红—灰白色泥砾及砂砾石,泥砾由砾石、卵石砂、黏土及漂砾组成,胶结紧密,是本区第一冰期的堆积物。在本层之上为一套浅湖相的红棕色、褐棕色、黑褐色黏土,致密细腻,厚度大于 30m,与下伏地层呈假整合接触。

下更新统上部地层阿尔善组,为一套灰白—姜黄色泥砾及砂砾石层,分布零星,在辉河口、阿尔善、灵泉等地有所出露。其泥砾风化很严重,并夹有下部湖积层透镜体。

早更新世晚期,区内与大兴安岭北部区平台组相当的地层称为辉口组。此地层在辉河口、新索水附近出露较好,岩性为砖红色黏土、亚黏土及砂,局部夹砂砾石,厚度一般小于5m。

(2)中更新统

中更新世发育3套地层,早期为1套冰川、冰水相泥砾;晚期有2套地层,一套为嵯岗组冲积层,另一套为同期沉积的冲湖积堆积物。上述地层主要分布于平原中以及河流Ⅱ级阶地上。

中更新统下部泥砾层主要出露于扎赉诺尔露天矿与沙子山一带,厚度5～15m,岩性为红棕色泥砾,泥质弱胶结,砾石成分主要为酸性火山岩、花岗岩、变质岩,为第三冰期产物,上覆嵯岗组冲积层。

中更新统上部嵯岗组零星分布于海拉尔河、伊敏河Ⅱ级阶地,呼伦湖东南部的高平原低洼地段,仅在嵯岗镇—海拉尔市一带的海拉尔河Ⅱ级阶地中有所出露,岩性主要为棕黄色、灰黄色、灰绿色、灰黑色淤泥质中细砂、砂砾石层。此外,在盆地的中部及东部一带,还发育有冲湖积沉积物,岩性上部为一套灰黄—黄绿色淤泥质中细砂、淤泥质亚黏土,下部为一套灰色、灰黑色亚黏土、亚砂土,厚度5～30m。

(3)上更新统

晚更新世地层中下部为冰川冰水相沉积,称扎泥河组,主要分布于高平原的海拉尔河、哈拉哈河、辉河、扎泥河等较大河流的埋藏谷地和高平原上局部宽谷中,地表无出露,厚度10～25m。岩性为浅绿色、灰黄色泥砾,组成物质以砂、黏土和砾石为主,砾石成分以中酸性火山岩为主。

在扎泥河组之上为埋藏冲积层,为晚更新世中期地层,此层主要为灰黄—浅灰色亚黏土及细砂层,分布与扎泥河组一致,厚度1～10m。上更新统上部以海拉尔组为代表,分布广泛,并在高平原顶面海拉尔河、乌尔逊河、伊敏河、辉河两岸及新索木、海拉尔、扎赉诺尔等地出露较好。岩性上部为黄土状亚黏土、亚砂土,灰色、灰黄色粉细砂、细砂;下部为微绿黄色含砾中细砂,厚度11～50m。本组与松辽平原更新统顾乡屯组相当。

(4)全新统

全新世地层主要以盐湖沉积、冲积为主,其次发育风积物,分布不连续,厚度不大。

全新统下部以盐湖化学沉积为主,分布于区内巴扬查岗湖、沙里博克湖、达布逊湖等盐湖地带,以达布逊湖地带沉积为典型代表。岩性为浅黄色细砂,含淤泥,厚度4～13m,在内蒙古自治区称达布逊组。与之相当的还有分布于呼伦湖北缘及海拉尔河漫滩中的冲积层,岩性由黄色细砂、亚黏土、亚砂土组成。

全新统中上部发育湖沼积、湖泊化学沉积、冲积及风积层。湖泊化学沉积零星分布于冰成谷地及湖泊洼地中,岩性为褐黄色、灰绿色、灰黑色亚黏土、亚砂土、粉土及细砂组成,厚度3～6m。冲积层多分布于各河流的河漫滩及河床中,为砂质、粉砂质黏土及砂砾石,局部为泥质、粉砂质黏土与细砂互层,一般厚度4～6m。现代风成砂一般厚度0.5～15m,多构成砂丘、砂岗、砂垄状微地貌。

7)下辽河平原地层区

下辽河平原位于辽宁省南部,其东、北、西三面被低山丘陵环绕,南面为辽东湾。该地层区第四纪地层在山前地带以洪积、坡洪积、冲积及局部冰水堆积为主,多构成扇、裙、裾及冲积平原;平原中部以冲积、冲洪积、冲湖积为主,形成广大的冲积平原;沿海一带以海陆交互相为主,形成广大的滨海低平原。

(1)下更新统

滨海平原区:以田庄台组为代表,下段以洪积为主,岩性为灰白色、浅绿色、绿色砂砾石、中粗砂含砾、亚黏土含砾、砂砾石混黏土,砾石成分多为石英、石英岩。中上段以冲洪积和冲湖积为主,中段上部为灰黑色、灰色和灰绿色亚黏土、亚砂土和细砂互层,下部为灰白色、灰绿色和黄绿色粉细砂、中粗砂含砾互层,砂和砾成分均以石英为主;上段岩性为细粉砂、细砂夹亚黏土薄层,以灰、灰绿、浅灰绿、灰黑等色为主。

中部平原区:主要指盘山、辽中、台安、新民一带以北的广大地区,厚度40～100m。在此区可分上下两层:上部地层岩性为中细砂、砂砾石夹亚黏土、亚砂土薄层,呈灰白色、灰色、灰绿色,为冲洪积而成,厚度10～60m;下部为冲积砂砾石混黏性土,呈灰绿色、灰白色,分布稳定,砾石成分复杂,主要有石英岩、花岗岩、花岗片麻岩、安山岩等，厚度20～40m。

西部山前倾斜平原区：以石山大凌河东侧典型剖面为代表。早更新世地层可分为两层。下层为冰积、冰水堆积的黏土含砾、(泥砾)砾卵石混黏性土，呈黄褐色、棕褐色，砾石成分复杂，以石英岩、安山岩、花岗岩为主，厚度40～80m；上层为冲洪积砾卵石、砂砾石夹黏性土及黏性土含砾层，呈黄色、灰黄色、黄褐色，砾石成分以石英岩、花岗岩、安山岩为主，厚度30～40m。

东部山前倾斜平原区：早更新世地层埋藏较深，多为洪积成因，局部地区为冰积或冰水堆积。冰积物、冰水堆积物在沈阳浑河扇底部埋深40～50m，分为两层。上层为灰白色黏土夹少许白色薄层细砂；下层为黄褐色、灰黄色黏土含砾卵石，花岗岩砾石已被压碎，并已风化。早更新世地层的洪积或冲洪积层在海城一带可分三段。下段以橘黄色、棕黄色砂砾石、中粗砂含砾石混黏性土层为主，厚度60m左右，成分为石英、长石；中段厚度64.68m，其上部为浅紫褐色、灰紫色亚黏土，致密坚硬，黏土层厚度4～6m，下部为橘黄色、棕黄色及黄白色砂砾石，局部夹黏性土透镜体，砾石成分以石英岩为主；上段上部为厚层亚黏土，下部为砂砾层，厚度40m左右，为冲洪积层。

(2) 中更新统

滨海平原区：中更新世地层以河湖相堆积层为主，称郑家店组。该组可分上、下两段。上段下部岩性为粉细砂、中细砂夹亚黏土，呈浅灰色、灰色、灰绿色，属河湖相沉积；上部为冲海积层，岩性为亚黏土含泥砾、中细砂夹黏性土薄层，呈灰色、深灰色、灰黑色、浅灰绿色，是本区最早的一次海浸层，称水源海浸。下段以浅灰色、灰色、灰黑色亚黏土、亚砂土细砂互层组成，相当于大姑冰期及辽宁省大西营子冰期沉积物。

中部平原区：中更新世地层由灰白色、灰色、浅灰色及灰绿色砂、砂砾石层构成，厚度50～70m。

西部山前倾斜平原区：中更新世地层以大凌河洪积扇为代表，由洪积的砾卵石、砂砾石、砂砾石混黏性土、黏性土夹砂层等组成，呈黄灰色、黄色，砾石成分以石英岩、花岗岩、砂岩为主，黏性土夹砂层多出现于前缘地带，总厚度20.60m。

东部山前倾斜平原区：中更新世地层上部为洪积亚砂土、亚黏土含砾石层，呈紫褐色、黄色、黄褐色，砾石成分为石英岩、花岗闪长岩，厚度10～25m；下部为亚黏土含砾、砂砾混砂层，以黄色、棕黄色、褐黄色为主，砾石成分为石英岩、花岗岩、安山岩、页岩等，厚度25～40m。

(3) 上更新统

晚更新世地层在下辽河平原分布比较普遍，在滨海平原区、中部平原区及东部山前倾斜平原区的发育程度基本一致。

滨海平原区以榆树组为代表。下段为河湖相沉积，下部以灰黑色、灰色亚黏土含泥砾与细砂互层为主，厚度8.14m；上部以灰色、灰绿色细砂为主，厚度23.33m。中段有两种成因类型：其一为河湖相的细粉砂夹亚黏土含泥砾薄层；其二为冲海积层，见于水源公社先锋大队，为灰黑色、灰白色黏性土夹粉细砂、中细砂层，属下辽河第二次海浸，称先锋海浸。上段为亚黏土类粉细砂层，以黏性土为主，呈灰色、深灰色、灰黑色，相当于末次冰期—大理冰期的产物。

晚更新世地层在中部平原区、东部山前倾斜平原区多以坡洪积、洪积、冲积成因为主，岩性为亚黏土含砾及砂砾石、亚砂土、细砂、中粗砂含砾、砂砾石层，洪积、坡洪积物以黄色为主，冲积物以灰色、灰绿色为主，总厚度15～40m。

(4) 全新统

全新世地层在下辽河平原分布广泛，厚度一般小于30m。下全新统为海陆交互相沉积，岩性为灰色细砂夹黏性土薄层和炭化植物，相当于冰后期海浸的开始时期。中全新统正是第三次海浸的兴盛时期，岩性下部为灰色粉细砂、亚黏土薄层，上部为灰黑色、深灰色亚黏土夹粉砂薄层。此次海浸范围大，称盘山海浸。上全新统以陆相沉积为主，岩性以灰褐色亚黏土为主，黏性强。

在中部平原区、东部山前倾斜平原区全新世地层多以冲积、冲洪积、局部冲湖积亚砂土、亚黏土、细砂层以及淤泥质亚黏土为主，厚度一般 10～20m。

3. 下辽河平原第四纪以来的海侵

在第四纪历史时期中，伴随着冰期与间冰期的交替出现，发生了大陆和海洋轮廓的沧桑变化。冰期发生海退，间冰期发生海进。下辽河地区自中更世以来共发生过 3 次海侵：第一次发生于中更新世末期（大姑—庐山间冰期），称水源海侵，是区内最早的一次海侵；第二次海侵始于晚更新世中后期（大理—庐山间冰期），称先锋海侵；第三次海侵发生于全新世中期（大西洋期），称盘山海侵。上述三次海侵层均处于深度 160m 以上的部位。

1）水源海侵

水源海侵是本区所知最早的一次海侵层，深度 161～98.2m，为由一套黑色、深灰色、浅灰绿色中细砂夹亚黏土、粉细砂夹亚黏土及亚黏土含砂的薄层组成的海陆交互相沉积。有孔虫含量较丰富。从所含有孔虫种数及数量分析，受海水影响的程度自下而上逐渐加强，说明是受淡水影响十分强烈的海陆过渡相化石群，反映了海侵开始形成阶段的时海时陆、海侵影响逐渐增强的趋势。自深度 102m 以上，有孔虫含量显著增加，化石群分异度也骤然上升。此时，虽然也有少量代表海陆过渡相的有壳变形虫、洼藻、盾形化石出现，但随着有孔虫的不断增加而逐渐减少。此段是本次海侵的鼎盛时期。由此段向上，有孔虫属种的个体迅速减少，海侵又转入低潮，直至为陆相环境所代替。

此时期的沉积环境处于强烈受淡水影响的边缘滨海相或河口相的环境。它所波及的范围极为有限，其时代为中更新世末期，相当于第三间冰期，即大姑—庐山间冰期。据钻孔资料，本次海侵的规模不大，海侵的方式为线状或通道式海侵。

2）先锋海侵

从分布普遍而稳定的陆相地层分析，在水源海侵之后，海水迅速退出本区。这已由水源海侵层化石群的分异度曲线骤然由 2 衰变为 0 得以证实。据此将水源海侵层与先锋海侵层分开。先锋海侵层由灰色、灰黑色中细砂夹亚黏土薄层组成，常见炭化木及菱铁矿粒，介形虫化石稀少，孢粉组合为以蒿属、松属为主的优势段，呈现了疏林荒漠、凉爽略潮湿的古气候特征。这说明新的冰期已来临，生物界亦已进入抑制时期。海侵层的 79.1～44.6m，由海陆交互相的灰色、灰黑色致密块状亚黏土组成，并逐渐过渡为三角洲前缘的浅海相灰色中、细砂层。海侵由昌盛时期向衰退时期的过渡段，则以海陆交互相细颗粒的灰色、灰黑色亚黏土含砂薄层和亚黏土所代替。有孔虫的个体、属种显著较水源海侵少，仅 20 余个种，仍以渤海湾常见的缝裂希望虫为主，约占 1/2。次为九字虫诸种、凸背卷转虫，形成了缝裂希望虫-凸背卷转虫的有孔虫组合。此外，尚有海相介形虫与其共生，有壳变形虫也有发现。海侵高潮出现于深度 56.8m 处，有孔虫丰度达到每 50g 干样中含 180 余枚，占本次海侵层有孔虫总数的 1/2，反映海侵程度的分异度为 0.7～20。这次海侵的特点与水源海侵有所不同，由海侵开始到海侵高潮，没有出现水源海侵那样大的反复。海水的影响逐渐增强，由高潮到低潮，并以突然衰退而告结束。此海侵层并非在所有钻孔都能见到，如在大凌河、双台子河之间的钻孔都发现这次海侵层；但位于辽河西岸、双台子河东侧的钻孔却没有发现与其相当的任何海侵迹象。上述差异显然与海侵的方式、规模有直接的关系。本次海侵的方式为线状或通道式，且规模不大，时代为晚更新世中后期，即庐山—大理间冰期。

3）盘山海侵

在先锋海侵之后，海水迅速退出本区，下辽河平原南部又被陆相地层所占据，接受了 10 余米厚的灰色亚黏土、细砂夹粉细砂薄层沉积。在此层中，基本上没有发现化石，孢子花粉也是以蒿属为主的草本植物优势组合，反映了气温相对寒冷的气候期，相当于大理冰期。大理冰期，辽宁省并没有冰川发育，大部均处于冰缘气候。因此，由大理冰期进入冰后期，本区的气候没有发生显著的变化。此陆相地层将先锋海侵与盘山海侵分开，其深度在 30～40m 之间。海侵的开始深度，各地深浅不一。在盘山凹陷，即现今辽河口处为 30～34m；平原东部为 9m；双台子河河口一带仅为 6～15m。这种差异与各地所处地质背景、距海岸的远近及地貌部位的关系甚大。在区内大部分钻孔中均有该海侵层的存在。就所含有孔虫种数、数量及海相介形虫的丰富程度及其所波及的范围而言,本次海侵应是本区第四纪中规模最大的一次海侵,造就了渤海湾或辽东湾的现代形态和轮廓。

本次海侵由一套以灰色、黑色为主或灰绿色、浅褐色亚黏土、淤泥质亚黏土夹粉细砂薄层组成,其中自下而上均可见有贝壳。据所含有孔虫总数、数量及分异度的变化规律,由下而上可分为3个阶段,而且与全新世出现的3个气候期对应。深度35~34m为海侵开始阶段,从近陆相到海陆过渡相,海侵影响的趋势是慢慢增强。有孔虫个体数不超过40枚,种数也只有五六种,有壳变形虫和盾形虫化石仅个别出现。分异度为0.5左右,大致相当于早全新世前北方期—北方期。此时虽已进入冰后期,但气候仍较凉爽,气温较今略低,生物界尚未进入全盛时期。深度34~8m左右为海侵昌盛时期,在若干钻孔中均发现了大量有孔虫和海相介形虫化石。上述化石群特征说明,生物界已进入了相对的繁盛时期。草木植物中的香薄属再次出现,说明当时的气候已较温暖潮湿,相当于大西洋期。深度0~8m,海侵由高潮逐渐走向低潮阶段。有孔虫的数量、种属迅速减少,陆相介形虫大量出现,已由浅海相向海陆过渡相发展。近期沉积皆为陆相地层,说明沿海平原三角洲的沉积速率超过了洋面上升速率,显示了近期洋面抬升迟滞或洋面下降的总趋势。钻孔资料证实,本次海侵高潮所形成的海侵层较现今渤海湾的轮廓大得多,已波及到现今盘山县以北,距辽东湾岸边40~50km,时代为全新世中期(大西洋期)。

综上所述,下辽河平原3次海侵均以海陆过渡相种属占优势。在3次海侵达到高潮时,虽然是浅海相的沉积环境,但也不同程度地受到淡水的影响。这从区内有孔虫个体偏小、数量较少、种数不多等特点便可证实。这显然是由沿岸河流地表水体注入,使海水淡化,盐度偏低、深度较浅、温度较低的河口三角洲及滨海等海陆过渡相的沉积环境所决定的。但是,在一般情况下,介形虫的数量与海水深度和离岸距离的关系甚大,即水越深、离岸越远,介形虫的数量越少。但在该区钻孔样品中,介形虫的数量一般都很少,这可能是河口区沉积物的特点。

海侵初期,海水影响程度逐渐增强,由纯陆相渐变为海陆过渡相。至海侵高潮时,海水影响已居统治地位,变为开放性海湾,成为浅海环境。海侵退缩时期,淡水影响增强,形成了海陆过渡相及陆相沉积。3次海侵不具备这样的共同特点。由此不难看出,在第四纪历史时期中,下辽河平原的海陆轮廓变动异常频繁。对钻孔所含有孔虫、海相介形虫的研究,揭示了渤海湾第四纪海侵的规模有由更新世早期至全新世有递次增大的总趋势。海湾在早更新世早期,已在孕育形成之中。但是,在第一次海侵高潮之后,海水又退出了海湾。这已由区内各海侵层之间分布普遍而稳定的陆相地层所证实。到了全新世的最后一次海侵,即盘山海侵方塑造了渤海湾或辽东湾的现今轮廓。

3次海侵比较真实地记录了本区第四纪海面升降的变化历史,也为研究渤海湾、辽东湾在第四纪的逐渐形成和发展提供了重要的实际资料和依据。

二、黑土资源分布格局

在黑土地形成之前,东北地区经历了漫长而复杂的地质作用——早前寒武纪华北克拉通形成演化、古生代古亚洲洋构造域、中生代古太平洋构造域和滨太平洋构造域多期复杂的地质演化过程,晚中生代构造叠加改造了古生代构造。晚中生代壳幔相互作用导致了东北地区盆-山耦合过程,造就了大兴安岭、小兴安岭、张广才岭-长白山-千山3个隆起区,以及松嫩平原、三江平原与下辽河平原3个平原区;最终造就了东北地区山水环绕、沃野千里的自然地理格局。大兴安岭、小兴安岭、张广才岭-长白山等地的隆起区,为黑土地形成提供了变质岩、花岗岩、玄武岩、火山岩以及沉积岩类等复杂多样的成土母质。其中,东北地区西部的大、小兴安岭主要分布有中生代花岗岩和中酸性火山岩-火山碎屑岩组合,少量古生代增生杂岩,残积母质以富含硅质的砂粒为主;东北地区东部的张广才岭、老爷岭、长白山东段多为三叠纪—早中侏罗世花岗岩等，少量新生代基性火山岩沿深大断裂或北东向与北西向断裂交会处分布；在长白山中-西段的辽西山地和辽东-吉南丘陵区，分布有华北克拉通的基底变质岩、古元古代增生杂岩和中—新元古代碳酸盐岩。

成土母岩和母质类型奠定了黑土地资源的空间分布状况与物质组分特征。东北地区一般形成运积母质和残积母质两种类型，其中残积母质分布在基岩分布的山区或丘陵地带，运积母质主要分布在松辽盆地和三江盆地中，少量分布在山区的较大河流宽谷中。山区或丘陵等的基岩出露区，在风化作用下基岩逐渐破碎并形成松散碎屑物，然而长期处于以流水剥蚀和各类风化作用为主的环境，一般会保留厚20~50cm残坡积层，在相同地理条件下，母质中砂质成分越高，黑土层越薄，是山地黑土层厚度较薄的决定性因素。平原外缘风化的松散碎屑物经河湖等流水作用在松辽盆地或三江盆地等低平原堆积，堆积物中黏粒含量越高，越有利于黑土层发育，黑土层相对较厚。成土母质类型为形成黑土地的土壤类型、厚度以及黑土形成后的水土侵蚀和荒漠化布局奠定了物质基础。平原区不同地貌单元沉积不同成因、不同时代的第四纪堆积物，决定了不同类型黑土的分布和厚度。沿哈尔滨—长春一线的波状高平原发育有中更新世冲洪积黄土状亚黏土，黏粒含量较高，发育典型黑土。松嫩低平原区发育有晚更新世河湖相的亚砂土、亚黏土，砂粒较多，多发育黑钙土、栗钙土。三江平原为晚更新世冲湖积的砂土、黏土，多发育黑土、白浆土。

第三节　黑土地发育与地质环境演变

一、主要研究方法

土壤是在气候、地貌、生物、母质和时间的综合影响下形成的，土壤年龄是土壤的重要特征。放射性同位素^{14}C具有自然界"标准时钟"的美称，由于其极有规律的放射性衰变，常被用来进行断代定年。利用^{14}C测年方法确定黑土的年龄对探索黑土形成的过程与年代、气候环境具有重要意义。孢粉学研究已应用于很多领域，其中一个极重要的领域就是推测古气候环境。在自然因素中，黑土的上覆植被对生存环境的反映最为敏感，是地质时代的温度计。因此AMS^{14}C测年和孢粉分析数据已成为重建古植被、古气候、古环境，研究黑土形成演化的重要手段。本研究分别在典型黑土北端、中部、南端采集土壤剖面样品，利用同位素年代学和孢粉组合分析研究黑土发育时间和环境。

典型黑土形成样本分别采集于典型黑土北端、中部和南端不同纬度（图1-5）。

北端典型黑土剖面位于黑龙江省讷河市，为人工挖掘土壤剖面，PM2012剖面深160cm，PM2010剖面深100cm。为避免上层碳混入，自下而上依次取样，每个样品约取200g，其中一部分用作^{14}C测年，一部分用作孢粉分析。孢粉样品分别采自PM2010剖面5~10cm、15~20cm、25~30cm、45~50cm、50~55cm、55~60cm、60~65cm、65~70cm、70~75cm、75~80cm、95~100cm土壤层，PM2012剖面15~20cm、35~40cm、55~60cm、75~80cm、95~100cm、115~120cm、135~140cm、155~160cm土壤层。^{14}C测年样品来自PM2010剖面50~55cm、60~65cm、65~70cm、70~75cm土壤层。

中部典型黑土剖面位于黑龙江省海伦市，白春村PM1908剖面深200cm，兴海村PM1910剖面深180cm，均为人工挖掘。为防止上层碳的混入，自下而上依次取样，取样间隔10cm，每个样品约取200g，其中一部分用作^{14}C测年，一部分用作孢粉分析。采集的15件孢粉和16件^{14}C测年样品分别来自PM1908剖面0~80cm土壤层和PM1910剖面0~70cm土壤层。

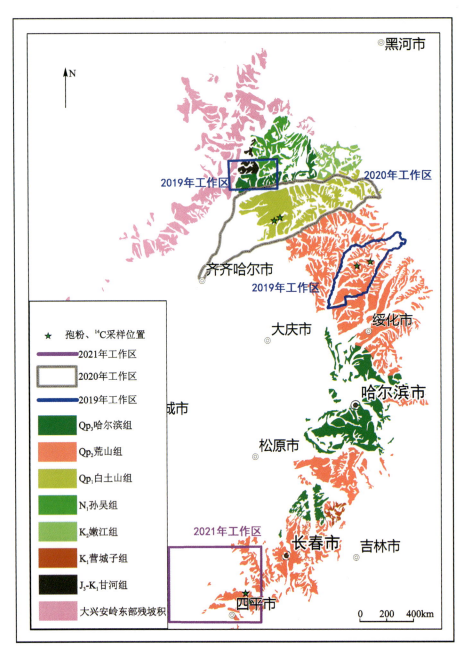

图 1-5 土壤剖面^{14}C 测年和孢粉样品采样点位图

南端典型黑土剖面位于吉林省四平市，为人工挖掘剖面，PM2102 剖面深 80cm、PM2103 剖面深 100cm、PM2104 剖面深 60cm、PM2107 剖面深 90cm。采集 PM2102 剖面的 15~20cm、25~30cm、50~60cm 土壤层，PM2104 剖面的 50~60cm 土壤层和 PM2107 剖面的 20~25cm、25~30cm、30~35cm、35~40cm 土壤层，共 8 套^{14}C 测年样品，在 PM2103 剖面的 20~25cm、55~60cm 土壤层，共采集 2 件孢粉样品。

为防止上层碳的混入，按自下而上依次取样原则，每个样品约取 200g，^{14}C 测年样品介质为黑土中的总有机碳，样品的制备及测试过程均在美国 BETA 实验室完成；孢粉样品在吉林大学古生物学与地层学研究中心孢粉实验室采用常规孢粉分析法分析。

二、黑土形成发育时代与环境地质特征

1. 黑土剖面^{14}C 年龄特征

^{14}C 年龄测试结果显示，北端黑土剖面黑土层底界年龄小于 7509a B.P.，中部黑土剖面黑土层底界年龄小于 8520a B.P.，南部黑土剖面黑土层底界年龄小于 1 885.5a B.P.，据此推测，典型黑土大范围形成时间不晚于 8520a B.P.。此外，本次在北端黑土剖面的底部 160cm 处测得总有机碳^{14}C 年龄为（12 879±80）a B.P.（图 1-6），时代为晚更新世，说明母质黄土状亚黏土在晚更新世时已经有了腐殖质的积累。

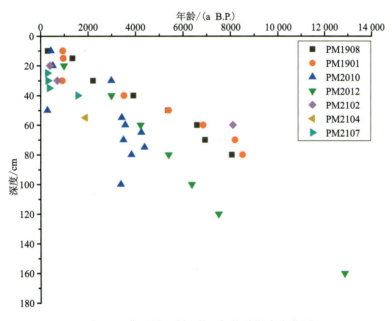

图 1-6　典型黑土剖面^{14}C 年龄随深度变化图

由^{14}C 年龄随深度变化图可见，PM2010 剖面黑土年龄随深度近直线分布，^{14}C 年龄纵向上差距不大，分析原因为该土壤剖面裂隙更为发育，有机质在纵向上混合程度较高导致其^{14}C 组成及年龄较为均匀。建议以后进行土壤^{14}C 测年时应避免在这样的地区采样。此外，PM2102、PM2107 及 PM2010 剖面耕作层的测年结果显示，同一个剖面耕作层内^{14}C 年龄差别不大，说明农业活动扰动上下地层，导致耕作层由下至上的有机碳组分^{14}C 年龄几乎一致，表现为耕作层土壤形成年龄接近（图 1-6）。3 条剖面耕作层形成年龄从 287a B.P. 到 2985a B.P. 均有，可能是现代耕作强度在空间上的差异所致。除这 3 条剖面外，其他剖面均表现为：随着土壤深度增加，有机碳年龄整体呈逐渐增大的趋势，但在表层和深层中变化趋势并不一致。地表至 30cm 深度范围内，有机碳年龄变化趋势不明显，而在 30cm 以下，有机碳年龄与深度呈近线性分布。以 30cm 深度为界，讷河、海伦和四平 3 个地区黑土表层土壤（0～30cm）有机碳平均年龄分别为 1231a B.P.、1112a B.P.、423a B.P.，深层土壤（>30cm）有机碳平均年龄分别为 6559a B.P.、6334a B.P.、3343a B.P.，在空间上表现为有机碳平均年龄由北向南逐渐减小（图 1-7），这种规律与全球土壤碳年龄分布是一致的（Shi et al.，2020）。

黑土的成土速率可以简单理解为土壤中有机质积累的速度，积累速度越快，黑土层越容易发育。关于黑土成土速率的定量表达，在众多文献中经常见到的一种非正规说法为"形成 1cm 的黑土层需要 200～

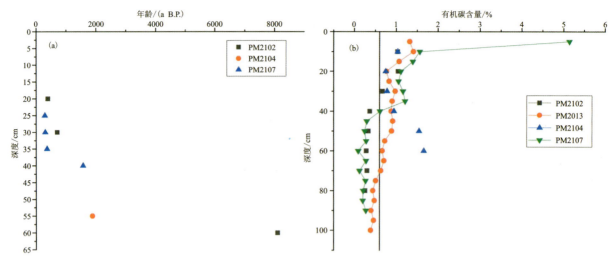

图 1-7 南端黑土剖面深度与年龄(a)和有机碳含量(b)关系图

400a",这种说法虽然容易造成黑土层是沉积而成的假象,但能够比较直观地反映黑土的形成速率。以北端典型黑土剖面 PM2012 为例,其形成速率(v)应该为绝对年龄(T_0)除以黑土层厚度(H),即 $v=T_0/H=$ 12 879a/60cm=215a/cm,即每形成 1cm 黑土层至少需要 215a,这与文献中 200~400a 形成 1cm 黑土层的说法较一致。

侵蚀堆积作用对黑土剖面有机碳年龄的分布也有重要影响。PM2102 剖面和 PM2104 剖面分别位于一个斜坡的坡中和坡底处。由于坡度较大,斜坡遭遇过强烈的侵蚀作用,坡上部黑土层全部被冲蚀到坡底部并且被后续冲蚀的黄色土壤覆盖。PM2104 剖面测年样品为下部埋藏的黑土层,^{14}C 校正年龄为 1885a B.P.。因此,我们可以推测 PM2102 剖面黑土层在刚侵蚀后,其表层土壤的 ^{14}C 年龄应大于 1885a B.P.,而当前 PM2102 剖面上部土壤测得的 ^{14}C 年龄为 394a B.P. 和 706a B.P.,均不到 1000a B.P.。这说明在发生侵蚀作用后,重新出露地表的土壤 ^{14}C 组分发生了明显变化,地表新碳的加入使其表层土壤的 ^{14}C 年龄突变(Zeng et al.,2020),这也导致该剖面上年龄-深度直线的斜率减小(图 1-8)。因此,在景观尺度,侵蚀作用对表层土壤的 ^{14}C 年龄有非常重要的影响,并且在年龄-深度直线的斜率上也会有体现。东北黑土地由于地形为低缓丘陵,普遍发生了以水蚀为主的侵蚀作用(Wang et al.,2022),因此在进行有机碳 ^{14}C 年龄测试时,应注意土壤剖面的选址,仔细判断采样处是否发生过明显的侵蚀作用,才能更好地对 ^{14}C 结果进行解释。

2. 黑土剖面孢粉组合特征

孢粉百分比图式为相对花粉统计量,浓度图式为绝对花粉统计量。根据孢粉分析的原理及黑土的形成过程研究,下部黄土状亚黏土中孢粉组合反映的是母质沉积环境,而表层黑土 0~30cm 孢粉组合可能代表黑土形成时期及现代孢粉。综合北端、中部及南端黑土剖面中孢粉组合的浓度图(图 1-9~图 1-11)可以看出,除南端 PM2107 剖面(0~35cm)外,其余 6 条剖面均显示表层黑土 0~30cm 中孢粉的含量较下部母质黄土状亚黏土(30cm 以下)中含量明显增加,指示母质黄土状亚黏土中孢粉的浓度低,植被覆盖率低,反映了当时温凉偏干的气候;3 个地区表层孢粉带孢粉的浓度较高,植被覆盖率高,针叶乔木花粉明显增高,指示黑土形成时湿润的气候,推测当时的植被为疏林-草原植被。

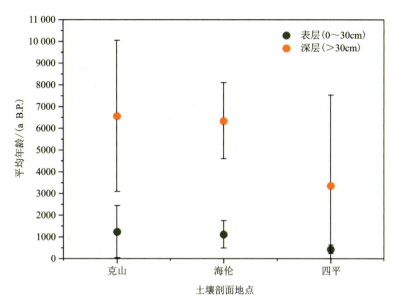

图 1-8　不同地区黑土剖面 ^{14}C 年龄与深度线性变化

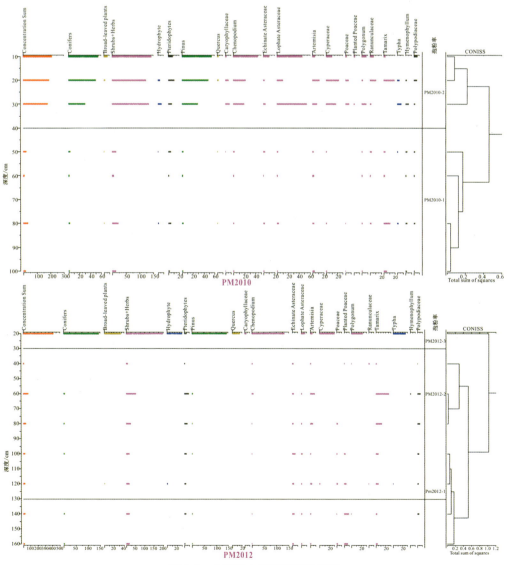

图 1-9　北端黑土剖面孢粉浓度图

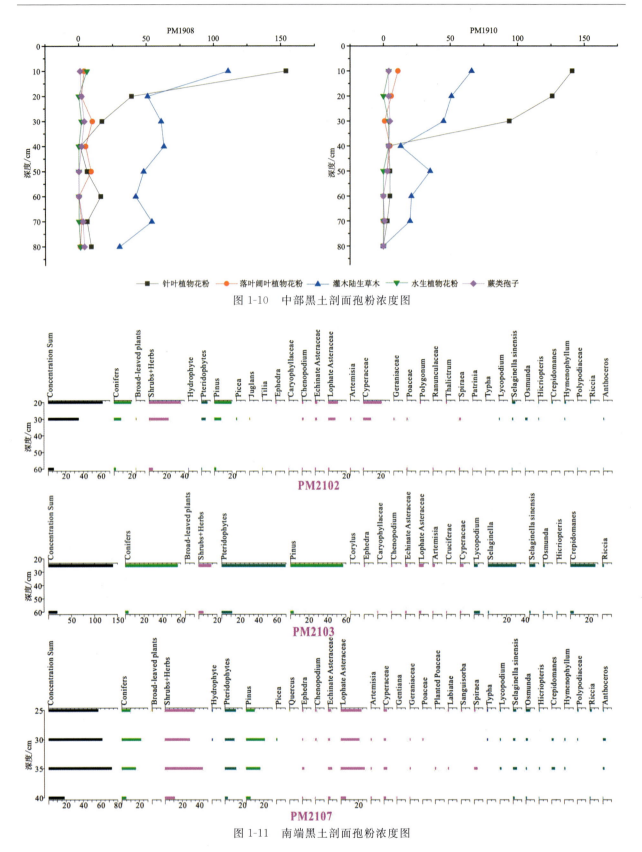

图 1-11　南端黑土剖面孢粉浓度图

对比 3 个地区黑土形成时的上覆植被类型，发现北端 PM2012 剖面表层孢粉组合以松属-藜属为主，较母质层明显增加的是针叶松属、落叶阔叶栎属、陆生草本藜属、蓼属和莎草科、水生植物香蒲属等植物的花粉；PM2010 剖面表层孢粉组合以松属-网胞状类菊科-藜属-莎草科-柽柳属为主，较母质层明显增加的是针叶松属、陆生草本藜属和莎草科等植物的花粉。中部 PM1908 剖面表层孢粉组合以松属-苋科-蒿属为主,较母质层明显增加的是针叶松属,陆生草本苋科和莎草科,水生草本香蒲属等植物的花粉;PM1910 剖面表层孢粉组合以松属-苋科-水龙骨科为主,较母质层明显增加的是针叶松属植物的花粉。南端 PM2102 剖面表层孢粉组合以莎草科-松属-网胞状类菊科为主,较母质层明显增加的是针叶松属和陆生草本莎草科植物的花粉;PM2107 剖面表层孢粉组合以网胞状类菊科-松属为主,较母质层明显增加的是具刺类菊科和水生草本香蒲属植物的花粉;PM2103 剖面表层孢粉组合以松属-卷柏属-假脉蕨属为主,较母质层明显增加的是针叶松属植物的花粉。此外,3 个地区表层孢粉中均有水生植物花粉,指示湿润的气候环境。

对比认为,北端黑土发育时上覆植被类型为以针叶松属为主的松树林,林下发育藜属(旱生)、莎草科(湿冷)、菊科灌丛(中生),零星分布阔叶树,为疏林-草原植被,反映北端黑土发育时温凉湿润的气候;中部黑土发育时上覆植被类型为以针叶松属为主的松树林,林下发育苋科(暖干)、莎草科(湿冷)、菊科灌丛(中生),零星分布阔叶树,为疏林-草原植被,反映中部黑土发育时温凉湿润的气候;南端黑土发育时上覆植被类型为以针叶松属为主的松树林,林下发育莎草科(湿冷)、菊科灌丛(中生),零星分布阔叶树,为疏林-草原植被,反映南端黑土发育时温凉湿润的气候。

综上所述,北端、中部及南端典型黑土发育时的上覆植被类型相差不大,均为以针叶松属为主的松树林,林下主要发育莎草科(湿冷)、菊科灌丛(中生),零星分布阔叶树,为疏林-草原植被,反映东北典型黑土发育时松辽平原温凉湿润的气候环境;北端黑土旱生植物花粉较多,指示北端黑土发育时较中部和南端黑土干旱的气候环境。但由于黑土中的孢粉组合既包括黑土形成时期植物的孢粉组合,也不排除包括黄土沉积时期的植物孢粉,二者难以区分,因此孢粉对黑土形成时期的植被指示意义还存在不确定性。1953 年,中国科学院南京土壤研究所东北土壤队与植物研究所合作在东北北部黑土地区进行了自然草地的调查,发现生长最多的植物为酸不溜(*Polygonum divaricatum* L.)、防风(*Ledebouriella seseloides* Wolff.)、败酱(*Patrinia scabiosaefolia* Fisc.)、兔子毛(*Tanacetum sibiricum*)、长芒羽毛(*Stipa baicalensis* Roshev.)、宿根巢荣(*Vicia amonena* Fisch.)、大叶巢荣(*Vicia pseudo-orobus* Fisch.)等,但这些自然植物的孢粉在以往的黑土研究中并未出现,也对黑土形成时期确切的植被类型提出了疑问。

松辽平原在漫长的第四纪地质历史发展过程中,新构造运动以差异性升降运动为主体,控制着本区第四纪地质环境的变化。作为世界三大黑土带之一的东北平原典型黑土带,其形成和演化与特定的第四纪地质背景、第四纪沉(堆)积物、特殊的自然地理条件和保存条件密切相关,缺一不可。

3. 黑土发育古气候环境

全新世又称冰后期,开始于 11 000a B.P.。全新世气候及其变化是对当今人类生存环境影响最大和最直接的因素之一。全新世时期,区内地壳运动表现出以相对差异升降为主的运动形式。前人将全新世气候环境又分为早期升温变暖、中期温暖湿润、晚期降温变凉 3 个阶段(Yuan et al.,2004;Wang et al.,2005;Tan et al.,2006)。

1)早—中全新世气候环境

早—中全新世(11 000~2500a B.P.),松辽盆地受晚更新世末期长岭断隆的影响,其北侧的松嫩湖盆急剧缩小,湖泊中心已退缩到达乾安、泰来、大庆一线。盆地西北周边的霍林河、洮儿河、绰尔河、雅鲁河、阿伦河、嫩江、裕尔河等水系继承发展,汇入晚更新世末期残留湖泊,共同组成早—中全新世千岛湖盆环境,加速了河湖相淤泥、沙土层的沉积,形成早—中全新世湖-沼地层。当时,只有嫩江为过湖河流,并与下游松花江汇合流入三江盆地。讷河、乌裕尔河、呼兰河、通肯河等河道变迁明显,古河道遗迹清晰,表现出自东向北西方向迁移的变化规律。这一特点与区域地壳运动特征一致。而东西辽河盆地沿断块沉陷区,仍在晚更新世末期残留湖泊的基础上发展为早—中全新世湖盆环境,接受周围断隆地块的物质补给,形成了黑色淤泥与砂土质呈互层状沉积的早—中全新世湖-沼地层。早全新世(11 000~

7500a B.P.),根据前人的研究结果,黑土,尤其是北部地区气候仍较冷凉,属于寒温带的气候环境,特别是8700~8900a B.P.的强低温事件,加上晚更新世遗留下来连续多年冻土的分布,表明此时的气候环境并不适宜黑土层的形成。

2)中全新世气候环境

中全新世(7500~2500a B.P.)是冰后期气候最温暖的时期。该时期亦称为大暖期,虽有气候波动,但松嫩平原始终处于温带半湿润区,年均气温比现今高1~2℃。根据前人研究,季节性冻土全部融化时间为60~150d。此时,草原化草甸植被植物迅速繁茂起来,在地上和地下,大量植物残体形成有机质。留在土壤中的有机质由于冬季严寒,土壤微生物活动停止,夏季多雨,土壤过湿,加上季节冻层阻隔使土壤水分更加充足,好气微生物活动受限,一般每年只有15%腐殖质被分解矿化,因此年复一年的暖—寒气候周期变化,土壤中大量有机质被保留,并迅速沉积,于是便在第四纪前中全新世含土质堆积物顶层形成了黑土层。中全新世的气候环境适宜黑土层的沉积,这与前人的研究结论一致。

3)晚全新世气候环境

全新世以来,黑土地总体处于温暖、四季分明、夏季雨热同期、冬季漫长干冷的气候条件。夏季年平均降水量500~600mm,年均气温比现今高1~2℃,但日温差和年温差均较大。夏季雨热同季,植物生长茂盛,提供了地上及地下极大的有机物年积累量。秋末霜期早,植物枯死后易存于地表和地下,且气温骤降导致土壤中的微生物活动受到限制,从而使残枝落叶等有机质来不及分解,以至来年夏季土温升高时,微生物活跃,使植物残体转化成腐殖质在土壤中积累,从而形成深厚的腐殖质层。7500~2500a B.P.是黑土形成的最适宜期,也是黑土的主要形成期。

晚全新世(2500a B.P.以来),受区内地壳总体抬升作用和湖泊水源补给不足及气候等因素影响,松嫩、东西辽河湖泊退缩、干涸,直至消亡,但在齐齐哈尔—大安一带和长岭弧形断隆岩片之间洼地仍然残留着现代的湖泊。嫩江水系由原来的过湖河演变为下切河,与松花江水系完全贯通,经三江平原汇入黑龙江。辽河水系急剧下切,形成深切河谷,沿河道形成晚全新世冲积成因的淤泥、砂土地层。广布黑土的高平原区遭受水蚀侵蚀和人为作用影响,黑土发生面积性减少和质量下降。统计数据表明,地形坡度为1°~2°的地区,水蚀程度加强,而低平原区受冻丘消融、地下水位变化、气候干燥等因素影响,沿早中全新世干涸湖底发育沙化、盐渍化。此时气候变为干旱凉爽,风沙吹扬,松辽平原进入人类活动与自然环境并存的生态环境退化阶段。

三、地貌与成土母质

1. 构造侵蚀、剥蚀低中山

构造侵蚀、剥蚀低中山主要分布于大兴安岭中北段主峰、小兴安岭、老爷岭、张广才岭、长白山和千山主峰一带,山脊多呈北北东向展布。地形标高1000~2000m,相对高差400~600m。由花岗岩、中酸性火山岩、变质片岩、石英砂岩和板岩构成,褶皱断裂、裂隙、节理较发育,以构造侵蚀作用为主,多形成较陡峻的尖顶、平顶或单面中低山,坡度15°~50°不等。河流多沿断裂带发育,河谷呈"U"形宽谷,局部为"V"形峡谷,河谷内形成有Ⅱ~Ⅲ级阶地。山体多被茂密森林覆盖。

在大兴安岭中北部西坡的额尔古纳右旗以南至燕山山脉,主要由变质岩、火山杂岩和碎屑岩构成,以构造剥蚀作用为主。地形标高500~1400m,相对高差200~500m。山脊多呈浑圆状,个别为尖顶状,坡度一般在20°左右,最大可达50°。大部分基岩裸露,植被不发育,多为荒山秃岭。

在北纬47°~40°以北地区分布有连续、不连续的或岛状冻土,个别地段有角峰、刃脊、冰锥丘、三角崖等冰缘地貌遗迹。

2. 构造剥蚀丘陵

构造剥蚀丘陵主要分布于大兴安岭东坡，小兴安岭周围、张广才岭西坡及七台河以北的大部分地区，长白山至千山的西坡至辽东半岛边缘一带，以及燕山山地北部的翁牛特旗至库伦旗、辽西山地的大部分区域，由花岗岩、变质岩、沉积碎屑岩、火山碎屑岩组成。地势自南向北逐渐突起，地形标高100～700m，个别地段大于700m，相对高差50～200m。山脊呈浑圆状，地形坡度较平缓，坡度10°～20°。树枝状河流沟谷较发育，河谷呈"U"形，发育有Ⅰ～Ⅳ级阶地，局部呈"V"形谷，构成建设水库、坝址的有利地形。谷底多发育湿地沼泽，部分地区被次生林覆盖。

3. 构造剥蚀盆地

构造剥蚀盆地受构造控制沿断裂沉降带分布，北自方正，向南至延寿、舒兰、公主岭以东和桦甸—柳河及延吉、安图、珲春一带，是古生代末开始形成的地堑式断陷盆地，呈北东向，沉积巨厚的中生代含煤碎屑岩。挽近时期伴随张广才岭隆起而微有抬升，遭受剥蚀，形成微起伏低缓丘陵。丘陵呈浑圆状，地面标高300～500m，相对高差小于100m，起伏较小，坡度5°～10°。由中生代砂岩、泥岩和第四纪薄层亚黏土构成，覆有稀疏次生林。

4. 剥蚀台地

剥蚀台地分布于东辽河法库、彰武、昌图等县境内以及庄河—东港沿海，呈条带状分布。在东辽河区域地形呈波状和垄岗状的平缓低山和台地，标高50～150m，相对高差小于30m，坡度5°～10°，冲沟发育，下切深度3～10m，局部切入下伏基岩，由前第四纪砂砾岩和第四纪残坡积亚黏土夹碎石构成。在沿海地带一般高出海平面60～100m，相对高差20～60m，台面微向海倾斜，台面宽0.5～2.0km。由混合岩、片岩、石英砂岩、石英岩等构成，常见海蚀洞、海蚀残山和岛屿等微地貌景观。

5. 冰碛冰水台地

冰碛冰水台地分布于大兴安岭东麓，北起龙江，南至乌兰浩特市，呈北东向断续展布。北窄南宽，南缘以20m陡坎与扇形地分界，东缘则以缓坡与低平原相接。其上沟谷发育，侵蚀切割较轻微，台面呈波状起伏，地形标高160～350m，相对高差5～10m，台面微向东南倾斜。主要由厚30～50m的第四系下更新统白土山组砂砾石、砾卵石、泥砾层组成，下伏基岩。

6. 冲洪积台地

冲洪积台地分布于大兴安岭东坡的洮南西至西拉木伦河，小兴安岭东南坡的巴彦、鹤岗等地，张广才岭北部的依兰、桦南和宝清等地，辽西的库伦旗至奈曼南的山麓地带，以及下辽河平原的东西两侧与丘陵的接触部位，呈不规则条带状展布。台面较平坦，微向平原倾斜，被河谷分割成垄岗状，地形标高200～350m，相对高差10～50m，由砂砾石、亚黏土和黄土状亚黏土构成，局部为亚黏土含碎石层。在下辽河平原两侧地势较低，坡降1/1000～1/3000，坡度2°～3°，前缘与平原缓坡相连。由坡洪积和冲洪积亚砂土、亚黏土、砂、砂砾石组成。

7. 冰水洪积高平原

冰水洪积高平原分布于逊河平原、松嫩平原东部及东北部、西辽河平原西拉木伦河以南的广大地区。地势较高，地形由北向南由似丘陵状起伏、岗阜状起伏至微起伏，地形标高180～400m，相对高差小于100m，其上沟谷较发育，侵蚀切割轻微，河谷多为"U"形宽谷，内多沼泽、湿地。由黄土状亚黏土、亚黏土、砂砾石等构成。

典型黑土成土母质以更新世洪积黄土状黏土堆积物为主，只有少数地势起伏较大、切割较严重的地区,在黑土的底部有砂、砾质的沉积物。黄褐色黄土状亚黏土在黑龙江省称为上荒山组,在吉林省称为东风组(图1-12)。黄土状亚黏土对土壤水分渗透不利,但有利于土壤理化指标的维持,从而有利于黑土结构的形成。

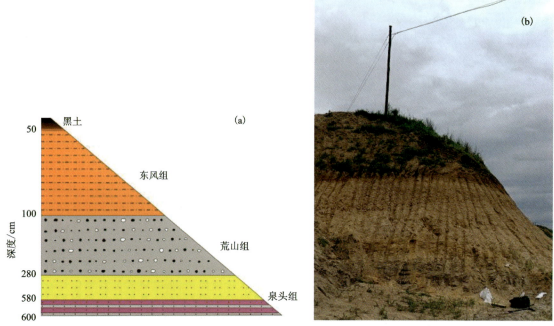

图1-12 吉林省四平市北部土壤-地层剖面(a)及景观图(b)

典型黑土南端最主要的成土母质为黄土状亚黏土,时代为更新世。上部岩性为棕红色、棕黄色黄土;下部为砖红色、褐红色黄土,岩性为棕黄色、橘黄色亚黏土;底部偶夹粉砂、中粗砂透镜体及团块,局部含砾,偶见亚砂土。土壤中均普遍含有铁锰结核,呈星散状分布,一般呈球粒状,多数绿豆粒大小,偶见团块状及管状(图1-13)。该组中偶见水平层理,一般为块状,柱状节理发育,为中更新世晚期冲积成因。东风组普遍赋存大量铁锰结核的事实表明,黑土中铁锰结核主要来源于成土母质,而并非成土时期的产物。

图1-13 吉林省四平市东风组黄土及铁锰结核

8. 山间冲洪积、坡洪积谷地

山间冲洪积、坡洪积谷地分布于大兴安岭、小兴安岭和张广才岭,长白山至千山和燕山的山间河谷的中下游地段,以及呼伦贝尔沉降带的河谷区。地形较平坦,微向河床倾斜。地形标高各地不一,总的趋势是自上游向下游变低,坡度小于5°。呈不规则条带状展布,宽度1～10km,高出河床3～80m。发育有不连续的阶地,各阶地之间及漫滩间均有高差不等陡坎相接,由坡洪积亚黏土或亚砂土、砂砾卵石层组成。河床宽窄不一,蜿蜒曲折,局部有遗弃河道、牛轭湖和沼泽湿地,内生塔头和喜水植物。

9. 冲湖积、沼泽低平原

冲湖积、沼泽低平原分布在松嫩平原西部和西辽河平原北部的广大地区,以及三江兴凯湖平原东部及南部区。地势低洼平坦,地形标高130~230m,相对高差小于30m,在三江兴凯湖平原地形标高55~80m,相对高差小于20m。区内湖泊、沼泽湿地星罗棋布,多为蝶形、椭圆形或不规则形,水深小于2m,最大水泡子水深达5m,部分属季节性积水,内生喜水植物。在松嫩平原中部区为砂丘覆盖沼泽低平原,呈现砂丘和湖泡相间分布特点,地表多砂丘、砂垅、砂盖,多为固定型和半固定型,零星分布有活动砂丘。组成物质下部为砂砾石,中上部为淤泥质亚黏土、黄土状亚黏土、粉细砂等。

10. 冲积低平原

冲积低平原主要分布在三江平原及松辽平原。在黑龙江下游南岸,乌苏里江中下游西岸,松花江及第二松花江下游段,嫩江中下游段、辽河、浑河、太子河下游段、西辽河中下游段及其各支流河谷地带呈带状分布,由冲级阶地及漫滩构成。宽度各地不一,宽者达20~30km,窄者只1~2km。表面较平坦,微向河床倾斜,各阶地多呈不连续不规则条带状,其高差变化在3~30m之间,由亚黏土和砂砾石层二元结构构成;漫滩宽坦低洼,高出河床1~3m,遗弃旧河道、牛轭湖、沙嘴、沙洲、沼泽湿地发育,由淤泥质亚黏土、细砂和砂砾石构成。在山前地带地势由山地前缘向平原中心呈微倾斜,地形标高5~10m,形成各河流Ⅰ级阶地—似扇形地,由亚黏土、砂砾石构成,其下埋藏扇形地。

冲积低平原在下辽河平原中北部海城—台安一线以北至新民等地分布面积较广,地势平坦,坡度缓,坡角小于3°,地形标高10~35m,相对高差10m左右。其上河曲发育,分布有小面积湖泡和沼泽湿地及盐渍地,水深小于0.5m,组成物质为细粉砂、亚黏土。

11. 冲海积低平原

冲海积低平原主要分布于下辽河平原南部及辽东半岛的近海地带。地形低洼平坦,微向海岸方向倾斜,地形标高小于10m,相对高差小于3m,并有零星分布的海积沙丘、沙堤等,在鸭绿江口为滨海三角洲。由泥质、淤泥质亚黏土、黏土层及细粉砂构成,大部分地区已形成盐渍地、沼泽地,沼泽地水深0.5~1.2m,内生芦苇、香蒲等喜水植物。

12. 风积低平原

风积低平原分布于柳河和绕阳河上游地带。地形呈缓波状起伏,地形标高30~120m,微向南倾,为河流Ⅱ级阶地,高出河床3~15m,宽25~40km,在彰武以北地带发育狭窄的Ⅰ级阶地,宽1~2km,与Ⅱ级阶地呈陡坎相接,陡坎高差5~7m。表面分布有沙丘,高25m左右,宽1.2km左右,呈条带状展布,由中细砂组成,并有高5~10m的长垣状残留高台地。

13. 熔岩台地

熔岩台地主要分布在张广才岭和长白山—千山山地北部区,自宝清、鸡西至敦化、靖宇呈北东-南西向条带状延展,在长白山天池(白头山天池)周围大面积分布。此外,在小兴安岭北部嘉荫、逊克和燕山山地的西部区以及五大连池等地分布面积也较大。由多期玄武岩构成,台面较平坦,地势较高,地形标高300~1300m,相对高差小于100m。其上分布有火山锥、火山丘、石海等地貌景观,个别火山口形成火山湖(如镜泊湖),并形成6~10m落差的瀑布(如吊水楼瀑布)。

在吉林省东南部长白、抚松、安图等县境内,地形较高,地面标高一般800~2300m,切割深度小于300m,个别段达700m。长白山主峰白云峰即位于其中,海拔达2691m,是我国东北地区最高峰。台地上的火山口湖——长白山天池四周由16座海拔超过2500m的山峰构成大流域的分水岭,东北地区主要水系呈放射状发源于此。

14. 侵蚀溶蚀低山

侵蚀溶蚀低山分布于长白山—千山山地的柳河、白山、通化、本溪等地,以及燕山山地的建昌、建平、凌源东南、朝阳以南及锦西一带,由易溶蚀的灰岩、白云质灰岩和泥质灰岩等组成。因溶蚀和侵蚀作用,常形成干谷、溶蚀残山、溶洞、溶蚀洼地和地下暗河等溶蚀、侵蚀地貌景观。地形标高400~1000m,相对高差100~300m。由于侵蚀、溶蚀和构造控制,多形成浑圆状、尖顶状或塔状低山,坡度变化较大,为10°~40°不等。沿构造裂隙和构造破碎带及背向斜轴部层面缝合线发育岩溶大泉和地下暗河、大溶洞。

第四节 区域水文地质与黑土地生态环境

水文地质条件取决于地貌和气候条件,是黑土地的形成与退化等演化的重要制约因素。大、小兴安岭—辽西山地—长白山地,地表大气降水丰富,是东北主要河流的水源地;地下水多为基岩裂隙水,富水性以大兴安岭东坡和长白山地的西坡为佳。大兴安岭北部地区地下水以弱溶滤作用为主,为矿化度极低的水化学特征,矿化度为0.2g/L左右;在平原外围的山区,山前和河谷地区,地下水以溶滤作用为主,矿化度较低,为0.2~0.5g/L;在平原区西部以浓缩作用为主,地下水中等矿化,矿化度为1~3g/L;在呼伦贝尔的呼伦湖东岸和下辽河平原的南部沿海地带地下水以浓缩作用为主,呈高度矿化。

中部的松嫩平原主要由松花江、嫩江冲积而成,可进一步细分出东-北部的山前冲洪积台地(高平原)、中部低平原(多湿地和湖泊)和西部以剥蚀堆积为主的山前倾斜平原。水文地质特征总体以松散岩类孔隙水为主,潜水普遍分布。其中,高平原区第四系薄,含水层不发育,富水性不均,为由黄土状亚黏土构成的典型黑土分布区,同时也是水土流失最严重的地区;但是该地区地下水系统处在山区补给、低平原区排泄的中间径流地带,水文地质环境优越。低平原地区为地下水、地表水汇集的大型蓄水盆地,排泄不畅;地下水以承压水为主,埋深较浅,水作用造成该区矿物成分富集,土壤以黑钙土、草甸土为主,强烈蒸发作用导致吉林白城、松原和黑龙江大庆等地区的土壤盐渍化生态问题。

东北部的三江平原,是黑龙江、松花江和乌苏里江三江汇流而成的冲湖积低平原,第四纪以来沉积了巨厚的松散沉积物,地下水总体上埋深浅,水量丰富,单井涌水量大;上部广泛分布黑土地,土壤以草甸土、白浆土、沼泽土为主,垂向上没有很好的隔水层。

南部的辽河平原以松散岩类孔隙水为主,水量分布不均。其中,西辽河平原水量相对匮乏,分布有大面积的风成沙地;东辽河平原是典型黑土与棕壤的过渡地带,黑土层普遍较薄;下辽河平原为冲海积低平原,以草甸土为主,水量相对丰富,在南部滨海地区多形成上咸下淡的含水层结构以及盐土条带状分布的格局。

因受松花江、嫩江、黑龙江、乌苏里江等河流冲积,在地势低平、受地下水或潜水的直接浸润及沿河地区形成了广泛分布的草甸土,有机质含量较高,一般为3%~6%,高的可达10%;腐殖质层也较厚,厚度为30~100cm或100cm以上。

第二章 农业生产条件

第一节 东北黑土资源主要土壤类型

国外对黑土的分类研究较细,如美国土壤系统分类中将黑土分为4个亚纲7个土类。由于地形、气候、植被的影响,黑土地在世界上仅分布四大块,其中分布在北半球的为北纬46°带附近的美国密西西比河流域、乌克兰大平原和我国东北平原。我国东北地区的黑土多分布在平原地区,广义的"东北黑土"是指有黑色表土层分布的区域,黑土、黑钙土、草甸土、白浆土、棕壤、暗棕壤、棕色针叶林土、褐土、栗钙土,属于"寒地黑土"。黑土土壤的组成包括矿物质、有机质、水分和空气。黑土是能够使水、肥、气、热条件达到稳、均、足、适的程度,并且能在一定程度上抵抗恶劣自然条件的影响,适应植物生长需要的土壤。

有机质、全氮、全磷等大量元素含量,在"黑土家族"的不同土壤中含量具有明显差异(表2-1)。通过黑土地土壤54项元素和指标调查,不同土壤类型土壤的52项指标(元素和氧化物)总含量差异相对明显。黑土因具有较高的腐殖质含量,挥发分较高,52项指标总含量最低,为92.91%,棕壤和暗棕壤52项元素总含量最高,分别为94.54%和94.42%,体现了不同土壤类型矿物组成明显不同。

表2-1 黑土地主要土壤类型物理化学特征

	黑土	暗棕壤	棕壤	黑钙土	白浆土	草甸土
pH 值	5.5~6.5	5.0~6.5	6.0~7.0	7.0~8.4	6~6.5	5.3~10.5
有机质含量/%	3~10	5~10	1.5~3.0	4~7	6~10	3.0~6.12
全氮含量/%	0.1~0.6	0.15~1.32	>1	—	4.0~7.0	2.0~4.5
全钾含量/%	1.5~2.0	1.57~1.93	>2.0	—	2.16	1.24~2.39
全磷含量/%	0.1~0.3	0.37~1.21	>1	—	1.0	0.52~1.51
阳离子交换量/(cmol·kg^{-1})	25~80	25~35	—	>20	—	20~30
黏粒含量/%	>35	—	—	10~30	—	—
52项指标含量/%	92.91	94.42	94.54	91.48	93.7	93.25

1. 黑土

黑土腐殖质层厚达30~70cm,底土常出现轻度潜育特征,黑土剖面中无钙积层,也无石灰性黏土,但在淀积层见明显的铁锰结核、锈纹和锈斑(图2-1),这是黑土不同于黑钙土的重要特征。黑土面积

609万 hm², 其中耕地面积约445.2万 hm², 有机物质平均含量在3%～10%之间, 是具有强烈胀缩和扰动特性的黏质土壤, 自然黑土C/N值一般为10～14。植物营养元素含量高, 绝大部分氮和60%的磷属于有机态, 总氮和总磷含量分别为0.1%～0.6%和0.1%～0.3%, 钾含量高达1.5%～2%; 黑土吸附和交换容量大, 特别有利于固化植物生长的营养元素, 而且pH值为5.6～6.5, 适于农作物生长; 1m厚黑土层的有效持水量为180～200mm, 相当于年降水量的36%～40%。

蒙脱石是黑土占优势的黏土矿物, 其次是云母类矿物, 灰岩、珊瑚、泥灰岩较少发育。高岭石也是常见矿物, 其含量随风化程度递增。碳酸盐矿物和石膏可出现在心土层, 常见于湿润黑土和干热黑土的滑擦面上。

Ap. 耕作熟化层; P. 犁底层; Ah. 腐殖质层; Bt. 黏化层;
Bs. 铁锰斑纹层; BC. 过渡层; C. 母质层。

图 2-1 黑土景观及剖面特征

2. 黑钙土

黑钙土分布在半干旱地区, 植被以草原类型为主, 也有草甸草原植物, 有机质的累积量小, 分解强度较大, 腐殖质层一般厚30～40cm(图 2-2), 石灰在土壤中淋溶淀积, 常在60～90cm深度处形成粉末状或假菌状的钙积层, 是黑钙土区别于其他黑土的重要特征。黑钙土分布于北纬43°—48°, 东经119°—126°之间, 位于松嫩平原、大兴安岭两侧和松辽分水岭地区。黑钙土多为粉壤土至黏壤土, 其中粉粒占30%～60%, 黏粒占10%～30%。

Ap. 耕作熟化层; P. 犁底层; Ah. 腐殖质层; Bk. 钙积层; Ck. 母质层聚集碳酸钙。

图 2-2 黑钙土景观及剖面

3. 草甸土

草甸土腐殖质含量相对较丰富，暗色有机质层厚达 1m 以上，土壤底部常见二氧化硅粉末，土体中见锈色斑纹及铁锰结核（图 2-3）；表层土壤有机质含量一般为 3%～6%，局部甚至高达 10%。黑龙江省的草甸土面积最大，约占全国草甸土面积的 1/3，黑土地草甸土总面积为 2385 万 hm^2，其中耕地面积约 505.14 万 hm^2。草甸土开垦后，表层土壤有机质含量明显下降。

Ap. 耕作熟化层；P. 犁底层；Bs. 铁锰斑纹层；C. 母质层。

图 2-3 草甸土景观及剖面

4. 白浆土

白浆土因表层腐殖质层下具有灰白色的白浆层而得名（图 2-4）。白浆层含有大量的二氧化硅粉末，淀积层含有大量的铁锰结核，主要分布在黑龙江和吉林两省的东北部山间盆地和谷地，以三江平原分布最广，总面积达 455 万 hm^2，其中耕地面积约 166.68 万 hm^2。东部气候湿润，植被类型为喜湿性的潜根植物，土壤有机质累积量不及黑土，因有机质分解度差，而常具泥炭化特征。白浆土表层有机质含量达 8%～10%，白浆层下质地多属壤土和黏土；白浆层质地相对较轻，铁的淋失十分明显，黏土矿物以水云母为主，并有少量高岭石和无定物质，伴有少量高岭石、蒙脱石和绿泥石。

Ah. 腐殖质层；E. 淋溶层；Btsq. 含硅质、铁锰斑纹黏化层。

图 2-4 白浆土景观及剖面

5. 暗棕壤

暗棕壤又称暗色森林土,是发育在温带针阔混交林或针叶林下的土壤,总面积2 948.2万 hm²,其中耕地面积约172.33万 hm²,分布在黑土区的东部山地和丘陵,在黑龙江省、吉林省、内蒙古自治区均有分布。成分介于棕壤和漂灰土之间,与棕壤的区别在于腐殖质累积作用较明显,表层有机质含量5%~10%,植物养分丰富,淋溶淀积过程更强烈。心土黏化,黏化层呈暗棕色(图2-5),结构面上常见有暗色的腐殖质斑点和二氧化硅粉末,pH值为5.0~6.5,有冻层。

O.森林凋落物层草毡层;Ah.腐殖质层;C.母质层。

图2-5 暗棕壤景观及剖面

6. 棕壤

棕壤是在暖温带湿润气候下,明显的淋溶、黏化作用下形成的具有黏化层的地带性土壤。棕壤的颜色为亮棕色(图2-6),腐殖质层有机质含量1.5%~3%,质地多为壤土,透水性好,弱酸到中性,pH值为6.0~7.0。棕壤主要分布在辽东半岛的低山、丘陵和山前台地,总面积达778.26万 hm²。棕壤的天然植被是落叶阔叶林,间有针阔混交林,主要树种是辽东栎;人工林则以油松为主。棕壤的黏土矿物以水云母为主,还有一定量的蒙脱石、高岭石和少量的蛭石与绿泥石。黏粒(<0.001mm)的SiO_2/Al_2O_3值一般为2.33,田间持水量亦高,为25%~30%,故保水性能好,抗旱能力强。

Ah.腐殖质层;Bs.铁锰斑纹层;Cm.母质层中强烈胶结。

图2-6 棕壤景观及剖面

第二节 土地利用现状及土地利用变化

一、土地利用变化

1. 耕地变化

耕地（含水田、旱田）主要分布在松嫩平原、三江平原及辽河平原。1970—2020年，耕地未变化面积27.34万km^2，占东北地区总面积的22.16%；耕地变化（含增、减）面积13.26万km^2，占东北地区总面积的10.75%。变化区域在三江平原地区最为集中，嫩江流域、西辽河平原、呼伦贝尔草原等地区皆有分布。

1970—2020年，新增耕地面积9.76万km^2，主要由草地、林地和湿地转化。其中，草地开垦为耕地面积3.41万km^2，主要分布于三江平原、西辽河平原及嫩江流域等地区；林地开垦为耕地面积3.32万km^2，主要分布于大兴安岭、小兴安岭、长白山地区及三江平原东北部；湿地开垦为耕地面积2.55万km^2，集中分布于三江平原地区，嫩江流域和辽河口亦有少量分布。1970—2020年，东北地区减少耕地面积3.49万km^2，主要是由于退耕还草、退耕还林政策及城市扩张建设。其中，耕地转化为草地面积1.18万km^2，分布于赤峰、通辽、兴安盟境内；耕地转化为林地面积8 949.08km^2，零散分布于东辽河、西辽河流域，以及延吉市、通化市部分地区；耕地转化为建设用地面积8 323.46km^2，主要分布于沈阳、大连、长春等城市周边（图2-7、图2-8）。

图2-7 东北地区50年来耕地变化趋势图

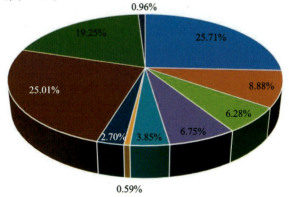

图2-8 东北地区50年来耕地变化统计饼状图

2. 草地变化

草地主要分布在呼伦贝尔及科尔沁草原。1970—2020 年,草地未变化面积 13.66 万 km²,占东北地区总面积的 11.10%;草地变化(含增、减)面积 16.93 万 km²,占东北地区总面积的 13.73%。变化区域主要集中在西辽河平原、科尔沁草原、呼伦贝尔草原及三江平原地区,其他区域呈零散分布。

1970—2020 年,新增草地面积 9.45 万 km²,主要由林地、湿地和耕地(含旱田和水田)转化。其中,林地转化为草地面积 4.45 万 km²,主要分布于呼伦贝尔市西南部、通辽市西北部及赤峰市北部地区;湿地转化为草地面积 2.91 万 km²,集中分布于呼伦贝尔草原地区;耕地转化为草地面积 1.18 万 km²,主要分布于科尔沁草原及西辽河平原。1970—2020 年,东北地区减少草地面积 7.48 万 km²,主要转化为耕地和林地。其中,草地开垦为耕地面积 3.41 万 km²,主要分布于三江平原、呼伦贝尔草原、科尔沁草原等区域;草地转化为林地面积 2.21 万 km²,主要分布于大兴安岭地区、科尔沁草原及黑河市部分区域(图 2-9、图 2-10)。

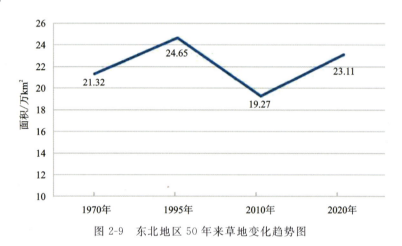

图 2-9　东北地区 50 年来草地变化趋势图

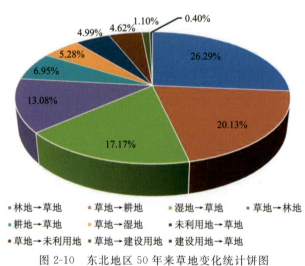

图 2-10　东北地区 50 年来草地变化统计饼图

3. 林地变化

林地主要分布在大兴安岭、小兴安岭及长白山山脉。1970—2020 年,林地未变化面积 45.45 万 km²,占东北地区总面积的 36.85%;林地变化(含增、减)面积 12.98 万 km²,占东北地区总面积的 10.52%。变化区域主要集中在大兴安岭、小兴安岭、长白山周边及三江平原等地区,其他地区零散分布。

1970—2020 年,新增林地面积 4.45 万 km²,主要由草地和湿地转化而来。其中,草地转化为林地面积

2.21万km²，主要分布于呼伦贝尔草原、科尔沁草原及兴安盟地区；湿地转化为林地面积1.24万km²，主要分布于大兴安岭、小兴安岭地区及三江平原东北部区域。1970—2020年，东北地区减少林地面积8.53万km²，主要转化为耕地（含水田、旱田）和草地。其中，林地开垦为耕地面积3.32万km²，主要位于大兴安岭、小兴安岭、长白山山脉及三江平原部分地区；林地转化为草地面积4.45万km²，主要分布于呼伦贝尔市南部、兴安盟、通辽市西北部及赤峰市西北部地区（图2-11、图2-12）。

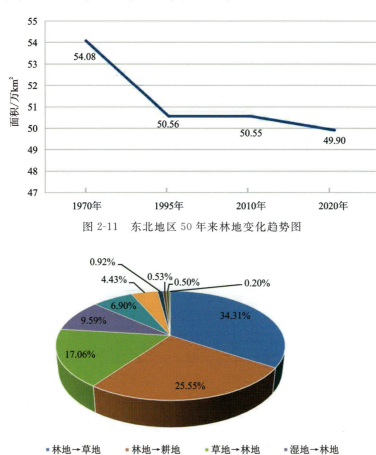

图2-11 东北地区50年来林地变化趋势图

图2-12 东北地区50年来林地变化统计饼图

4. 湿地变化

湿地主要分布在三江平原、呼伦贝尔草原、松辽平原西部及辽河口地区，其余地区沿河道零星分布。1970—2020年，湿地未变化面积5.20万km²，占东北地区总面积的4.21%；湿地变化（含增、减）面积9.04万km²，占东北地区总面积的7.33%，变化区域主要集中在三江平原和大兴安岭、小兴安岭地区。

1970—2020年，新增湿地面积2.16万km²，主要由草地、林地和耕地（含水田、旱田）转化而来。其中，草地转化为湿地面积8 936.74km²，主要分布于松花江松原至哈尔滨段、黑龙江同江段及呼伦贝尔草原腹地；林地转化为湿地面积5 751.59km²，主要分布于内蒙古根河附近及黑河市等区域；耕地转化为湿地面积5 108.31km²，主要位于嫩江流域。1970—2020年，东北地区减少湿地面积6.88万km²，主要转化为耕地、林地和草地。其中，湿地开垦为耕地面积2.55万km²，集中分布于三江平原地区、嫩江流域和辽河口地区，其他地区呈零散分布。湿地转化为草地面积2.91万km²，主要分布于大兴安岭、小兴安岭地区；湿地转化为林地面积1.24万km²，主要分布于额尔古纳湿地、根河湿地及三江平原北部区域（图2-13、图2-14）。

图 2-13　东北地区 50 年来湿地变化趋势图

图 2-14　东北地区 50 年来湿地变化统计饼状图

二、土地利用现状

东北黑土地是世界三大黑土分布区之一，土壤类型有黑土、黑钙土、栗钙土、草甸土、沼泽土和风沙土等。松辽平原黑土带主要分布于松嫩断坳平原东部的高平原区，这里地形缓波状起伏，而黑钙土形成于低平原区。由于黑土与黑钙土优越的土质和丰富的有机质，东北地区成了农作物高产的代名词。但由于最近几十年片面追求粮食产量，年复一年不间断地耕种，大量使用化肥和农药，土质严重下降；水土流失造成有机质、养分流失；低平原区沙化、盐渍化造成土地退化；人类生存和发展所必需的建筑物、道路对黑土地的侵占，使得松辽平原黑土地面积呈现明显减少趋势。

东北黑土地呈"四分林、四分田、二分草原与湿地"的格局，土地利用率高。林地覆盖面积达 49.91 万 km^2，占全区面积的 40.32%，主要分布在大兴安岭、小兴安岭及长白山山脉；耕地资源 37.10 万 km^2，占全区面积的 29.97%，主要分布在松嫩平原、辽河平原及三江平原西部，其中旱田 31.91 万 km^2，水田 5.18 万 km^2；草地资源 23.12 万 km^2，占全区面积的 18.68%，主要分布在呼伦贝尔及科尔沁草原，60% 为高覆盖度草地；湿地资源 7.36 万 km^2，占全区面积的 5.95%，以沼泽湿地类型为主；建设用地和未利用土地共 6.29 万 km^2，占全区面积的 5.08%。黑土地的耕地、林地和草地三者共占全区总面积的 88.97%，具有得天独厚的良好生态环境优势，是国家主要的商品粮基地，对国家粮食安全具有重要的战略意义。

辽宁省地形概貌大体是"六山一水三分田"。其中，耕地面积 409.29 万 hm^2，占辽宁省土地总面积的 27.65%，人均占有耕地约 0.096hm^2，其中有 80% 左右分布在辽宁中部平原区和辽宁西北低山丘陵的河谷地带；园地面积 59.85 万 hm^2，占土地总面积的 4.04%；林地面积 569.07 万 hm^2，占土地总面积的 38.47%，是各类土地中面积最大的一类，东部山区是辽宁省的林业基地，其他地区则是以防风固沙等保护性的生态林为主；牧草地面积 35.01 万 hm^2，占土地总面积的 2.37%，主要分布在西北部地区；其他农用地面积 49.96 万 hm^2，占土地总面积的 3.38%；居民点及独立工矿用地面积 113.47 万 hm^2，占土地总面积的 7.67%；交通用地面积 8.82 万 hm^2，占土地总面积的 0.6%；水利设施用地面积 14.8 万 hm^2，占土地总面积的 1%；未利用土地面积 138.31 万 hm^2，占土地总面积的 9.3%。

吉林省土地总面积 1 911.24 万 hm^2，占全国土地总面积的 2%，人均耕地面积 0.20 hm^2。可利用土地资源占比较高，各类农用地资源分布相对集中。全省大部分耕地土质条件比较优越，利用价值较高。全省土地中可作为农林牧渔业和建设用地的土地资源 1 892.13 万 hm^2，占土地总面积的 99%，其他 1% 的土地是难以利用的荒草地、盐碱地、沼泽地、沙地、裸土地和裸岩石砾地等。2006 年吉林省土地利用变更数据显示，全省农用地面积总计 1 639.58 万 hm^2，占全省土地总面积的 85.79%；建筑用地面积总计 105.47 万 hm^2，占全省土地总面积的 5.52%；未利用面积总计 166.18 万 hm^2，占全省土地总面积的 8.69%。

第三节 农业生产概况

东北地区自然地理、地貌条件优越，黑土土壤肥沃，以平原为主，农业发展具有得天独厚的自然条件。根据气候、地貌、植被和土壤等农业生产自然条件的差异及农业生产方式不同，黑土地农业划分为耕作农业区、林业和特产区、畜牧业区三大农业生产区域。黑土地地形平坦宽阔，降水受地形的影响较小，降水的范围较广，灌溉水源充足，所以适宜大面积从事农业生产，成为我国最大的商品粮基地，农业机械化程度高。随着我国人口的不断增加和社会经济的发展，黑土地商品粮基地面积不断扩大。

黑土地区地势自西向东，由高原—中低山丘陵—低高平原—中低山丘陵—低平原相间展布。西部内蒙高原，地势平坦辽阔，为一望无际的大草原，是发展牧业的基地；大兴安岭地区森林茂密，水利和矿产资源丰富，是待开发的空地；松辽平原土壤肥沃，盐沼地分布广泛，是发展石油、天然气及农、牧、渔业的基地；小兴安岭—长白山地区森林和水利资源丰富，并具独特的火山地貌，是发展林业、水利和旅游业的基地；南端旅大地区处于滨海环境，是重点经济开发区；三江兴凯湖平原，地势低平，土质肥沃，沼泽湖泊广布，水利资源丰富，是发展农业、渔业、水利基地。

东北地区肥沃的黑土地使得粮食年产量约占全国粮食总产量的 1/5，是中国重要的玉米、粳稻等商品粮供应地，粮食商品量、调出量均居全国首位。黑龙江省、吉林省皆为农业大省，其中黑龙江省粮食总产量多年居全国第一，吉林省粮食单产多年居全国第一。此外，还盛产大米、玉米、大豆、马铃薯、甜菜、高粱以及温带瓜果蔬菜等。"寒暖农分异，干湿林牧全，麦菽遍北地，花果布南山"，形象地说明了当地的农作物分布现象。辽宁沿海地区还盛产海参、鲍鱼、牡蛎、对虾及各种鱼类。东北旅游资源丰富，森林、草原、湿地、冰雪、工业、农业旅游资源在全国独具特色，生态环境优越，是中国重要的冰雪旅游和避暑度假旅游目的地。

第三章 土地地球化学质量评价方法

第一节 样品采集方法

一、样品采集

(一)表层样品采集

1. 采样位置

表层土壤样品主要采集农田、林地、园地等位置的土壤,优先选择分布面积最广的农业用地土壤。取样点避开局部洼地和高岗地、明显点状污染的地段、新近搬运的堆积土、垃圾土、水土流失严重的地段、田埂等处,离工作区内主干公路、铁路200m以上,离村屯间砂石路及简易公路150m以上,离田间路50m以上,离村屯100m以上。采样单元中水域面积大于2/3时,采集水底沉积物样品。城镇采样点均选择在历史较长的公园、林地等空旷地带,采集原地土。新城区选择在尚未开发的农用地中采样。

2. 定点与标绘

定点工作在标有采样点的1∶5万比例尺的地形图上进行,实际采样点沿行进路线布设样点,进入采样单元300m后开始采样,样点间距均控制在30m左右,在采样单元内垂直垄沟走向均匀布设3处子样,分别采集3个子样组成1个样品,在中心点定位,同时采用便携式GPS测定其地理坐标,并标绘于地形图上。定点误差在图上均不大于2mm,在可作标记的地方(如有电线杆、桥墩等)用红布条作标记。

3. 采样方法

去除地表上的杂物(如树枝、树叶或石块等)后,用铁锹垂直地面挖一个20cm深的土坑,将铁锹平放于坑底,选择坑壁垂直且光滑面,用竹铲自上而下均匀刻槽。槽规格为宽10cm、厚5cm、深20cm。初步清除石块、草根等异物后装入写好样号的样品口袋中。在采样点周围50m范围左右,选择另外2处再次采集土壤样品,将3个土壤子样混合组成1个土壤样品。记录和定点以中间取样样点为准,样品总质量均大于1kg,过20目(0.84mm)筛后样品质量大于500g。重复样均由不同人在不同时间采集,按照预先布置好的重复样大格重复采样。

采集样品时为防止玷污和样品间的相互污染,采样小组在采样前对布袋进行洗涤,采样时较湿的和污染较重的样品要用塑料口袋装好进行隔离处理,避免与其他样品相互污染。每日采样结束后,采样小组都将当日所采集样品及时整理和晾晒。

(二)母质层样品采集

1. 点位选择及定点与标绘

母质层土壤调查采样点布设以平面分布均匀、采集物质具有原始性和代表性为基本原则。采样点一般都布设在地形相对平缓、稳定分布的同一土壤类型上,同时还应避开特殊黏土层、腐殖层、铁锰结核等特殊层位,杜绝在土坡及采坑断面采样。丘陵区深层样均选择在较平坦且覆盖层较厚地区,并保证样品采样深度基本达到1.5m以下。在城市区等人工搬运土及明显污染地区,采样深度加深到2m以下,保证样品的原始性。

2. 采样方法

深层样品采用洛阳铲采集。采集深度为地下150~200cm,采集50cm长度土柱样品。用铁锹挖一个长×宽×深为50cm×30cm×30cm底平的小坑,清除地表杂物,并用脚踩实坑底土;用口径5~7cm的洛阳铲垂直挖至140cm时,清理、压实、扩张孔口;继续挖至150cm深,小心连续地采集150~200cm处土壤岩芯,按顺序在采样布上摆成土柱。向外取样时,去除铲内土柱上部的虚土,只留土柱下部较密实的土,并依次摆放在采样布上,捡去砾石等杂物和钙质结核等物质,然后将样品全部装袋。视提取样品的质量,采用劈芯法取1/2土柱作为样品。对于孔深度不足2m,采用多孔采集1.5m以下部分组合形成1个深层样品。采集深层样时,采样点均选择在土层较厚且平整的主要农作物种植区。在同一采样大格内,采集同种类型、相同层位的土壤,避开黏质土层、腐殖质层、铁锰结核及后期改造等特殊层位。

二、样品制备及样品库管理

土壤样品在野外经自然晾晒干燥、过筛后送交样品库。

(一)样品制备

样品制备在野外进行,样品干燥后过20目标准尼龙筛,取小于20目的细粒样品,其质量均大于500g。样品制备现场应做到无任何污染。

(二)全量组合分析样品制备

每个采样大格为一个组合样,即从每个大格的4个或几个单点样(a、b、c、d)中,分别用天平称取50g土样后等比例混合,成为一个组合样。表层样品按$4km^2$组合成一个组合样,母质层样品按$16km^2$组合成1个组合样。对组合单元内采样点不足或多于4个的,适当增减称取量。样品袋上标注图幅号、样号、样品质量。

三、分析测试方法及数据质量控制

样品分析由黑龙江省地质矿产测试应用研究所、辽宁地质矿产研究院有限责任公司承担。实验室为多目标地球化学调查样品测试资质(54项指标)实验室,分析采取了最佳的多元素配套分析方案。

(一)土壤全量样品分析技术方法配套方案

分析方法是开展分析工作的依据,是确保分析结果质量最重要的因素之一。不同分析方法适宜不同含量的元素。本研究主要采用以 X 射线荧光光谱法(XRF)和等离子体质谱法(ICP-MS)、等离子体发射光谱法(ICP-OES)为主体,辅以其他分析方法组成的多种测试手段为分析配套方案,具体分析配套方案见表3-1。

表 3-1　土壤全量分析技术方法配套方案

分析方法	简称	分析指标
X 射线荧光光谱法	XRF	Al_2O_3、Cr、Ga、K_2O、Nb、P、Pb、V、Rb、SiO_2、Ti、Y、Cl、Zr、Br、Cu、Ba(CaO、Co、TFe_2O_3、MgO、Mn、Na_2O、Ni、Sr、Zn)
等离子体发射光谱法	ICP-OES	Be、CaO、Ce、Co、TFe_2O_3、La、Li、MgO、Mn、Na_2O、Ni、Sc、Sr、Zn(Al_2O_3、Ti、Ba、K_2O、V)
发射光谱法	AES	Ag、B、Sn(Mo)
等离子体质谱法	ICP-MS	Cd、Mo、U、Th、Tl、Bi、Ge、W(Ga、Rb、Nb、Pb、Cr、Y、Cu、Ce)、I、Au
原子荧光光度法	AFS	As、Sb、Hg、Se
容量法	VOL	TC、Corg
凯氏定氮法	VOL	N
燃烧-碘量法	VOL	S
离子选择性电极法	ISE	F
玻璃电极法	ISE	pH

(二)土壤全量样品方法检出限

分析方法的检出限按要求用不含待测元素但含基体的空白样品12份,按分析方法规定的操作条件平行测定,按下式计算检出限:

$$C_L = \frac{X_L - \bar{X}_0}{r} = \frac{Ks_0}{r} \tag{3-1}$$

式中:X_L 为区别背景或空白值的最小测量值;$\bar{X}_0$ 为空白样品测定信号值的平均值;K 为根据选定置信度,所确定的常数,选为 3;s_0 为空白样品测量信号值的标准偏差;r 为分析校正曲线的斜率。

X 射线荧光光谱法检出限,通过对国家一级标准物质 GBW07403 按工作条件测定12次得出。按式(3-1)计算方法检出限,结果见表 3-2。

表 3-2 土壤全量分析方法检出限

序号	指标	规范要求检出限	方法检出限	分析方法	对比元素检出限	对比元素分析方法
1	Ag	0.02	0.016	AES		
2	As	1	0.5	AFS		
3	Au	0.000 3	0.000 2	ICP-MS		
4	B	1	1	AES		
5	Ba	10	10	XRF	1.46	ICP-OES
6	Be	0.5	0.20	ICP-OES	0.08	ICP-MS
7	Bi	0.05	0.02	ICP-MS		AFS
8	Br	1.0	0.8	XRF		
9	Cd	0.03	0.02	ICP-MS		
10	Ce	1	0.9	ICP-OES	0.31	ICP-MS
11	Cl	20	8	XRF		
12	Co	1	0.60	ICP-OES	0.12	XRF
13	Cr	5	1.8	XRF	0.90	ICP-MS
14	Cu	1	0.9	XRF	0.29	ICP-MS
15	F	100	60	ISE		
16	Ga	2	1.2	XRF	0.42	ICP-MS
17	Ge	0.1	0.09	AFS	0.059	ICP-MS
18	Hg	0.000 5	0.000 3	AFS		
19	I	0.5	0.3	COL		
20	La	5	0.7	ICP-OES	0.10	ICP-MS
21	Li	1	0.90	ICP-OES	0.5	ICP-MS
22	Mn	10	0.30	ICP-OES	4	XRF
23	Mo	0.3	0.06	ICP-MS		AES
24	N	20	19	VOL		
25	Nb	2	0.4	XRF	0.3	ICP-MS
26	Ni	2	1.5	ICP-OES	0.80	XRF
27	P	10	6	XRF		
28	Pb	2	1	XRF	0.3	ICP-MS
29	Rb	10	0.5	XRF	0.40	ICP-MS

续表3-2

序号	指标	规范要求检出限	方法检出限	分析方法	对比元素检出限	对比元素分析方法
30	S	30	18	CS	26	VOL
31	Sb	0.05	0.04	AFS		
32	Sc	1	0.3	ICP-OES		
33	Se	0.01	0.01	AFS		
34	Sn	1	0.70	AES		
35	Sr	5	0.5	ICP-OES	1.0	XRF
36	Th	2	0.3	ICP-MS		
37	Ti	10	7	XRF	4	ICP-OES
38	Tl	0.1	0.07	ICP-MS		
39	U	0.1	0.04	ICP-MS		
40	V	5	4	XRF	1	ICP-OES
41	W	0.4	0.3	ICP-MS		
42	Y	1	0.9	XRF	0.2	ICP-MS
43	Zn	4	0.3	ICP-OES	0.6	XRF
44	Zr	2	0.6	XRF		
45	Al_2O_3*	0.05	0.02	XRF	0.02	ICP-OES
46	SiO_2*	0.1	0.05	XRF		
47	TFe_2O_3*	0.05	0.01	ICP-OES	0.02	XRF
48	CaO*	0.05	0.02	ICP-OES	0.03	XRF
49	MgO*	0.05	0.02	ICP-OES	0.03	XRF
50	K_2O*	0.05	0.02	XRF	0.02	ICP-OES
51	Na_2O*	0.1	0.04	ICP-OES	0.03	XRF
52	TC*	0.1	0.05	CS	0.08	VOL
53	Corg*	0.1	0.03	VOL		
54	pH**	0.10	0.10	ISE		

注："*"计量单位为%，"**"为无量纲，其余为×10^{-6}。

（三）分析方法的精密度和准确度控制

选用国家一级标准物质GBW07401～GBW07408和GBW07423～GBW07426共12个，用选定的配套方案中的各指标分析方法对每个标准物质进行12次分析，并计算每个样品的平均值与标准值之间的对数误差（$\overline{\Delta \lg C}$），计算相对标准偏差（RSD）作为方法的精密度。分析方法的精密度、准确度计算公式如下：

$$\overline{\Delta \lg C} = |\lg \overline{C_i} - \lg C_s|$$

$$\text{RSD} = \frac{\sqrt{\sum (C_i - C_s)^2 / (n-1)}}{C_s} \times 100\% \qquad (3\text{-}2)$$

式中：C_i 为 GBW 标准物质第 i 次测定的实测值；$\overline{C_i}$ 为 GBW 标准物质 i 次测定的平均值；C_s 为 GBW 标准物质的标准值；n 为测定次数。

分析方法的准确度及精密度按表 3-3 执行。

表 3-3 土壤全量分析方法精密度及准确度要求

含量范围	控制限	
	准确度	精密度
3 倍检出限以内	≤0.10	17
3 倍检出限以上	≤0.05	10
>1%	≤0.04	8

土壤全量分析方法准确度和精密度统计情况见表 3-4。由表 3-4 可知：

(1) Corg、TC、Al_2O_3、TFe_2O_3、CaO、K_2O、MgO、Na_2O、SiO_2 平均对数差均小于或等于 0.03，相对标准偏差小于 9%。

(2) 其他指标平均对数差均小于或等于 0.05，相对标准偏差小 10%。

(3) 国家一级标准物质 GAu-8a、GAu-2b 的 Au 含量分别为 0.5ng/g 和 0.8ng/g，相对误差分别为 −10% 和 7.5%；GAu-9a、GAu-7b、GAu-11、GAu-12、GBW07228 的 Au 含量为 1.6~21.5ng/g，相对误差为 −5.88%~6.51%；GAu-13、GAu-14 的 Au 含量分别为 50ng/g 和 100ng/g，相对误差分别为 −5.6% 和 3.0%。

由此可知，各指标分析方法的准确度和精密度符合多目标区域地球化学调查规范要求。

（四）土壤全量样品实验室内部质量控制

1. 准确度控制

选取不同含量的土壤国家一级标准物质 12 个，均匀插入 500 件样品中，每种指标的每次分析结果单独计算测定值与标准值的对数差（$\Delta \lg C$），分析的准确度控制合格率达到 99% 以上。

2. 精密度控制

根据样品特点、主要分析指标含量情况选取接近背景含量，同时兼顾高、中、低含量的 4 个土壤国家一级标准物质作为内部质量监控样，用密码方式插入 50 件/组的试样中，与试样一起分析，计算单次测定值与标准值之间的对数差（$\Delta \lg C$）和对数标准偏差 λ，以衡量样品分析精密度，对数差和对数标准偏差的允许限见表 3-4。分析的精密度合格率达到 99% 以上。每组都插入相同的 4 个监控样，计算 4 个监控样测定值与标准值之间的平均对数差 $\overline{\Delta \lg C}$(GBW)，用以衡量批次间的分析偏倚；计算 4 个监控样对数差和标准偏差 λ(GBW)，用以衡量同批样品的精密度。各指标按《多目标区域化学调查规范（1:250 000）》(DZ/T 0258—2014) 质量管理的要求统计合格率。日常分析的准确度和精密度的要求见表 3-5，土壤全量准确度合格率统计见表 3-6。

表 3-4 土壤全量分析方法准确度和精密度统计表

指标	$\overline{\Delta \lg C}$	RSD/%	指标	$\overline{\Delta \lg C}$	RSD/%	指标	$\overline{\Delta \lg C}$	RSD/%
Ag	0.001~0.036	5.27~8.52	Ge	0~0.036	1.16~7.69	Ga	0.001~0.024	0.97~8.98
As	0.004~0.024	3.06~6.51	Hg	0~0.031	2.69~8.95	Sb	0.003~0.025	3.63~8.10
B	0~0.036	1.5~8.27	I	0~0.019	2.1~8.85	SiO_2^*	0.003~0.015	0.069~4.48
Ba	0.001~0.025	0.2~5.98	La	0.001~0.038	1.03~5.36	$TFe_2O_3^*$	0.001~0.028	0.16~3.29
Be	0~0.033	3.86~8.48	Li	0~0.019	1.64~4.67	CaO^*	0.002~0.030	0.5~7.94
Bi	0~0.041	0.2~8.36	Mn	0.001~0.008	0.34~3.98	MgO^*	0~0.023	0.7~7.92
Br	0.002~0.041	2.04~6.59	Mo	0.003~0.030	1.43~8.5	K_2O^*	0.002~0.024	0.25~6.28
Cd	0.004~0.039	3.34~8.88	N	0.001~0.011	1.12~5.1	Na_2O^*	0~0.016	1.1~6.86
Ce	0.002~0.027	0.55~5.13	Nb	0.003~0.030	0.49~4.22	$Corg^*$	0~0.024	0.93~7.11
Cl	0.002~0.026	0.83~8.13	Ni	0~0.011	0.93~3.66	TC^*	0.002~0.025	2.43~9.00
Co	0~0.035	1.79~6.21	P	0.005~0.027	0.19~2.9	Au	−10.0~7.50	2.87~7.12
Cr	0.002~0.011	0.56~3.71	Pb	0~0.032	0.44~4.9			
Cu	0.002~0.036	0.59~6.0	Rb	0~0.028	0.45~6.42			
F	0.001~0.023	1.03~8.13	S	0.004~0.020	2.4~7.74			
			Sc	0~0.035	2.5~6.26			
			Se	0~0.040	3.55~8.73			
			Sn	0.003~0.035	3.59~8.76			
			Sr	0~0.023	0.25~3.38			
			Th	0.003~0.024	0.69~8.23			
			Ti	0.001~0.013	0.14~2.97			
			Tl	0~0.034	0.42~6.39			
			U	0.001~0.036	0.66~6.27			
			V	0.003~0.019	0.59~4.19			
			W	0.002~0.045	0.73~5.21			
			Y	0~0.026	0.65~5.71			
			Zn	0~0.016	0.3~8.58			
			Zr	0.001~0.023	0.21~4.74			
			$Al_2O_3^*$	0~0.023	0.2~1.41			

注："*"计量单位为%。

表 3-5 日常分析精密度、准确度控制

含量范围	准确度	精密度
3 倍检出限以内	≤0.12	0.17
3 倍检出限以上	≤0.10	0.15
1%～5%	≤0.07	0.10
>5%	≤0.05	0.08

表 3-6 土壤全量样品准确度合格率

指标	标样数	不合格数	合格率	指标	标样数	不合格数	合格率
Ag	743	0	100%	Pb	743	0	100%
As	743	0	100%	Rb	743	0	100%
Au	372	0	100%	S	743	0	100%
B	743	0	100%	Sb	743	0	100%
Ba	743	0	100%	Sc	743	0	100%
Be	743	0	100%	Se	743	0	100%
Bi	743	0	100%	Sn	743	0	100%
Br	743	0	100%	Sr	743	0	100%
Cd	743	0	100%	Th	743	0	100%
Ce	743	0	100%	Ti	743	0	100%
Cl	743	0	100%	Tl	743	0	100%
Co	743	0	100%	U	743	0	100%
Cr	743	0	100%	V	743	0	100%
Cu	743	0	100%	W	743	0	100%
F	743	0	100%	Y	743	0	100%
Ga	743	0	100%	Zn	743	0	100%
Ge	743	0	100%	Zr	743	0	100%
Hg	743	0	100%	SiO_2	743	0	100%
I	743	0	100%	Al_2O_3	743	0	100%
La	743	0	100%	TFe_2O_3	743	0	100%
Li	743	0	100%	MgO	743	0	100%
Mn	743	0	100%	CaO	743	0	100%
Mo	743	0	100%	Na_2O	743	0	100%
Nb	743	0	100%	K_2O	743	0	100%
N	743	0	100%	TC	743	0	100%
Ni	743	0	100%	Corg	743	0	100%
P	743	0	100%	pH	372	0	100%

土壤全量样品各元素的准确度合格率均为100%,各元素的精密度合格率均为100%。

3. 报出率控制

样品分析测试总报出率达到99%以上为满足要求。本研究土壤全量样品各元素报出率均大于99.35%。

4. 重复性检验质量控制

按所有样品总数随机抽取8%的样品,编成密码样单独进行分析,计算原始分析数据与重复性检验数据之间的相对误差。

$$\text{RD}\% = \frac{|A_1 - A_2|}{1/2(A_1 + A_2)} \times 100$$

规定原始数据分析含量3倍检出限以内RD≤30%为合格,样品含量3倍检出限以上RD≤25%为合格,重复性检验合格率控制在90%以上。各元素重复性检验合格率均大于96.8%。每批样品分析完毕后对部分特高和特低含量的样品,还有含量超出区间平均值一定范围的样品,与配套方案互补元素比对结果超差,或误差相对较大,或有显著性差异的区间样品进行重复性检验,各指标含量区间样品重复性检验数量控制在2%~3%之间,总体样品数不低于5%,并计算基本分析值与重复性值的相对偏差,异常点重复性检验合格率控制在90%以上。计算结果显示,土壤全量样品各指标含量异常点检验合格率均大于95.4%。

5. 分析过程质量控制

在把样品制备成测试液的过程中,严格控制玷污和损失,以免引起过失误差,影响最终分析数据的准确性。每测试批次无论样品件数多少,至少要有3个以上空白样,空白值不得高于检出限的2/3。

6. 实验室外部质量控制

按8%的比例随机化密码样插入外部控制样分析。外部控制样准确度:计算外部控制样各指标测定值与标准值间的对数差$\Delta\lg C$,统计单个指标分析结果的合格率,要求单个元素合格率≥90%。

计算控制样的单指标对数标准偏差,统计指标分析结果的合格率,要求单个指标合格率≥90%。计算外部控制样测定值与标准值的相关系数R,统计指标分析结果的合格率,要求$R \geq 0.900$。

以150件外部控制样为一个统计单元,分别统计测定值与标准值的方差,进行双样本方差检验(F检验),要求F检验值小于F临界值。绘制外部控制样测定值的虚拟地球化学图,并与外部控制样标准值地球化学图进行目视比对,结合外部控制样准确度和精密度等统计参数,评判实验室分析质量。

根据样品分析数据编制各指标地球化学图,结合土壤指标区域分布及其异常特征与地质背景及地形地貌、土壤类型及土地利用、人为污染影响等空间对应关系,评判分析数据质量。

第二节 数据参数统计

一、参数统计

在进行专题图制作前,首先对数据进行参数统计,包括表层土壤、成土母质地球化学数据等,进行全区和子区(地质单元、土壤类型、土地利用类型、地貌类型和行政区划)统计。

土壤地球化学系列参数组成包括样品数(n)、统计面积(S)、算术平均值($\bar{x}$)、标准离差(s_0)、变异系数(CV)、几何平均值($\bar{x_g}$)、中位数(M_e)、以平均值加减 3 倍标准离差进行迭代剔除后的算术平均值($\bar{x_0}$)、最大值($x_{\max}$)、最小值($x_{\min}$)等。各参数计算方法如下。

(1)算术平均值。统计数据中,离群数据剔除前和剔除后的算术平均值分别用 $\bar{x}$ 和 $\bar{x_0}$ 表示。

$$\bar{x} = \frac{1}{n}\sum_{i=1}^{n} x_i \tag{3-3}$$

$$\bar{x_0} = \frac{1}{n_0}\sum_{i=1}^{n_0} x_i \tag{3-4}$$

(2)几何平均值。统计数据中,离群数据剔除前和剔除后的几何平均值分别用 $\bar{x_g}$ 和 $\bar{x_{g0}}$ 表示。

$$\bar{x_g} = \sqrt[n]{\prod_{i=1}^{n} x_i} = \exp\left(\frac{1}{n}\sum_{i=1}^{n} \ln x_i\right) \tag{3-5}$$

$$\bar{x_{g0}} = \sqrt[n_0]{\prod_{i=1}^{n_0} x_i} = \exp\left(\frac{1}{n_0}\sum_{i=1}^{n_0} \ln x_i\right) \tag{3-6}$$

(3)标准偏差。统计数据中,离群数据剔除前和剔除后的算术标准偏差分别用 s 和 s_0 表示。

$$s = \sqrt{\frac{\sum_{i=1}^{n}(x_i - \bar{x})^2}{n}} \tag{3-7}$$

$$s_0 = \sqrt{\frac{\sum_{i=1}^{n_0}(x_i - \bar{x})^2}{n_0}} \tag{3-8}$$

(4)变异系数。统计数据中,剔除离群数据前变异系数用 CV 表示。

$$CV = \frac{s}{\bar{x}} \times 100\% \tag{3-9}$$

(5)中位值。中位值是将统计数据排序后,位于中间的数值。当样本数为奇数时,中位数为第 $(n+1)/2$ 位数的值;当样本数为偶数时,中位数为第 $n/2$ 位数与 $(n+1)/2$ 位数的平均值。离群数据剔除前和剔除后的中位值分别用 M_e 和 M_{e0} 表示。

(6)最大值。未进行离群数据剔除时,数值最大的为最大值,用 $x_{\max}$ 表示。

(7)最小值。未进行离群数据剔除时,数值最小的为最小值,用 $x_{\min}$ 表示。

(8)样本数。统计数据中,离群数据剔除前和剔除后参加统计的样品数,分别用 n 和 n_0 表示。

二、环境风险评价

环境风险评价主要包括生态风险评价和健康风险评价。

(一)生态风险评价

生态风险预警是对资源开发利用的生态后果、生态环境质量变化以及生态环境与社会经济协调发展的评价、预测和报警。对于土壤重金属生态风险预警,采用 Rapant 和 Kordik(2003)等提出的生态风险预警指数法进行评价,生态风险指数 I_{ER} 的计算可分为两步:首先,计算每一种超过风险限制值的重金属元素的生态风险指数 I_{ERi}。其次,计算个体风险值之和。计算公式如下:

$$\begin{cases} I_{ERi} = \dfrac{AC_i}{RC_i} - 1 \\ I_{ER} = \sum_{i=1}^{n} I_{ERi} \end{cases} \tag{3-10}$$

式中：I_{ERi}为第i种重金属超过临界限量的生态风险指数；AC_i为第i种重金属的实测含量（mg·kg^{-1}）；RC_i为第i种重金属污染物的临界限量（mg·kg^{-1}），各元素的限定值采用《土壤环境质量 农用地土壤污染风险管控标准》（GB 15618—2018）进行评价；I_{ER}为各采样点土壤中重金属超过临界限量的生态风险指数，如果$I_{ER}<0$则说明无风险；反之，则存在环境风险。

根据生态风险指数（I_{ER}）相应的划分标准及其程度描述，将其与预警类型进行关联（表3-7）。该方法属狭义预警，即仅指对自然资源或生态风险可能出现的衰竭或危机而建立的报警。

表3-7 土壤生态风险预警综合判别标准

风险等级	风险指数	预警类型	风险程度描述
1	$I_{ER} \leqslant 0$	无警	生态系统服务功能基本完整，生态环境基本未受干扰，生态系统结构完整，功能性强，系统恢复再生能力强，生态问题不显著，生态灾害少
2	$0 < I_{ER} \leqslant 1$	预警	生态系统服务功能较为完善，生态环境较少受到破坏，生态系统尚完整，功能尚好，一般干扰下可恢复，生态问题不显著，生态灾害不大
3	$1 < I_{ER} \leqslant 3$	轻警	生态服务功能已有退化，生态环境受到一定破坏，生态系统结构有变化，但尚可维持基本功能，受干扰后易恶化，生态问题显现，生态灾害时有发生
4	$3 < I_{ER} \leqslant 5$	中警	生态系统服务功能几乎崩溃，生态过程很难逆转，生态环境受到严重破坏，生态系统结构残缺不全，功能丧失，生态恢复与重建困难，生态环境问题很大，并经常演变为生态灾害
5	$I_{ER} > 5$	重警	生态系统服务功能严重退化，生态环境受到较大破坏，生态系统结构破坏较大，功能退化且不全，受外界干扰后恢复困难，生态问题较大，生态灾害较多

（二）健康风险评价

健康风险评价较成熟的理论体系是1989年美国国家环境保护局（US EPA）颁布的《超级基金场地健康风险评价手册》中建立的四步骤评价方法：风险识别、暴露评价、毒性评价和风险表征。

1. 风险识别

本研究中污染物重金属的迁移模式和暴露方式主要包括口鼻无意吸食暴露以及皮肤接触暴露。

2. 暴露评价

暴露反映了人体与污染物的接触，暴露评价就是对暴露范围、频率、周期和途径的评估，包括识别潜在的暴露途径、评估暴露浓度、确定潜在暴露人口、评估化学物质吸入量。

1）不同暴露途径的摄入量计算

化学物质吸入量一般用每日每千克体重摄入的污染物的质量（单位：mg·kg^{-1}·d^{-1}）表示，以此对污染物的影响进行评价。土壤中重金属主要通过以下3种途径进入人体：一是口入，无意吸食的土壤颗粒;二是皮肤接触,人体皮肤接触污染的土壤而摄入土壤中的污染物;三是呼吸接触,通过呼吸直接摄入空气中污染的土壤飞尘。

根据 US EPA 提出的健康风险评价计算公式分别进行经口摄入途径、呼吸途径和皮肤接触途径 3 种途径暴露量和总暴露量的计算,其计算公式分别为

$$\begin{cases} ADD_{orals} = c \times \dfrac{IR_{orals} \times EF \times ED \times CF}{BW \times AT} \\ ADD_{inh} = c \times \dfrac{IR_{inh} \times EF \times ED}{PEF \times BW \times AT} \\ ADD_{dermal} = c \times \dfrac{SA \times AF \times ABS \times EF \times ED \times CF}{BW \times AT} \\ ADD = ADD_{orals} + ADD_{inh} + ADD_{dermal} \end{cases} \quad (3-11)$$

式中:ADD_{orals}、ADD_{inh}、ADD_{dermal} 和 ADD 分别为土壤经口摄入、呼吸接触、皮肤接触途径的日均暴露量和总的日暴露剂量($mg \cdot kg^{-1} \cdot d^{-1}$);$c$ 为土壤重金属含量($mg \cdot kg^{-1}$);IR_{orals} 为土壤的日均摄入量($mg \cdot d^{-1}$);IR_{inh} 为呼吸频率($m^3 \cdot d^{-1}$);EF 为暴露频率($d \cdot a^{-1}$);ED 为暴露持续时间(a);CF 为转换系数($kg \cdot mg^{-1}$);BW 为平均体重(kg);AT 为平均总的暴露时间(d);PEF 为灰尘排放因子($m^3 \cdot kg^{-1}$);SA 为暴露皮肤表面积(cm^2);AF 为土壤对皮肤的黏附系数($mg \cdot cm^{-2} \cdot d^{-1}$);$ABS$ 为皮肤吸收因子,无量纲。

2)暴露评价参数

本研究中所有暴露参数参考 US EPA 健康风险评估方法和《污染场地风险评估技术导则》(HJ 25.3—2014),筛选出认为相对比较合适的数据作为参数值,相关参数取值见表 3-8。

表 3-8 健康风险评价模型暴露参数

参数	单位	数值		来源
		儿童	成年	
IR_{orals}	$mg \cdot d^{-1}$	200	100	HJ 25.3—2014
IR_{inh}	$m^3 \cdot d^{-1}$	7.5	14.5	
EF	$d \cdot a^{-1}$	350	350	
ED	a	6	24	
BW	kg	15.9	56.8	
AF	$mg \cdot cm^{-2} \cdot d^{-1}$	0.2	0.07	
CF	$kg \cdot mg^{-1}$	10^{-6}	10^{-6}	USEPA,2013
SA	cm^2	2800	5700	
PEF	$m^3 \cdot kg^{-1}$	1.36×10^9		
ABS	无	0.001		
AT	d	ED×365(非致癌);70×365(致癌)		

3. 毒性评价

毒性评价是建立在大量试验的基础上,反映某种危害因子的暴露量与反应间的关系,一般从非致癌和致癌两方面效应获得相应的毒性阈值和斜率系数。毒性评价为特殊污染物的暴露对个体造成致病影响提供了潜在的证据,反映了污染物暴露程度与增加的致病程度和可能性的关系。毒性评价包括致癌

毒性评价与非致癌毒性评价两种,关于二者的评价内容见表3-9。7种土壤重金属的不同暴露途径的RfD和SF见表3-10。由于数据可获得性的限制,根据US EPA的推荐,只有部分重金属的暴露途径存在SF数值。

表3-9 毒性评价内容

毒性评价分类	阈值现象	计算标准	含义
致癌毒性评价	不存在	斜率系数(SF)	人体终生暴露于剂量为每日每千克体重1mg致癌物时的终生超额患癌风险度,此值越大则单位剂量致癌物所导致人体的超额患癌率越高
非致癌毒性评价	存在	参考剂量(RfD)	当暴露剂量≤RfD时,预期发生有害效应的风险很低;反之则很高

表3-10 土壤重金属不同暴露途径的RfD和SF取值

重金属	RfD/(mg·kg^{-1}·d^{-1})			SF/(kg·d·mg^{-1})		
	经口摄入	呼吸接触	皮肤接触	经口摄入	呼吸接触	皮肤接触
Cd	1.00×10^{-3}	2.55×10^{-6}	2.50×10^{-5}	n.a	7.05×10^{1}	n.a
Cr	3.00×10^{-3}	2.55×10^{-5}	7.50×10^{-5}	0.50	3.29×10^{2}	20
Ni	2.00×10^{-2}	2.30×10^{-5}	8.00×10^{-4}	n.a	1.02×10^{1}	n.a
Cu	4.00×10^{-2}	n.a	4.00×10^{-2}	n.a	n.a	n.a
Zn	3.00×10^{-1}	n.a	3.00×10^{-1}	n.a	n.a	n.a
Hg	3.00×10^{-4}	7.66×10^{-5}	2.10×10^{-5}	n.a	n.a	n.a
As	3.00×10^{-4}	3.83×10^{-6}	3.00×10^{-4}	1.50	1.68×10^{1}	1.50

注:表中"n.a"表示没有数据。

4. 风险表征

风险描述是健康风险评价中的最后一步,在这个过程中将毒性和暴露评价统一起来成为具有数量和质量特征的风险表达式。当一种污染物通过几种不同途径或几种污染物同时对人体健康造成危害时,风险的表达则是各个不同途径或污染物的风险之和。一般来说,在风险评价理论中对于非致癌效应使用危害指数来表达,对于致癌效应使用致癌风险来表达。通过风险表征可以将风险评价与风险管理结合起来,最终为风险决策提供重要依据。

1) 非致癌风险表征

非致癌健康风险评价模型为

$$\begin{cases} \text{HQ}_i = \sum_{i=1}^{n} \dfrac{\text{ADD}_{ij}}{\text{RfD}_{ij}} \\ \text{HI} = \sum_{i=1}^{m} \text{HQ}_i \end{cases} \quad (3\text{-}12)$$

式中:HQ_i为非致癌重金属i单项健康风险指数;ADD_{ij}为非致癌重金属i第j种暴露途径的日均暴露量

(mg·kg^{-1}·d^{-1});RfD$_{ij}$为非致癌重金属i第j种暴露途径的参考剂量,表示在单位时间、单位体重摄取的不会引起人体不良反应的污染量(mg·kg^{-1}·d^{-1}),各种暴露途径的参考剂量见表3-10;HI为土壤中各种重金属通过经口摄入、呼吸接触、皮肤接触3种暴露所致的非致癌总风险指数;m、n分别为重金属总数和暴露途径总数。

当HQ$_i$或HI<1时,表示不存在显著的非致癌健康风险;当HQ$_i$或HI>1时,认为存在非致癌健康风险,其值越大,表示非致癌健康风险越大,应该对污染物采取治理措施。

2)致癌风险表征

致癌健康风险评价模型为

$$\begin{cases} \text{LADD}_{ij} = \text{ADD}_{ij\,\text{child}} + \text{ADD}_{ij\,\text{adult}} \\ \text{CR}_i = \sum_{j=1}^{n} \text{LADD}_{ij} \times \text{SF}_{ij} \\ \text{CR} = \sum_{i=1}^{m} \text{CR}_i \end{cases} \quad (3\text{-}13)$$

式中:LADD$_{ij}$为致癌重金属i第j种暴露途径在人体整个生命周期内的日均暴露量(mg·kg^{-1}·d^{-1});ADD$_{ij\,\text{child}}$为致癌重金属i第j种暴露途径在儿童期的日均暴露量(mg·kg^{-1}·d^{-1});ADD$_{ij\,\text{adult}}$为致癌重金属i第j种暴露途径在成人期的日均暴露量(mg·kg^{-1}·d^{-1});SF$_{ij}$为致癌重金属i第j种暴露途径的致癌风险斜率因子,表示人体暴露于一定剂量某种重金属产生致癌效应的最大概率(kg·d·mg^{-1}),各种暴露途径的斜率系数见表3-10;CR$_i$为第i种重金属的致癌风险;CR为致癌总风险。m、n分别为重金属总数和暴露途径总数。

污染物的致癌风险,即癌症发生的概率,通常以一定数量人口出现癌症患者的个体数表示。US EPA认为,当致癌风险在$10^{-6}\sim10^{-4}$时是可以接受的;小于10^{-6}的致癌风险可以忽略不计;当致癌风险大于10^{-4}是不可接受的,有必要采取降低风险的措施。

3)健康风险评价等级

在非致癌健康风险指数和致癌风险评价结果的基础上进行等级划分,依据发达国家所推荐的最大可接受水平,结合我国环境风险的实际情况,将我国人群健康的风险分为非常低、低、中、高和非常高5个等级,具体划分标准见表3-11。

表3-11 健康风险评价等级划分标准

风险等级	一等	二等	三等	四等	五等
	非常低	低	中	高	非常高
非致癌健康风险指数	≤0.1	0.1~1	1~5	5~10	>10
致癌风险指数	≤10^{-6}	$10^{-6}\sim10^{-5}$	$10^{-5}\sim10^{-4}$	$10^{-4}\sim10^{-3}$	>10^{-3}

三、土壤碳储量计算

依据所采用的双层采样网格化模式,计算土壤0~20cm、0~100cm、0~180cm三个深度的土壤碳库的碳储量。土壤碳密度不仅是统计土壤碳储量的主要参数,其本身也是一项反映土壤特性的重要指标,它由土壤碳含量、砾石(粒径>2mm)含量和容重共同确定。本研究有机碳和无机碳密度计算方法是以奚小环等(2009)提出的计算方法为基础加以修正的。奚小环等在计算过程中假定表层和成土母质容重及砾石体积百分比一致,而本研究所用公式考虑到了表层土壤和成土母质容重及砾石体积百分比不一致的情况。土壤表层和深层容重、砾石体积百分比等基本参数来源于联合国粮农组织(FAO)和维也纳国际应用系统研究所(IIASA)所构建的世界和谐土壤数据库(HWSD)。具体公式方法如下。

1. 土壤碳含量(TOC,TIC,%)

土壤碳含量指单位质量土壤中的碳质量,调查实测分析数据主要包括有机碳和无机碳含量。

(1)土壤有机碳含量包括表层土壤有机碳含量($TOC_表$)和成土母质有机碳含量($TOC_深$)。

(2)土壤无机碳含量包括表层土壤无机碳含量($TIC_表$)和成土母质无机碳含量($TIC_深$)。

2. 土壤碳密度

土壤碳密度指单位面积中一定厚度的土层中碳储量。

1)土壤有机碳密度($SOCD$,kg/m^2)

(1)表层(0~20cm)土壤有机碳密度

$$SOCD_表 = TOC_表 \times \rho_表 \times \frac{100-G_表}{100} \times \Delta D/10 \tag{3-14}$$

式中:$TOC_表$ 为表层土壤有机碳含量(%);$\rho_表$ 为表层土壤容重(g/cm^3);$G_表$ 为表层土壤砾石含量百分比(%);ΔD 为表层土壤深度,取 20cm。

(2)中层(0~100cm)土壤有机碳密度

$$SOCD_中 = \left\{ \frac{(TOC_表 \times \rho_表 \times \frac{100-G_表}{100} - TOC_深 \times \rho_深 \times \frac{100-G_深}{100}) \times [(d_1-d_3)+d_3 \times (\ln d_3 - \ln d_2)]}{d_3 \times (\ln d_1 - \ln d_2)} + TOC_深 \times \rho_深 \times \frac{100-G_深}{100} \right\} \times \Delta D/10 \tag{3-15}$$

式中:$TOC_深$ 为深层土壤有机碳含量(%);$\rho_深$ 为深层土壤容重(g/cm^3);$G_深$ 为深层土壤砾石含量百分比(%);d_1、d_2 和 d_3 分别取 10cm,180cm 和 100cm;ΔD 为中层土壤深度,取 100cm。

(3)深层(0~180cm)土壤有机碳密度

$$SOCD_深 = \left[\frac{(TOC_表 \times \rho_表 \times \frac{100-G_表}{100} - TOC_深 \times \rho_深 \times \frac{100-G_深}{100}) \times (d_1-d_2)}{d_2 \times (\ln d_1 - \ln d_2)} + TOC_深 \times \rho_深 \times \frac{100-G_深}{100} \right] \times \Delta D/10 \tag{3-16}$$

式中:ΔD 为深层土壤深度,取 180cm。其他参数含义同前。

2)土壤无机碳密度($SICD$,kg/m^2)

(1)表层(0~20cm)土壤无机碳密度

$$SICD_表 = TIC_表 \times \rho_表 \times \frac{100-G_表}{100} \times \Delta D/10 \tag{3-17}$$

式中:$TIC_表$ 为表层土壤无机碳含量(%);ΔD 为表层土壤深度,取 20cm。

(2)中层(0~100cm)土壤无机碳密度

$$SICD_中 = \frac{1}{2} \times \left[\frac{(TIC_表 \times \rho_表 \times \frac{100-G_表}{100} - TIC_深 \times \rho_深 \times \frac{100-G_深}{100}) \times (d_1-d_2)}{(d_2-d_1)} + 2TIC_表 \times \rho_表 \times \frac{100-G_表}{100} \right] \times \Delta D/10 \tag{3-18}$$

式中:$TIC_深$ 为深层土壤无机碳含量(%);ΔD 为中层土壤深度,取 100cm。

(3)深层(0~180cm)土壤无机碳密度

$$SICD_深 = \frac{1}{2} \times \left[TIC_表 \times \rho_表 \times \frac{100-G_表}{100} + TIC_深 \times \rho_深 \times \frac{100-G_深}{100} \right] \times \Delta D/10 \tag{3-19}$$

式中：ΔD 为深层土壤深度，取 180cm。

3. 单位土壤碳量（USCA，t）

单位土壤碳量指以 4km² 为单位的范围内，一定深度土体中的碳量。计算公式如下：

$$USCA_{TOC} = SOCD \times 4 \times 10^3 \tag{3-20}$$

式中：$USCA_{TOC}$ 为单位土壤有机碳量（t）；SOCD 为土壤有机碳密度（kg/m²）。

$$USCA_{TIC} = SICD \times 4 \times 10^3 \tag{3-21}$$

式中：$USCA_{TIC}$ 为单位土壤无机碳量（t）；SICD 为土壤无机碳密度（kg/m²）。

$$USCA_{TC} = USCA_{TOC} + USCA_{TIC} \tag{3-22}$$

式中：$USCA_{TC}$ 为单位土壤碳量（t）。

4. 土壤碳储量（SCR，t）

土壤碳储量指一定面积内一定深度土壤的碳储量。计算公式如下：

$$SCR_{TOC} = \sum_{i=1}^{n} USCA_i \tag{3-23}$$

式中：n 为土壤有机碳储量统计范围内单位土壤碳量加和的个数。

$$SCR_{TIC} = \sum_{i=1}^{n} USCA_i \tag{3-24}$$

式中：n 为土壤无机碳储量统计范围内单位土壤碳量加和的个数。

综上所述，采用上述公式对全区和子区（地质单元、土壤类型、土地利用类型、地貌类型和行政区划）进行了土壤碳密度和碳储量统计。

四、黑土层厚度推断

黑土层厚度推断以全国第二次土壤普查中东北地区 61 个典型土壤剖面为调查点，其中包括黑土剖面 14 个，草甸土剖面 14 个，黑钙土剖面 11 个，暗棕壤剖面 10 个，其他土壤剖面 12 个（潮土、新积土、沼泽土、风沙土、棕壤、褐土等）。通过挖掘土壤剖面或土壤钻取样的方式进行土壤剖面的观察，土壤剖面中有 53 个采自旱田，8 个采自林地。野外黑土层划分参考《土壤发生学》（李天杰等，2004）初步划定土壤层次，同时参考 Munssel 比色卡判定黑土层厚度。按照中国土壤系统分类以及美国土壤系统分类中暗沃土层的要求，土壤润态条件下明度≤3、彩度≤3 的层位为黑土层。

因根据《土壤发生学》进行分层时会存在过渡层，如 AhB 层、BAh 层等，为便于比较，本研究和全国第二次土壤普查得到的黑土层厚度进行数学转换，特制定如下规则：①黑土层厚度＝Ah 厚度＋AhB 厚度×2/3（或＝Ah 厚度＋Bah 厚度×1/3），并经剖面照片验证通过；②参考 AhB 层或 BAh 层的形态学特征，如团粒或团块结构计入，核状结构则不计入；③O 层（枯枝落叶层）不计入黑土层厚度；④白浆化黑土由于特殊发生学层次 E 层（白浆层）的存在，导致黑土层厚度不能连续计算，故不参与统计分析。

依据采集的耕作层土壤 122 500 个点、母质层土壤 30 625 个点的数据，计算东北黑土层厚度。

第三节 土地地球化学质量评价方法

依据《土地质量地球化学评价规范》（DZ/T 0295—2016）开展土壤养分、土壤环境和土壤综合质量评价工作。评价单元为 2km×2km 的网格区。

一、土壤养分评价

土壤养分指标包括氮、磷、钾、有机质、硫、镁、钙、铁、锰、锌、铜、硼、钼、钴、钒、锗共计 16 项。依据土壤中养分指标的含量水平及其丰缺标准等而划分出养分地球化学等级,采用单指标划分出的土壤养分等和综合指标划分土壤养分等。评价分级标准见表 3-12。

表 3-12 土壤养分指标等级划分标准

指标	一等	二等	三等	四等	五等
	丰富	较丰富	中等	较缺乏	缺乏
氮/(g·kg^{-1})	>2	1.5~2	1~1.5	0.75~1	≤0.75
磷/(g·kg^{-1})	>1	0.8~1	0.6~0.8	0.4~0.6	≤0.4
钾/(g·kg^{-1})	>25	20~25	15~20	10~15	≤10
有机质/(g·kg^{-1})	>40	30~40	20~30	10~20	≤10
钙/%	>5.54	2.68~5.54	1.16~2.68	0.42~1.16	≤0.42
镁/%	>2.15	1.70~2.15	1.20~1.70	0.70~1.20	≤0.70
铁/%	>5.30	4.60~5.30	4.15~4.60	3.40~4.15	≤3.40
硫/(mg·kg^{-1})	>343	270~343	219~270	172~219	≤172
锰/(mg·kg^{-1})	>700	600~700	500~600	375~500	≤375
锌/(mg·kg^{-1})	>84	71~84	62~71	50~62	≤50
铜/(mg·kg^{-1})	>29	24~29	21~24	16~21	≤16
硼/(mg·kg^{-1})	>65	55~65	45~55	30~45	≤30
钼/(mg·kg^{-1})	>0.85	0.65~0.85	0.55~0.65	0.45~0.55	≤0.45
钒/(mg·kg^{-1})	>96	84~96	75~84	63~75	≤63
钴/(mg·kg^{-1})	>15	13~15	11~13	8~11	≤8
锗/(mg·kg^{-1})	>1.5	1.4~1.5	1.3~1.4	1.2~1.3	≤1.2

土壤氮、磷、钾、有机质的分级标准主要参照了全国第二次土壤普查养分分级标准;土壤中钙、镁、铁、硫、锰、锌、铜、硼、钼、钒、钴、锗的分级标准是在参照全国 A 层土壤元素含量的基础上,依据多目标区域地球化学调查获得的表层土壤分析数据统计给出。

在 N、P、K 土壤单指标养分地球化学等级划分的基础上,按照下列公式计算土壤养分地球化学综合得分($f_{养综}$)。

$$f_{养综} = \sum_{i=1}^{n} k_i f_i \tag{3-25}$$

式中:$f_{养综}$为土壤 N、P、K 评价总得分,$1 \leqslant f_{养综} \leqslant 5$;$k_i$为 N、P、K 权重系数,分别为 0.4、0.4 和 0.2;f_i分别为土壤 N、P、K 的单元素等级得分。五等、四等、三等、二等、一等所对应的 f_i 的得分分别为 1 分、2 分、3 分、4 分、5 分。

土壤养分地球化学综合评价等级划分见表 3-13。

表 3-13 土壤养分地球化学综合评价等级划分表

等级	一等	二等	三等	四等	五等
含义	丰富	较丰富	中等	较缺乏	缺乏
$f_{养综}$	≥4.5	4.5～3.5	3.5～2.5	2.5～1.5	<1.5

二、健康元素评价

土壤健康元素包括硒、碘、氟，分级标准见表 3-14。土壤硒、碘、氟的分级标准是在按照多目标区域地球化学调查获得的表层土壤分析数据统计基础上，参照国内外相关相应研究成果给出。

表 3-14 土壤健康元素等级划分标准　　　　　　　　　　　　单位：mg·kg^{-1}

指标	一等	二等	三等	四等	五等
	过剩	高	适量	边缘	缺乏
硒	>3.0	0.4～3.0	0.175～0.40	0.125～0.175	≤0.125
碘	>100	5～100	1.5～5	1～1.5	≤1
氟	>700	550～700	500～550	400～500	≤400

三、土壤环境评价

土壤环境指标包括砷、镉、铬、铜、铅、锌、镍、汞、pH 值共计 9 项。其中，砷、镉、铬、铜、铅、锌、镍、汞的环境质量等级划分标准参照《土壤环境质量　农用地土壤污染风险管控标准》(GB 15618—2018)中的风险筛选值(表 3-15)和管控值(表 3-16)。按照表 3-17 所示的土壤单项污染指数环境地球化学等级划分界限值，分别进行单指标土壤环境地球化学等级划分。

表 3-15　农用地土壤污染风险筛选值　　　　　　　　　　　　单位：mg·kg^{-1}

序号	污染物项目		风险筛选值			
			pH≤5.5	5.5<pH≤6.5	6.5<pH≤7.5	pH>7.5
1	镉	水田	0.30	0.40	0.60	0.80
		其他	0.30	0.30	0.30	0.60
2	汞	水田	0.50	0.50	0.60	1.0
		其他	1.3	1.8	2.4	3.4
3	砷	水田	30	30	25	20
		其他	40	40	30	25
4	铅	水田	80	100	140	240
		其他	70	90	120	170

续表 3-15

序号	污染物项目		风险筛选值			
			pH≤5.5	5.5<pH≤6.5	6.5<pH≤7.5	pH>7.5
5	铬	水田	250	250	300	350
		其他	150	150	200	250
6	铜	果园	150	150	200	200
		其他	50	50	100	100
7	镍		60	70	100	190
8	锌		200	200	250	300

表 3-16 农用地土壤污染风险管控值   单位:mg·kg^{-1}

序号	污染物项目	风险管控值			
		pH≤5.5	5.5<pH≤6.5	6.5<pH≤7.5	pH>7.5
1	镉	1.5	2.0	3.0	4.0
2	汞	2.0	2.5	4.0	6.0
3	砷	200	150	120	100
4	铅	400	500	700	1000
5	铬	800	850	1000	1300

表 3-17 土壤环境地球化学等级划分界限

土壤环境地球化学等级	一等	二等	三等
污染风险	无风险	风险可控	风险较高
划分方法	$C_i \leq S_i$	$S_i < C_i \leq G_i$	$C_i > G_i$
颜色			
R：G：B	0：176：80	255：255：0	255：0：0

注：C_i 为土壤中 i 指标的实测浓度；S_i 为筛选值（GB 15618—2018）；G_i 为管控值。

在单指标土壤环境地球化学等级划分的基础上，每个评价单元的土壤环境地球化学综合等级等同于单指标划分出的环境等级最差的等级。如砷、镉、铬、铜、铅、锌、镍、汞划分出的环境地球化学等级分别为一等、三等、一等、一等、一等、二等和二等，该评价单元的土壤环境地球化学综合等级为三等。

土壤酸碱性分级标准见表 3-18。

表 3-18 土壤酸碱性分级标准

等级	强酸性	酸性	中性	碱性	强碱性
pH 值	<5.0	5.0～<6.5	6.5～<7.5	7.5～<8.5	≥8.5

四、土壤质量综合评价

土壤质量地球化学综合等级反映了土壤环境质量和土壤养分丰缺程度,是由评价单元的土壤养分地球化学综合等级与土壤环境地球化学综合等级叠加产生的,其表达图示见表3-19。

表 3-19　土壤质量地球化学综合等级与含义

土壤质量地球化学综合等级		土壤环境地球化学综合等级		
		一等(无风险)	二等(风险可控)	三等(风险较高)
土壤养分地球化学综合等级	一等(丰富)	一等	三等	五等
	二等(较丰富)	一等	三等	五等
	三等(中等)	二等	三等	五等
	四等(较缺乏)	三等	三等	五等
	五等(缺乏)	四等	四等	五等

第四节　图件编制方法

一、基础图件

基础图件包括工作区地质图、第四纪地貌分区图、土壤类型图、矿产分布图和土地利用现状图。

二、土地地球化学质量评价图

制作的地球化学质量评价图包括土壤养分地球化学等级图、土壤环境地球化学等级图、土壤地球化学质量综合等级图和土地地球化学质量等级图等。其中,土壤养分地球化学等级图和土壤环境地球化学等级图又可分为:①土壤养分地球化学等级图,包括土壤养分单指标地球化学等级图、土壤养分地球化学综合等级图、土壤健康元素(硒、碘、氟等)地球化学等级图;②土壤环境地球化学等级图,包括镉、汞、铬等重金属元素单指标土壤环境地球化学等级图,重金属元素土壤环境地球化学综合等级图,土壤酸碱度地球化学等级图,土壤盐渍化地球化学等级图等。

三、异常圈定方法及异常专题图制作

根据东北黑土地1:25万土地质量地球化学调查所获得的表层土壤及成土母质样分析数据及其统计的参数特征,按照"正异常下限=平均值+2倍标准离差"的原则,分别计算成土母质及表层土壤的正异常下限。按照"负异常下限=平均值-2倍标准离差"的原则,计算表层土壤中与农业生产相关的营养元素、有益元素负异常。成土母质组合异常是将研究区圈出的 53 项地球化学指标的单元素异常叠加在一起,对于两个或两个以上单元素异常套合在一起,且单元素异常套合面积大于 1/3 以上者,划分为一个组合异常。表层土壤组合正异常划分同成土母质组合异常。表层土壤负异常的划分是将圈出的 30 项与农业生产相关的营养元素、有益元素负异常叠加在一起,其划分原则与成土母质相同。

第四章 元素地球化学特征

第一节 土壤地球化学背景与地球化学基准

土壤地球化学基准值是指土壤地球化学本底的量值,反映一定范围内成土母质地球化学特征。本次评价中海量母质层土壤数据采样深度在 150cm 以下,为未受人为影响的第Ⅰ环境层位,具有足够的代表性。土壤地球化学基准值由系列参数组成,包括样品数(n)、统计面积(S)、算术平均值($\overline{x}$)、标准离差(s_0)、变异系数(CV)、几何平均值($\overline{x_g}$)、中位数(M_e)、以平均值加减 3 倍标准离差进行迭代剔除后的算术平均值($\overline{x_0}$)、最大值($x_{\max}$)、最小值($x_{\min}$)等。将表层与母质层土壤数据按算术平均值加减 3 倍算术标准偏差($x\pm3s$)进行迭代剔除离群值后的算术平均值为土壤地球化学背景值和基准值。

一、表层土壤统计参数与地球化学背景值

(一)表层土壤地球化学参数特征

1. 元素含量特征

土壤 14 种营养元素 N、P、K、Ca、Mg、S、Fe、B、Mo、Zn、Mn、Cu、Cl 和 Se,除 K 外,变异系数均大于 0.3,各营养元素空间异质性较大。4 种稀土元素 Ce、La、Sc、Y,除 Sc 外,变异系数均小于 0.3,指示黑土地区稀土元素分布相对均匀。黑土地不同区域土壤有机碳(C_{org})及全碳(TC)含量变化较大,变异系数分别为 0.6 和 0.55,有机碳富集区主要分布在山地丘陵区及周边以及零散分布的湿地区。黑土地区土壤酸碱度(pH 值)具有明显的区域性特征,高值主要集中分布在松辽平原西部盐碱化严重区。剩余 33 项指标中,SiO_2、Ba、Rb、Al_2O_3、Tl、Ge、Ga、Pb、Be、Zr、Ag、Sr、Na_2O、Nb、Sn、Th、Li、Ti 和 F 变异系数小于 0.3,分布相对均匀,V、Cr、Sb、W、As、U、Bi、Ni、Co、Au、Cd、Hg、I 和 Br 变异系数大于 0.3,不同区域变化较大,相对富集区主要集中在人类活动区及周边。

通过对比东北平原表层土壤 54 项指标与中国土壤 A 层地球化学背景可知(附表 1):黑土地 Mo、Hg、Sb、Ag、I、W、CaO、B、Se、Ge、As、U、Bi、Th、Zn 等 15 项指标明显低于中国土壤 A 层背景值(背景比值小于 0.8);Cu、Ni、Sc、Br、Co、La、Li、Pb、F、Cr 等 10 项指标略低于中国土壤 A 层背景值;黑土地和东北平原 MgO、V、Ga、TFe_2O_3、Rb、Ce、Y、Tl、Sn、Ti、Al_2O_3、Mn、Be 等指标背景值较为接近,背景比值介于 0.9~1.1 之间;黑土地 Zr、K_2O、Cd、Sr、Na_2O、Ba 等指标明显高于中国土壤 A 层背景值。黑土地地球化学背景复杂,区域特征明显,故将黑土地分为松辽平原和三江平原两个区域进行分别统计(附表 2)。统计方法与黑土地背景值计算方法相同,均按照"算术平均值加减 3 倍算术标准偏差($x\pm3s$)"

进行迭代剔除离群值,得到服从正态分布的更具代表性的数据。

松辽平原和三江平原的地球化学背景具有明显的差别。就土壤营养元素而言,三江平原 Mo、Zn、Mn、Cu、B、Fe(TFe_2O_3)、P、Se 和 N 等明显高于松辽平原,两个平原 Cl、K_2O 和 S 背景值较为接近;而松辽平原 MgO 和 CaO 等背景值较高,这可能与松辽平原较为明显的盐碱化相关。三江平原在土壤有机碳和全碳含量方面均明显高于松辽平原,同时三江平原土壤更偏酸性。三江平原 La、Ce、Y、Sc 背景值较明显地高于松辽平原。除以上指标外,三江平原 I、Cd、Br、Au、Sr 等背景值较低,两个平原 Na_2O、Zr、SiO_2、F、Ge、Ba、Al_2O_3、As、Rb 背景值较为接近,而三江平原 Ga、Sn、Pb、Be、Ag、Hg、Tl、Sb、Ni、Co、Li、W、Nb、V、Cr、Th、Bi、Ti、U 等均具有较高的背景值。

2. 化学蚀变程度

地表中元素的地球化学行为(如赋存状态、迁移过程、沉淀特征等)与化学风化过程密切相关,而风化过程受控于气候环境的变化。化学风化特征在揭示风化程度的差异、成土环境等方面有着重要的指示作用。化学蚀变指数(Chemical Index of Alteration,CIA)是判别由硅酸盐矿物组成的沉积物风化程度最常用的化学指标,其计算公式为 $CIA = Al_2O_3/(Al_2O_3 + CaO + K_2O + Na_2O) \times 100$。CIA 反映了长石风化成黏土矿物的程度。计算黑土地表层土壤化学蚀变指数,揭示该区 CIA 值的空间分布规律,可为大力发展特色农业、寒温带经济农业区划和生产等提供地球化学依据。

化学风化的控制因素主要包括大地构造性质、地貌特征、岩石类型、气候(气温和降水)、植被以及人类活动。两大平原 CIA 值的趋势分布与年均降水量等条件相关性明显。降水量是研究区化学风化强度的主要影响因素,降水量小于 500mm 的地区,土壤弱风化;降水量大于 500mm 的地区,土壤风化作用逐渐增强,且降水量在 500~550mm 之间的地区,中等风化最明显。化学风化过程可能主要受到东亚季风气候的影响。

(二)地球化学背景

1. 不同地质单元地球化学背景

由于地表环境受人为、自然等多种因素的影响,不同成土母质、不同时代地层、不同时代侵入岩的表层土壤元素含量分布特征既有一定规律,又复杂多变。总体上不同地质单元发育的土壤,其地球化学组分保留了部分特有元素(最高值或最低值)的含量特征。

根据黑土地区地层、岩浆岩及变质岩的分布面积,结合表层调查点的数量,共统计 23 个地质单元,其中地层区包括第四系、新近系、白垩系、侏罗系、二叠系、石炭系、泥盆系、志留系、奥陶系、寒武系、元古宇、太古宇;岩浆岩区包括白垩纪侵入岩、侏罗纪侵入岩、三叠纪侵入岩、二叠纪侵入岩、石炭纪侵入岩、泥盆纪侵入岩、志留纪侵入岩、奥陶纪侵入岩、寒武纪侵入岩、元古宙花岗岩和玄武岩。不同地质背景区表层土壤地球化学特征值见附表3。

将各地质单元土壤地球化学背景值与全区(本书全区统指本次两大平原评价区)土壤地球化学背景值进行比较,总结其富集贫化特点如下。

第四系:第四纪松散沉积物是黑土地最主要的地质单元,成因多样,有河流冲洪积物、海陆交互相沉积物、湖积物、洪积物等,物质来源广泛,成分复杂。与全区土壤地球化学背景值相比,第四系地层区无富集贫化元素,所有元素(指标)与全区土壤地球化学背景值相当,代表了黑土地的地球化学背景。

新近系:与全区土壤地球化学背景值相比,新近系地层区 Co、TFe_2O_3、Mo、As、Bi、S、I 呈中弱富集,Mn、Br、P、N、Corg、TC 呈强度富集,体现了该区土壤养分背景高的特点,其余 40 项指标与全区土壤地球化学背景值相当,无中弱贫化及强度贫化的指标。新近系主要分布在松辽平原北部的嫩江—讷河—北安一带,主要为富锦组、孙吴组,岩性主要为细砂岩、粉砂岩、泥岩,偶见劣质褐煤,这为养分丰富的土壤形成提供了重要的基础条件。

白垩系：与全区土壤地球化学背景值相比，白垩系地层区 Co、Mn、Corg 呈中弱富集，以铁族元素为主，其余 50 项指标与全区土壤地球化学背景值相当，无强度富集、中弱贫化及强度贫化的指标。白垩系主要分布在朝阳—公主岭、嫩江—龙江等地区，均呈北东向带状分布。

侏罗系：与全区土壤地球化学背景值相比，侏罗系地层区 Mn、Mo、Zn、I、P、N、Corg 呈中弱富集，Hg、Cd 呈强度富集，其余 44 项指标与全区土壤地球化学背景相当，无中弱贫化及强度贫化的指标。侏罗系主要分布在喀喇沁旗—朝阳县、吉林柳河—辉南、黑龙江尚志—宾县等地区，主要由土城子组、大沙滩组、德仁组等组成，岩性主要为粉砂质页岩夹砂岩及灰绿色凝灰岩等。

二叠系：与全区土壤地球化学背景值相比，二叠系地层区 Ti、TFe_2O_3、W、Zn、Bi、Hg、As、P、Br、S、I 呈中弱富集，Mn、Mo、N、Corg、TC 呈强度富集，其余 37 项指标与全区土壤地球化学背景相当，无中弱贫化及强度贫化的元素指标。二叠系主要分布在吉林西部九台—永吉县、黑龙江县西部、宝清县南部等地区、五大连池及嫩江县北部地区，主要由大石寨组、宝力高庙组、四合屯组、五道岭组等组成，岩性主要为砂岩、流纹质凝灰岩、安山质凝灰岩、海陆交互相黑灰色砂岩。

石炭系：与全区土壤地球化学背景值相比，石炭系地层区 Mn、W、Mo、Hg、As、B 呈中弱富集，Sb、Cd 呈强度富集，其余 45 项指标与全区土壤地球化学背景相当，无中弱贫化及强度贫化的指标。石炭系分布较少，主要集中分布在长春市双阳区南部、黑龙江玉泉—小岭一带，在黑土地区主要由磨盘山组、余富屯组等组成，岩性主要为灰岩、石英角斑岩、角斑质凝灰岩。

泥盆系：与全区土壤地球化学背景值相比，泥盆系地层区 Ti、TFe_2O_3、Co、Ni、Sc、Y、U、W、Zn、Bi、Cu、Cd、I 等以铁族元素及金属成矿元素为主的指标呈中弱富集，Mn、Mo、S、Br、P、N、Corg、TC 等土壤养分元素及卤族元素呈强度富集，其余 32 项指标与全区土壤地球化学背景相当，无中弱贫化及强度贫化的元素（指标）。泥盆系在黑土地区分布较少，主要分布在巴彦县北部、内蒙古莫旗北部，主要由黑龙宫组、泥鳅河组等组成，岩性主要为砂岩、砂砾岩、凝灰砂岩、板岩等。

志留系：与全区土壤地球化学背景值相比，志留系地层区 Mn、W、Mo、Hg、Cd 呈中弱富集，其余 48 项指标与全区土壤地球化学背景相当，无中弱贫化及强度贫化及强度富集的指标。志留系在松辽平原东部公主岭—舒兰一带呈北东向分布，主要由梅河组、西别河组等组成，岩性主要为砂岩、灰岩、板岩等。

奥陶系：与全区土壤地球化学背景值相比，奥陶系地层区 Co、TFe_2O_3、Mn、Mo、Au、Cu、Zn 等以铁族元素及金属成矿元素为主的指标呈中弱富集，Hg、Cd 呈强度富集，其余 44 项指标与全区土壤地球化学背景相当，无中弱贫化及强度贫化的指标。奥陶系分布较少，主要分布在昌图县北部，主要由冶里组、亮甲山组等组成，岩性主要为灰岩、页岩、白云岩等。

寒武系：与全区土壤地球化学背景值相比，寒武系地层区 Br、N、Corg、TC 呈中弱贫化，Mn、Co、Sc、Sb、Zn、Cu、I 呈中弱富集，Hg、Cd、B 呈强度富集，其余 39 项指标与全区土壤地球化学背景相当，无强度贫化的指标。寒武系分布较少，主要分布在辽宁东部金州—瓦房店的沿海地带、葫芦岛市西部、吉林柳河—辉南地区，主要由昌平组、馒头组、张夏组等组成，岩性主要为灰岩、白云质灰岩、白云岩、页岩等。

元古宇：与全区土壤地球化学背景值相比，元古宇地层区 MgO、TFe_2O_3、Cr、Ni、Mn、Co、Mo、Sc、Bi、As、Sb、Cu、Zn、Au、Hg、F 等以铁族元素和金属成矿元素为主的指标呈中弱富集，Cd、B 呈强度富集，其余 35 项指标与全区土壤地球化学背景相当，无强度贫化、中弱贫化的指标。元古宇在东北两大平原丘陵区均有分布，主要分布朝阳县、葫芦岛市、盖州—大石桥—海城一带、铁岭市—开原地区、桦楠—依兰地区，主要由常州沟组、雾迷山组、杨庄组、黑龙江岩群等组成，岩性主要为黑云变粒岩、石英片岩、磁铁石英岩、钠长片岩等。

太古宇：与全区土壤地球化学背景值相比，太古宇地层区 Na_2O、TFe_2O_3、Cr、Co、Zn、Cu 等以铁族元素和金属成矿元素为主的指标呈中弱富集，Cd、Hg 呈强度富集，As、N、Br、Corg、TC 等指标呈中弱贫化，其余 40 项指标与全区土壤地球化学背景相当，无强度贫化的指标。太古宇广泛分布在南部的绥中—黑山、海城—柳河、金州—庄河一带，呈北东向分布，主要由中太古代变质深成侵入体、金凤岭岩组、红透山岩组等组成,岩性主要为钾长花岗质片麻岩、斜长变粒岩、斜长角闪岩、磁铁石英岩等。

白垩纪侵入岩:与全区土壤地球化学背景值相比,白垩纪侵入岩区 Mn、U、Bi、Zn、S、P、TC 呈中弱富集,Mo、Hg、Cd、N、Corg 呈强度富集,其余 41 项指标与全区土壤地球化学背景相当,无中弱贫化、强度贫化的指标。

侏罗纪侵入岩:与全区土壤地球化学背景值相比,侏罗纪侵入岩区 Na_2O、Sr、Hg、Cd 呈中弱富集,Br 呈中弱贫化,其余 48 项指标与全区土壤地球化学背景相当,无强度贫化、强度富集的指标。

三叠纪侵入岩:与全区土壤地球化学背景值相比,三叠纪侵入岩区 Co、Sn、Zn、Cd、N、P、TC 呈中弱富集,Mn、Mo、Hg、Corg 呈强度富集,其余 42 项指标与全区土壤地球化学背景相当,无中弱贫化、强度贫化的指标。

二叠纪侵入岩:与全区土壤地球化学背景值相比,二叠纪侵入岩区 Mn、Mo、Hg、Cd、P、N、TC 呈中弱富集,Corg 呈强度富集,其余 45 项指标与全区土壤地球化学背景相当,无中弱贫化、强度贫化的指标。

石炭纪侵入岩:与全区土壤地球化学背景值相比,石炭纪侵入岩区 Ti、TFe_2O_3、V、Ni、Co、Be、Sc、U、W、Cu、Ag、Zn、Bi、Ga 等以铁族及金属成矿元素为主的指标呈中弱富集,Mn、Mo、N、Br、I、P、Corg、TC 呈强度富集,其余 31 项指标与全区土壤地球化学背景相当,无中弱贫化、强度贫化的指标。

泥盆纪侵入岩:与全区土壤地球化学背景值相比,泥盆纪侵入岩区 S、Br、TC 呈中弱贫化,Mn、Sn、Cd、Cl 呈中弱富集,其余 46 项指标与全区土壤地球化学背景相当,无强度贫化、强度富集的指标。

志留纪侵入岩:与全区土壤地球化学背景值相比,志留纪侵入岩区 S、Br 呈中弱贫化,Co、Mn、W、Mo、Sn、Cd、Cl 呈中弱富集,Hg 呈强度富集,其余 43 项指标与全区土壤地球化学背景相当,无强度贫化的指标。

奥陶纪侵入岩:与全区土壤地球化学背景值相比,奥陶纪侵入岩区 Au 呈中弱贫化,V、Cr、Ti、TFe_2O_3、Co、Nb、La、Ce、Sc、Y、Th、Mo、Bi、Zn、Se、S、I、Br 呈中弱富集,U、Hg、P、Mn、N、Corg、TC 呈强度富集,其余 27 项指标与全区土壤地球化学背景相当,无强度贫化的指标。该区主要分布在三江平原宝清县西部地区。

寒武纪侵入岩:与全区土壤地球化学背景值相比,寒武纪侵入岩区 Sr、Co、Mn、Mo、Zn、Cd、P 呈中弱富集,Hg 呈强度富集,其余 45 项指标与全区土壤地球化学背景相当,无中弱贫化、强度贫化的指标。

元古宙侵入岩:与全区土壤地球化学背景值相比,元古宙侵入岩区 Cr、Ti、TFe_2O_3、Co、Sc、Th、U、Mo、Zn、Bi、P、Corg 呈中弱富集,Mn 呈强度富集,其余 40 项指标与全区土壤地球化学背景相当,无中弱贫化、强度贫化的指标。

玄武岩区:与全区土壤地球化学背景值相比,玄武岩区 V、Sc、Nb、Bi、Cu、Zn、Se、Cd、S、I 呈中弱富集,TFe_2O_3、Cr、Ti、Ni、Mn、Co、Mo、Hg、Br、P、N、TC、Corg 呈强度富集,其余 30 项指标与全区土壤地球化学背景相当,无中弱贫化、强度贫化的指标。

2. 不同土壤类型地球化学背景

根据各土壤类型分布的面积,结合表层调查点的数量,本次研究共统计 20 种土壤类型,包括暗棕壤、白浆土、滨海盐土、草甸土、潮土、粗骨土、风沙土、褐土、黑钙土、黑土、红黏土、火山灰土、碱土、栗钙土、泥炭土、石质土、水稻土、新积土、沼泽土、棕壤。将各土壤类型地球化学背景值与全区土壤地球化学背景值进行比较(附表 4),总结其富集贫化特点如下。

暗棕壤:与全区土壤背景值相比,TFe_2O_3、Ti、Co、Bi、Zn、Hg、S、Br、I 呈中弱富集,Mn、Mo、P、N、Corg、TC 呈强度富集,其余 38 项指标与全区土壤地球化学背景值相当,无中弱贫化及强度贫化的指标。暗棕壤分布于松辽平原东部的山前丘陵漫岗地带。暗棕壤分布区以林业用地为主,每年有大量植物凋落物覆盖地表,为土壤有机碳的累积提供了良好的环境条件,Corg、TC、P、N 富集程度高。TFe_2O_3、Ti、Co、Bi 在暗棕壤中含量与其他土壤类型相比较高,与其所处的山前地带地质背景影响有关。

白浆土：与全区土壤背景值相比，CaO 呈中弱贫化，V、Ti、Mn、Th、U、W、Mo、Bi、Hg、Se、P、B、N、Corg 呈中弱富集，其余 38 项指标与全区土壤地球化学背景值相当，无强度贫化及强度富集的指标。该特点与白浆土的分布有关，白浆土主要分布在三江平原东部及吉林东部，发育的地形主要为丘陵漫岗至低平原，土壤保存了母岩成分特征。

滨海盐土：与全区土壤背景值相比，N、Corg、TC 呈强度贫化，Cu、Cd 呈中弱富集，S、B、I、Br、Cl、MgO、Au 呈强度富集，其余 41 项指标与全区土壤地球化学背景值相当。该特点与滨海盐土成土环境有关，滨海盐土沿渤海湾分布，是海相沉积物在海潮或高浓度地下水作用下形成的全剖面含盐的土壤，其特点是卤族元素含量高，N、Corg 含量低。

草甸土：与全区土壤背景值相比，草甸土 53 项地球指标均与全区土壤地球化学背景值相当，无相对贫化和富集的指标。草甸土是全区最主要的土壤类型，代表了全区的地球化学背景。

潮土：与全区土壤背景值相比，Mn、U、Se、N、Corg、TC 呈强度贫化，MgO、Cr、V、Co、TFe$_2$O$_3$、Ti、Ni、Be、Sc、La、Li、Ce、Nb、Y、Th、W、Mo、Bi、Zn、As、Hg、Sn、Cu、Sb、Ga、P、S、I、Br、F 呈中弱贫化，CaO 呈中弱富集，其余 16 项指标与全区土壤地球化学背景值相当。潮土表层土壤 CaO 呈中弱富集，N、Corg、TC 等呈强度贫化，反映该区主要受地下潜水作用，经过耕作熟化而形成，土壤腐殖积累过程较弱，富含碳酸盐。潮土主要分布在西辽河流域、辽河干流、辽西诸河流域，行政区域包括内蒙古通辽、辽宁阜新—新民、锦州—葫芦岛一带沿水系，呈带状分布。

粗骨土：主要分布在松辽平原南部的低山丘陵地区，地形起伏明显，地面坡度大，切割深。与全区土壤背景值相比，N、S、Corg、TC 呈强度贫化，Se、P、Br 呈中弱贫化，MgO、Ni、Hg、Sb、Cu 呈中弱富集，CaO 呈强度富集，其余 40 项指标与全区土壤地球化学背景值相当，反映了该区受风蚀、水蚀较严重，细粒物质被淋失，砂粒含量很高，土体中残留粗骨碎屑物增多，使土壤中 N、S、Corg、TC 呈现贫化的特点。

风沙土：主要分布在松辽平原中西部干旱少雨、昼夜温差大和多沙暴的地区，行政区域包括通辽市奈曼—库伦地区、辽宁彰武、吉林通榆—长岭—松原地区、黑龙江杜尔伯特—泰来地区。与全区土壤背景值相比，除 Sr、Ba、Na$_2$O、CaO、K$_2$O、SiO$_2$、Rb、Tl、Ge、Cl 与全区土壤地球化学背景值相当外，其余 43 项指标均呈现不同程度的贫化，其中 MgO、Ti、V、Cr、Mn、TFe$_2$O$_3$、Co、Ni、Li、Nb、Ce、Sc、Y、Th、U、W、Mo、As、Sb、Bi、Cu、Zn、Hg、Se、Ge、N、I、F、Br、P、S、Corg、TC 呈强度贫化，反映了松辽平原西部干旱少雨、蒸发强烈、常年多风且风期长、风力大的气候条件，岩石以物理风化为主，风化产物为沙砾质，土壤养分元素 P、S、Corg、TC 呈强度贫化的特点。

褐土：主要分布在松辽平原南部燕山山脉北部的低山丘陵区，N、P、Corg、TC 呈强度贫化，U、Se、S、Br 呈中弱贫化，CaO、Zr 呈中弱富集，其余 43 项指标与全区土壤地球化学背景值相当。褐土表层土壤中 CaO 富集，反映成土母质中以灰岩、白云岩为主。

黑钙土：主要分布在松嫩平原中部，属松花江流域及嫩江流域，分布广泛，Mo、Hg 呈中弱贫化，Cl 呈中弱富集，CaO、I、Br 呈强度富集，其余 47 项指标与全区土壤地球化学背景值相当。

黑土：主要分布在松辽平原东部、三江平原中西部丘陵漫岗地，为耕地集中分布区，涉及黑龙江及吉林两省，TC、Corg、Br、N、I、Mn、TFe$_2$O$_3$、Co、Ni、Sc、W、As、Bi、Se 呈中弱富集，其余 39 项指标与全区土壤地球化学背景值相当，反映了黑土表层土壤继承了成土母质的地球化学特点。黑土在各种基性母质上发育，包括钙质沉积岩、基性火成岩、玄武岩、火山灰以及由这些物质形成的沉积物，导致 TC、Corg、N、Br、TFe$_2$O$_3$、Co、Ni 相对富集。

红黏土：主要零散分布在松辽平原南部小凌河以北区域，与全区土壤背景值相比，铁族元素 Co、Ni，造岩元素 CaO，金属成矿元素 Hg、As、Cu、Sb、Au、Mo、Cd、I、B 相对富集；Corg、TC、N 呈强度贫化；Se、Br、P、S 呈中弱贫化；其余 24 项指标与全区土壤地球化学背景值相当。

火山灰土：分布在松辽平原北部的五大连池市，相对富集铁族元素 V、TFe$_2$O$_3$、Mn、Co、Ti、Cr、Ni、MgO、Sr，稀有稀土元素 Ce、Sc、Nb、Mo，金属成矿元素 Bi、Cu、Zn，土壤养分元素 N、P、Corg、TC；相对贫化 Au；其余 32 项指标与全区土壤地球化学背景值相当。

碱土：主要分布在吉林省西部半干旱地区，富集 Na_2O、CaO、Br、Cl；贫化 TFe_2O_3、Ni、Mn、Cr、Co、Ti、V，稀有稀土元素 Y、Nb、Li、Ce、Be、La、Zr、Rb，金属成矿元素 Hg、Zn、Bi、Cu、Sb、As 以及土壤养分元素 P、S、F、N、Corg、TC、W、Mo、Th、U；其余 18 项指标与全区土壤地球化学背景值相当。

栗钙土：主要分布在松辽平原西部西辽河流域，MgO、Ti、V、Cr、Mn、TFe_2O_3、Co、Ni、Li、Nb、La、Ce、Sc、Y、Th、U、W、Mo、As、Bi、Cu、Zn、Au、Hg、Se、N、I、F、P、S、Corg、TC 呈强度贫化，Al_2O_3、Be、Ag、Sb、Sn、Pb、Cd、Ga、B、Br 呈中弱贫化，其余 11 项指标与全区土壤地球化学背景值相当。

泥炭土：主要零散分布在东北两大平原河湖沉积低平原及山间谷地中，与全区土壤地球化学背景值相比，N、P、TC、Hg、Mo、U 呈中弱富集，Corg 呈强度富集，反映了泥炭土所处环境条件。泥炭土分布区由于长期积水，水生植被茂密，在缺氧情况下，大量分解不充分的植物残体积累并形成泥炭层，导致 Corg、N、P、TC 发生富集。其余 46 项指标与全区土壤地球化学背景值相当，无相对贫化的指标。

石质土：面积较小，零散分布在辽宁阜新地区和吉林辉南县南部，与全区土壤地球化学背景值相比，MgO、Ti、Mn、Co、TFe_2O_3、Mo、Zn、I、S、P、N、TC 呈中弱富集，Cr、Ni、Hg、Cd、Corg 呈强度富集，其余 36 项指标与全区土壤地球化学背景值相当，无相对贫化的指标。

水稻土：主要分布在松辽平原东部、三江平原西部长期淹水种稻地区，与全区土壤地球化学背景值相比，MgO、Co、Ni、TFe_2O_3、Cr、Sc、Li、Mo、Bi、Cu、Zn、Au、Cd、F、B、S、Cl 呈中弱富集，Hg 呈强度富集。

新积土：主要分布在嫩江、松花江河谷地带，与全区土壤地球化学背景值相比，I、Br 相对贫化，U、Mo、Hg 呈中弱富集，其余 48 项指标与全区土壤地球化学背景值相当。

沼泽土：主要分布在松嫩平原北部及三江平原的洼地，湖沼边缘、江河滞洪洼地以及山间沟谷地带。与全区土壤地球化学背景值相比，S、P、Bi、U、Sc 呈中弱富集，Corg、TC、N 呈强度富集，其余 45 项指标与全区土壤地球化学背景值相当，无相对贫化的指标。这种特点反映了沼泽土的成土环境决定了其地球化学特征。沼泽土区长期积水，生长喜湿性植被，母质主要为河湖沉积物，质地较黏，温暖季节植被生长繁茂，冬季寒冷，有机质分解程度低，表层土壤继承了母质的地球化学特征。

棕壤：主要分布在辽宁东部及西部的低山区，与全区土壤地球化学背景值相比，Au、Hg、Cd 相对富集，其余 50 项指标与全区土壤地球化学背景值相当，无相对贫化的指标。辽宁东部及西部低山区是工矿、冶炼企业密集区，同时属人类活动集聚区，长期以来大量排放废气、废水、废物，导致土壤污染相对严重，富集重金属元素 Hg、Cd，导致富集系数较高。

3. 不同流域地球化学背景

不同流域的土壤物质来源具有很大的差异性，这种差异决定了各自的地球化学特点。根据二级水系的河流集水区，本研究将黑土地区划分为 12 个流域：松花江吉林段、松花江黑龙江段、嫩江流域、乌苏里江流域、西辽河流域、东辽河流域、辽河干流、黑龙江流域、浑河流域、辽东诸河流域、辽西诸河流域、鸭绿江流域。将各流域土壤地球化学背景值与全区土壤地球化学背景值进行比较（附表 5），总结其富集贫化特点如下。

松花江吉林段：与全区土壤地球化学背景值相比，Mn、Cd 呈中弱富集，Hg 呈强度富集，其余 50 项指标与全区土壤地球化学背景值相当，无相对贫化的指标。该区域属人类生产生活密集区，长期以来大量排放废气、废水、废物，导致富集重金属元素 Hg、Cd。

松花江黑龙江段：与全区土壤地球化学背景值相比，Corg、TC、N、P、Mn 呈中弱富集，其余 48 项指标与全区土壤地球化学背景值相当。

嫩江流域：与全区土壤地球化学背景值相比，Hg 呈强度贫化，Br、TC 呈中弱富集，CaO 呈强度富集，其余 49 项指标与全区土壤地球化学背景值相当。

乌苏里江流域：与全区土壤地球化学背景值相比，I 呈中弱贫化，Co、V、Ni、Ti、Cr、Li、Nb、Y、Sc、Th、W、Bi、Cu、B、P 呈中弱富集，U、Se、Corg、TC、N 呈强度富集，其余 32 项指标与全区土壤地球化学背景值相当。

西辽河流域：与全区土壤地球化学背景值相比，除 Na_2O、Sr、SiO_2、K_2O、CaO、Ba、Ag、Tl、Ge、Cl 与全区土壤地球化学背景值相当外，其余 43 项指标均存在不同程度的贫化，其中铁族元素 Ti、V、Cr、Mn、TFe_2O_3、Co、Ni，稀有稀土元素 Li、Nb、Rb、La、Ce、Sc、Y，放射性元素 Th、U、W、Mo，金属成矿元素 As、Sb、Bi、Cu、Zn、Au、Hg，分散元素 Se，土壤养分及卤族元素 N、I、F、P、S、Corg、TC，均呈强度贫化。这些特点是西辽河流域气候、物质来源区地质背景等综合因素的反映。

东辽河流域：与全区土壤地球化学背景值相比，S、N、Br、Corg、TC 呈中弱贫化，Cl 呈中弱富集，其余 47 项指标与全区土壤地球化学背景值相当。

辽河干流：与全区土壤地球化学背景值相比，受西辽河和东辽河流域的影响，辽河干流 N、Corg、TC 呈强度贫化，Mn、Li、U、W、As、Se、Br、P、S 呈中弱贫化，其余 41 项指标与全区土壤地球化学背景值相当。

黑龙江流域：与全区土壤地球化学背景值相比，MgO、CaO、Cd、I、Br 呈中弱贫化，Sc、U、Mo、Bi、P、TC 呈中弱富集，Corg、N 呈强度富集，其余 40 项指标与全区土壤地球化学背景值相当。

浑河流域：与全区土壤地球化学背景值相比，Corg、TC、N、Br、B 呈中弱贫化，MgO、Cr、Co、TFe_2O_3、Ni、Sc、Ag、Pb、Bi、Sb、Zn 呈中弱富集，Cu、Au、Hg、Cd 呈强度富集，其余 33 项指标与全区土壤地球化学背景值相当。辽中南城市群汇聚于浑河流域，属人类生产生活密集区，包括沈阳、抚顺、鞍山、铁岭、辽阳、本溪、营口等城市，长期以来大量排放废气、废水、废物，导致富集重金属元素 Hg、Cd。

辽东诸河流域：与全区土壤地球化学背景值相比，Corg、TC 呈强度贫化，N、Br 呈中弱贫化，Sr、Au、Hg、I 呈中弱富集，Cd、Cl 呈强度富集，其余 43 项指标与全区土壤地球化学背景值相当。

辽西诸河流域：与全区土壤地球化学背景值相比，N、Corg、TC 呈强度贫化，Br、P、S 呈中弱贫化，Na_2O、Mo 呈中弱富集，Hg、Cd 呈强度富集，其余 43 项指标与全区土壤地球化学背景值相当。

鸭绿江流域：与全区土壤地球化学背景值相比，MgO、Mn、TFe_2O_3、Ti、Co、Ni、Sc、U、Au、Ag、Ga、Br、B、F、Cl 呈中弱富集，Cr、Mo、Zn、Bi、Hg、Se、Cd、P、S、N、I、Corg、TC 呈强度富集，其余 25 项指标与全区土壤地球化学背景值相当。

4. 不同土地利用现状地球化学背景

黑土地利用方式主要分为旱地、水田、草地、林地、沼泽湿地、未利用土地、建设用地。将各种土地利用方式土壤地球化学背景值与全区土壤地球化学背景值进行比较（附表6），总结其富集贫化特点如下。

旱地：最为广泛的用地类型，基本代表了全区的地球化学背景，与全区土壤背景值相比，旱地中无明显富集或贫化指标。

水田：与全区土壤地球化学背景值相比，I 呈中弱贫化，U、Hg、Se 呈中弱富集，其余 49 项指标与全区土壤地球化学背景值相当。

草地：与全区土壤地球化学背景值相比，TFe_2O_3、Cr、Co、Mn、Th、Zn、Hg、Cd、Se、P 呈中弱贫化，造岩元素 CaO 呈中弱富集，其余 42 项指标与全区土壤地球化学背景值相当。草地主要集中分布在松辽平原南部通辽市，零散分布在河谷及地势低洼湖沼区边缘，草地中 CaO 相对富集，与成土母岩关系密切。

林地：与全区土壤背景值相比，林地表层土壤中 Mn、Mo、Hg、Cd、N、P、TC 呈中弱富集，Corg 呈强度富集，其余 45 项指标与全区土壤地球化学背景值相当。林地主要分布在松辽平原西部平原与山地过渡的低山丘陵区，钼矿等金属矿多分布于该区域，Mn、Mo、Hg、Cd 等的富集与矿业活动有关。与其他土地利用类型相比，林地中 Corg、TC、N 等养分元素相对富集，土地肥力较好。

沼泽湿地：与全区土壤背景值相比，沼泽湿地表层土壤中 CaO、S 呈中弱富集，N、TC、Corg 呈强度富集，其余 48 项指标与全区土壤地球化学背景值相当。沼泽湿地主要集中分布在三江平原、扎龙及山间沟谷地区，沼泽湿地区地表长期或季节性积水，生长喜湿性植被，排水不畅，土体上部含大量有机质或泥炭，下部为潜育层，中间有的具锈色过渡层，属有机质积累及还原作用强烈的土壤，导致 N、TC、Corg 呈强度富集。

未利用土地：主要包括沙地、裸地、滩涂等，与全区土壤背景值相比，Corg呈强度贫化；铁族元素Mn、Co、TFe$_2$O$_3$、Ni、Cr、Ti、V、Sc、Th、W，金属成矿元素Hg、Bi、Cu、Zn、Sb，分散元素Se，挥发分及卤族元素I、N、P、TC均呈中弱贫化；造岩元素Na$_2$O呈中弱富集；CaO、Cl呈强度富集；其余29项指标与全区土壤地球化学背景值相当。

建设用地：与全区土壤背景值相比，建设用地表层土壤中Hg呈中弱富集，其余52项指标与全区土壤地球化学背景值相当。由于建设用地主要分布在城市周围，人类活动可能是造成重金属Hg富集的重要因素。

二、成土母质地球化学参数特征与地球化学基准

（一）成土母质地球化学参数特征

以成土母质元素（或氧化物）反复剔除离群数据后统计的平均值确定为该元素（或氧化物）在黑土地区基准值，得出研究区土壤地球化学基准值统计结果，见附表7。与表层土壤背景值相比，黑土地成土母质Corg、N、TC、S、Br、Se、P、Cd、Hg、I含量相对减少（含量比小于0.9），其他地球化学指标含量较为接近（含量比0.9～1.1）。在原始土壤环境中，Th、CaO、Li、Ti、F、B、V、Cd、Cl、MgO、Sb、Au、W、Cu、Cr、Zn、Sc、U、TFe$_2$O$_3$、S、Ni、As、Co、Bi、Mn、Mo、P、Br、N、Se、I、Hg、Corg、TC等34项地球化学指标的变化系数均大于0.3，反映这些地球化学指标在原始沉积环境下或者成土母质中分布的不均一性。在黑土地第Ⅰ环境中SiO$_2$、Ba、K$_2$O、Rb、Al$_2$O$_3$、Ge、Tl等7项地球化学指标的变化系数小于0.15，反映以上地球化学指标在原始环境条件下，在土壤中分布相对较均匀。

通过对比成土母质和中国东部平原土壤C层地球化学基准值（附表8），黑土地CaO、Cl、Cd、S、B、TC、Au、Ni、Sb等9项地球化学指标的基准值明显低于中国东部平原（比值低于0.8）；而Li、MgO、Br、I、Cu、Cr、Bi、Sn、As、V、Mn、Hg、Th、Sc、TFe$_2$O$_3$、Co、Y、Zn、W等19项地球化学指标基准值略低于中国东部平原（比值介于0.8～0.9）；Nb、Ge、F、La、Ti、U、Ag、P、SiO$_2$、Be、Pb、Tl、Al$_2$O$_3$、Rb、N、Zr、Corg、K$_2$O等18项地球化学指标在两大平原具有相似的基准值；Se、Ga、Ba、Ce、Mo、Na$_2$O和Sr具有较高的基准值。此外，黑土地成土母质pH基准值为8.13，明显低于中国东部平原，显示为弱酸性。

松辽平原和三江平原虽然同属黑土地，然而两大平原的形成时间和形成条件等均具有一定的差异。为了获得两大平原更加准确的地球化学基准值，将两大盆地成土母质54项地球化学指标分别进行去离群处理（附表9）。通过对比三江平原和松辽平原地球化学基准值可以发现：三江平原Br、TC、I、Cl、S等5项地球化学基准值明显低于松辽平原；三江平原CaO和Sr基准值略低；三江平原和松辽平原Na$_2$O、Zr、MgO、Au、Corg、K$_2$O、SiO$_2$、Cd、Ba、B、Ge等11项地球化学指标基准值较为接近；三江平原Al$_2$O$_3$、F、Mo、N、Rb、Mn、La、Pb、Ce、Cu、Be、Ag、Sn等13项地球化学指标具有较高的基准值；而Sb、Ni、Ga、Th、Tl、Y、Nb、Li、W、Se、Ti、As、V、Co、Zn、Sc、Bi、TFe$_2$O$_3$、P、Cr、U、Hg等22项地球化学指标在三江平原具有非常明显高的基准值；同时相较于松辽平原，三江平原成土母质pH值更低，土壤更偏向于酸性。

（二）地球化学基准

1. 不同地质单元地球化学基准

由于地表环境受人为、自然等多种因素影响，不同成土母质、不同时代地层、不同时代侵入岩的成土

母质元素含量分布特征既有一定规律，又复杂多变。总体上不同地质单元发育的土壤，其地球化学组分保留了部分特有的元素（最高值或最低值）的含量特征。

根据地层、岩浆岩及变质岩的分布面积，结合深层调查点的数量，本研究共统计 23 个地质单元，其中地层区包括第四系、新近系、白垩系、侏罗系、二叠系、石炭系、泥盆系、志留系、奥陶系、寒武系、元古宇、太古宇；岩浆岩区包括白垩纪侵入岩、侏罗纪侵入岩、三叠纪侵入岩、二叠纪侵入岩、石炭纪侵入岩、泥盆纪侵入岩、志留纪侵入岩、奥陶纪侵入岩、寒武纪侵入岩、元古宙花岗岩和玄武岩。

各地质单元成土母质地球化学特征值见附表 10。将各地质单元土壤地球化学基准值与全区土壤地球化学基准值进行比较，总结其富集贫化特点如下。

第四系：第四纪松散沉积物是黑土地最主要地质单元，成因多样，有河流冲洪积物、海陆交互相沉积物、湖积物、洪积物等，物质来源广泛，成分复杂。与全区土壤地球化学基准值相比，第四系地层区 CaO 呈中弱富集，其余 52 项指标与全区土壤地球化学基准值相当，代表了黑土地的地球化学基准。

新近系：与全区土壤地球化学基准值相比，新近系地层区 Co、TFe_2O_3、V、Sc、U、W、Bi、TC 呈中弱富集，Mo、Hg、Se、N、Corg 呈强度富集，体现了该区土壤养分基准高的特点，以造岩元素为主的 Na_2O、CaO、Sr、Br 等指标呈中弱贫化，其余 36 项指标与全区土壤地球化学基准值相当，无强度贫化的元素。新近系主要分布在松辽平原北部的嫩江—讷河—北安一带，主要为富锦组、孙吴组，岩性主要为细砂岩、粉砂岩、泥岩，偶见劣质褐煤，这为养分丰富的成土母质形成提供了重要的基础条件。

白垩系：与全区土壤地球化学基准值相比，白垩系地层区 Corg、N、Mn、Co 呈中弱富集，其余 49 项指标与全区土壤地球化学基准值相当，无强度富集、中弱贫化及强度贫化的指标。白垩系主要分布在朝阳—公主岭、嫩江—龙江等地区，均呈北东向带状分布。

侏罗系：与全区土壤地球化学基准值相比，侏罗系地层区 P、N、Br、Se、Zn、Mo、Mn 呈中弱富集，Corg 呈强度富集，其余 45 项指标与全区土壤地球化学基准值相当，无中弱贫化及强度贫化的指标。侏罗系主要分布在喀喇沁旗—朝阳县、吉林柳河—辉南、黑龙江尚志—宾县等地区，主要由土城子组、大沙滩组、德仁组等组成，岩性主要为粉砂质页岩夹砂岩及灰绿色凝灰岩等。

二叠系：与全区土壤地球化学基准值相比，二叠系地层区 TFe_2O_3、Co、Ti、V、Mn、Li、Sc、U、W、As、Zn、Bi、P、TC 呈中弱富集，Mo、Hg、Se、N、Corg 呈强度富集，其余 34 项指标与全区土壤地球化学基准值相当，无中弱贫化及强度贫化的指标。二叠系主要分布在吉林西部九台—永吉县、黑龙江县西部、宝清县南部等地区、五大连池及嫩江县北部地区，主要由大石寨组、宝力高庙组、四合屯组、五道岭组等组成，岩性主要为砂岩、流纹质凝灰岩、安山质凝灰岩、海陆交互相黑灰色砂岩。

石炭系：与全区土壤地球化学基准值相比，石炭系地层区 CaO、Cr、Mn、W、Bi、Se、Cd、B、N、Br、Corg 呈中弱富集，Mo、As、Sb 呈强度富集，其余 39 项指标与全区土壤地球化学基准值相当，无中弱贫化及强度贫化的元素指标。石炭系分布较少，主要集中分布在长春市双阳区南部、黑龙江玉泉—小岭一带，主要由磨盘山组、余庆屯组等组成，岩性主要为灰岩、石英角斑岩、角斑质凝灰岩。

泥盆系：与全区土壤地球化学基准值相比，泥盆系地层区 Co、TFe_2O_3、Mn、V、Ti、Cr、La、Li、Ce、Y、Sc、W、Mo、As、Cu、Zn、Au、Bi、P、TC 等以铁族元素及金属成矿元素为主的指标呈中弱富集，Ni、U、Hg、Se、N、Corg 呈强度富集，其余 27 项指标与全区土壤地球化学基准值相当，无中弱贫化及强度贫化的指标。泥盆系分布较少，主要分布在巴彦县北部、内蒙古莫旗北部，主要由黑龙宫组、泥鳅河组等组成，岩性主要为砂岩、砂砾岩、凝灰砂岩、板岩等。

志留系：与全区土壤地球化学基准值相比，志留系地层区 Ti、Ni、TFe_2O_3、Co、U、W、Mo、Zn、Sb、As、Bi、Hg、Se、B、P 呈中弱富集，其余 38 项指标与全区土壤地球化学基准值相当，无中弱贫化、强度贫化及强度富集的指标。志留系在松辽平原东部公主岭—舒兰一带呈北东向分布，主要由梅河组、西别河组等组成，岩性主要为砂岩、灰岩、板岩等。

奥陶系：与全区土壤地球化学基准值相比，奥陶系地层区 MgO、Co、Ti、V、Cr、TFe_2O_3、Ni、Sc、Mo、Cu、Zn、Hg、P、B 等以铁族元素及金属成矿元素为主的指标呈中弱富集，Se、Br、S、N、Corg 呈强度富集，其余34项指标与全区土壤地球化学基准值相当，无中弱贫化及强度贫化的指标。奥陶系分布较少，主要分布在昌图县北部，主要由冶里组、亮甲山组等组成，岩性主要为灰岩、页岩、白云岩等。

寒武系：与全区土壤地球化学基准值相比，寒武系地层区 Co、Cr、Mn、TFe_2O_3、Ni、Sc、Cu、Cd、Se、N 呈中弱富集，Se、Br、S、N、Corg 呈强度富集，Na_2O、Sr 呈中弱贫化，其余36项指标与全区土壤地球化学基准值相当，无强度贫化的指标。寒武系分布较少，主要分布在辽宁东部金州—瓦房店的沿海地带、葫芦岛市西部、吉林柳河—辉南地区，主要由昌平组、馒头组、张夏组等组成，岩性主要为灰岩、白云质灰岩、白云岩、页岩等。

元古宇：与全区土壤地球化学基准值相比，元古宇地层区 Cr、V、Mn、TFe_2O_3、Co、Ni、Li、Sc、Mo、As、Hg、Zn、Bi、Cu、Au、S、I、Br、B 等主要以铁族元素、金属成矿元素为主的指标呈中弱富集，Se、N、Corg 呈强度富集，其余31项指标与全区土壤地球化学基准值相当，无强度贫化、中弱贫化的指标。元古宇在东北两大平原丘陵区均有分布，主要分布朝阳县、葫芦岛市、盖州—大石桥—海城一带、铁岭市—开原地区、桦楠—依兰地区，主要由常州沟组、雾迷山组、杨庄组、黑龙江岩群等组成，岩性主要为黑云变粒岩、石英片岩、磁铁石英岩、钠长片岩等。

太古宇：与全区土壤地球化学基准值相比，太古宇地层区 Cr、TFe_2O_3、Co、Ni、Zn、Cu、Se、Br、P、Corg 呈中弱富集，As 呈中弱贫化，其余42项指标与全区土壤地球化学基准值相当，无强度贫化及强度富集的指标。太古宇广泛分布在南部的绥中—黑山、海城—柳河、金州—庄河一带，呈北东向分布，主要由中太古代变质深成侵入体、金凤岭岩组、红透山岩组等组成，岩性主要为钾长花岗质片麻岩、斜长变粒岩、斜长角闪岩、磁铁石英岩等。

白垩纪侵入岩：与全区土壤地球化学基准值相比，白垩纪侵入岩区 Mn、Nb、Th、U、W、Hg、Zn、Bi、Cd、N、P、Corg 呈中弱富集，Mo 呈强度富集，其余40项指标与全区土壤地球化学基准值相当，无中弱贫化、强度贫化的指标。

侏罗纪侵入岩：与全区土壤地球化学基准值相比，侏罗纪侵入岩区 Th、Se 呈中弱富集，其余51项指标与全区土壤地球化学基准值相当，无中弱贫化、强度贫化及强度富集的指标。

三叠纪侵入岩：与全区土壤地球化学基准值相比，三叠纪侵入岩区 Ti、Mn、Th、U、W、Mo、Sn、Bi、Zn、Hg、Cl、P 呈中弱富集，Corg、N、Se 呈强度富集，其余38项指标与全区土壤地球化学基准值相当，无中弱贫化、强度贫化的指标。

二叠纪侵入岩：与全区土壤地球化学基准值相比，二叠纪侵入岩区 Th、U、Mo、Hg、Se、N、P 呈中弱富集，Corg 呈强度富集，其余45项指标与全区土壤地球化学基准值相当，无中弱贫化、强度贫化的指标。

石炭纪侵入岩：与全区土壤地球化学基准值相比，石炭纪侵入岩区 Ti、TFe_2O_3、V、Co、Ni、Sc、Be、Li、Nb、Mn、La、Ce、Y、W、Bi、As、Cu、Ag、Zn、Ga、Br、F、P 等以铁族及金属成矿元素为主的指标呈中弱富集，U、Mo、Hg、Se、N、Corg、TC 呈强度富集，其余23项指标与全区土壤地球化学基准值相当，无中弱贫化、强度贫化的指标。

泥盆纪侵入岩：与全区土壤地球化学基准值相比，泥盆纪侵入岩区 S 呈中弱贫化，Corg、B、Mo、W、Zr 呈中弱富集，其余47项指标与全区土壤地球化学基准值相当，无强度贫化、强度富集的指标。

志留纪侵入岩：与全区土壤地球化学基准值相比，志留纪侵入岩区 S 呈强度贫化，TC 呈中弱贫化，TFe_2O_3、V、Co、Ni、Zn、Se、Sb、Cu、W、F 等以铁族元素和金属成矿元素为主的指标呈中弱富集，Mo、B 呈强度富集，其余39项指标与全区土壤地球化学基准值相当，无强度贫化的指标。

奥陶纪侵入岩：与全区土壤地球化学基准值相比，奥陶纪侵入岩区 Br、TC 呈中弱贫化，中弱富集铁族元素 Ti、Co、V、Mn、TFe_2O_3、Cr，稀有稀土元素 Sc、La、Ce、Y、Th、Mo、Zn、Ga、Tl、P、U、Hg 呈强度富集，其余33项指标与全区土壤地球化学基准值相当，无强度贫化的指标。该区主要分布在三江平原宝清县西部地区。

寒武纪侵入岩：与全区土壤地球化学基准值相比，寒武纪侵入岩区 CaO、MgO、Cr、TFe_2O_3、Ti、V、

Co、Ni、Sc、Cu、Zn、Se、P、N 呈中弱富集，Corg 呈强度富集，其余 38 项指标与全区土壤地球化学基准值相当，无中弱贫化、强度贫化的指标。

元古宙侵入岩：与全区土壤地球化学基准值相比，元古宙侵入岩区 Mn、V、Ti、Co、TFe$_2$O$_3$、Cr、Ce、Sc、Th、U、Mo、Bi、Zn、Ga、Se、P、N 呈中弱富集，Hg、Corg 呈强度富集，其余 34 项指标与全区土壤地球化学基准值相当，无中弱贫化、强度贫化的指标。

玄武岩区：与全区土壤地球化学基准值相比，玄武岩 MgO、Ce、La、U、Bi、Ga、Cd 呈中弱富集，Mn、V、TFe$_2$O$_3$、Ti、Cr、Co、Ni、Sc、Nb、Mo、Zn、Cu、Hg、Se、P、N、Corg、TC 呈强度富集，其余 28 项指标与全区土壤地球化学基准值相当，无中弱贫化、强度贫化的指标。

2. 不同土壤类型地球化学基准

根据各土壤类型分布的面积，结合表层调查点的数量，本研究共统计 20 种土壤类型，包括暗棕壤、白浆土、滨海盐土、草甸土、潮土、粗骨土、风沙土、褐土、黑钙土、黑土、红黏土、火山灰土、碱土、栗钙土、泥炭土、石质土、水稻土、新积土、沼泽土、棕壤。将各土壤类型土壤地球化学基准值与全区土壤地球化学基准值进行比较（附表 11），具有如下特点。

暗棕壤：与全区土壤地球化学基准值相比，Ti、V、Co、TFe$_2$O$_3$、Mn、Sc、U、W、Mo、Bi、Zn、P、TC 呈中弱富集，Hg、Se、N、Corg 呈强度富集，其余 36 项指标与全区土壤地球化学基准值相当，无中弱贫化及强度贫化的指标。暗棕壤分布于松辽平原东部的山前丘陵漫岗地带。暗棕壤分布区以林业用地为主，每年有大量植物凋落物覆盖地表，为土壤有机碳的累积提供良好的环境条件，Corg、N 富集程度高。Ti、V、Co、TFe$_2$O$_3$、Mn 在暗棕壤中含量与其他土壤类型相比较高，与其所处的山前地带地质条件有关。

白浆土：与全区土壤地球化学基准值相比，Na$_2$O、Br、TC 呈中弱贫化，Ti、Ni、TFe$_2$O$_3$、V、Co、Cr、Nb、Y、Li、Sc、Th、U、W、Mo、Sn、Sb、As、Zn、Cu、Bi、B、N、P 呈中弱富集，Hg、Se 呈强度富集，其余 25 项指标与全区土壤地球化学基准值相当，无强度贫化指标。这与白浆土的分布有关，白浆土主要分布在三江平原东部及吉林东部，发育的地形地貌主要为丘陵漫岗至低平原，土壤保存了母岩成分特征。

滨海盐土：与全区土壤地球化学基准值相比，MgO、CaO、Au 等呈中弱富集，B、I、S、Cl、Br 等以卤族元素为主的指标呈强度富集，其余 45 项指标与全区土壤地球化学基准值相当。这与滨海盐土成土环境有关，滨海盐土沿渤海湾分布，是海相沉积物在海潮或高浓度地下水作用下形成的全剖面含盐的土壤，其特点是卤族元素含量高。

草甸土：与全区土壤地球化学基准值相比，除 CaO 呈中弱富集外，其余 52 项指标均与全区土壤地球化学基准值相当。草甸土是全区最主要的土壤类型，代表了全区的地球化学基准。

潮土：与全区土壤地球化学基准值相比，Co、TFe$_2$O$_3$、V、Mn、Ni、Sc、La、Li、U、W、Mo、Bi、Hg、Zn、As、Se、P、N、Corg 呈强度贫化，MgO、Al$_2$O$_3$、Ti、Cr、Be、Nb、Ce、Y、Th、Sb、Cu、Sn、Au、Pb、Ga、Cd、B、I、F、Cl、TC 等呈中弱贫化，CaO 呈中弱富集，其余 12 项指标与全区土壤地球化学基准值相当。潮土表层土壤 CaO 中弱富集，N、Corg、TC 等强度贫化，反映该区主要受地下潜水作用，经过耕作熟化而形成，土壤腐殖质积累过程较弱，富含碳酸盐。潮土主要分布在松辽平原南部的西辽河流域、辽河干流、辽西诸河流域，行政区域包括内蒙古通辽、辽宁阜新—新民、锦州—葫芦岛一带，沿水系呈带状分布。

粗骨土：主要分布在松辽平原南部的低山丘陵地区，地形起伏明显，地面坡度大，切割深，上部浅薄。与全区土壤地球化学基准值相比，Se、P、Cl 呈中弱贫化，MgO、Ni、Sb、Au、Cu、Cd、I 等呈中弱富集，CaO、Br 呈强度富集，其余 41 项指标与全区土壤地球化学基准值相当。

风沙土：主要分布在松辽平原中西部干旱少雨、昼夜温差大和多沙暴的地区，行政区域包括通辽市奈曼—库伦地区、辽宁彰武、吉林通榆—长岭—松原地区、黑龙江杜尔伯特—泰来地区。与全区土壤地球化学基准值相比，Ba、Sr、Na$_2$O、K$_2$O、Rb、Tl、Ge、Br 与全区土壤地球化学基准值相当，Cl、CaO 相对富集，其余 53 项指标均呈现不同程度的贫化，其中 MgO、SiO$_2$、Ti、V、Cr、Mn、TFe$_2$O$_3$、Co、Ni、Li、Nb、Ce、Sc、Y、Th、U、W、Mo、As、Sb、Bi、Cu、Zn、Hg、Se、N、I、F、P、Corg 呈强度贫化，反映了松辽平原西部在干旱少雨、蒸发强烈、常年在多风且风期长、风力大的气候条件下，岩石以物理风化为主，风化产物为砂砾质，土壤养分中 P、Corg、TC 等呈强度贫化。

褐土：主要分布在松辽平原南部燕山山脉的低山丘陵区，N、P、Corg、Se、Hg、Mo、U 呈中弱贫化，Zr 呈中弱富集，CaO、Br 呈强度富集，其余 43 项指标与全区土壤地球化学基准值相当。褐土表层土壤中 CaO 富集，反映成土母质以灰岩、白云岩为主。

黑钙土：主要分布在松嫩平原中部，属松花江流域及嫩江流域，分布广泛。N、P、Se、Hg 呈中弱贫化，Sr、I 呈中弱富集，CaO、Cl、Br、TC 呈强度富集，其余 43 项指标与全区土壤地球化学基准值相当。

黑土：主要分布在松辽平原东部、三江平原中西部丘陵漫岗地，为耕地集中分布区，涉及黑龙江及吉林两省。Mn、Ti、Cr、V、Co、TFe$_2$O$_3$、Ni、Y、Sc、W、Mo、Zn、Cu、As、Bi、N、Corg 呈中弱富集，其余 36 项指标与全区土壤地球化学基准值相当。这些特征反映了成土母质的地球化学特点。黑土在各种基性母质上发育，包括钙质沉积岩、基性火成岩、玄武岩、火山灰以及由这些物质形成的沉积物，TC、Corg、N、Br、TFe$_2$O$_3$、Co、Ni 相对富集。

红黏土：主要零散分布在松辽平原南部小凌河以北区域。与全区土壤地球化学基准值相比，Na$_2$O、Sr、P 呈中弱贫化，CaO、Cr、Ni、Cu、Se、B、S、Corg 等呈中弱富集，Sb、Au、Br、I 呈强度富集，其余 38 项指标与全区土壤地球化学基准值相当。

火山灰土：分布在松辽平原北部的五大连池市，相对富集以铁族元素及稀有稀土元素为主的 V、TFe$_2$O$_3$、Mn、Cr、Sc、La、Be、Y、Th、U，以金属成矿元素为主的 As、Sn、Cu、Hg、Zn、Ga、S、F、Cl；强度富集 Ti、Co、Ni、Nb、W、Mo、Bi、Cd、Se、N、P、Corg、TC，其余 21 项指标与全区土壤地球化学基准值相当。

碱土：主要分布在吉林省西部半干旱地区，富集 Na$_2$O、Sr、CaO，贫化铁族元素 Mn、Co、TFe$_2$O$_3$、Cr、Ni、Ti、V、Al$_2$O$_3$、Th、U、W、Mo、Se、Ga，稀有稀土元素 Li、Y、Nb、Be、Ce、Sc，金属成矿元素 Bi、Hg、Zn、Cu、Sb、Sn、As，以及土壤养分元素 P、N、Corg，其余 20 项指标与全区土壤地球化学基准值相当。

栗钙土：主要分布在松辽平原西部西辽河流域。MgO、Ti、V、Cr、Mn、TFe$_2$O$_3$、Co、Ni、Li、Nb、La、Ce、Sc、Y、Th、U、W、Mo、As、Sb、Bi、Cu、Zn、Sn、Au、Hg、Se、N、B、I、F、P、Corg 呈强度贫化，Al$_2$O$_3$、Be、Zr、Ag、Pb、Ga、Cd、TC 呈中弱贫化，CaO 呈强度富集，其余 11 项指标与全区土壤地球化学基准值相当。

泥炭土：主要零散分布在东北两大平原河湖沉积低平原及山间谷地中，与全区土壤地球化学基准值相比，Br、I 呈中弱贫化，Cr、TFe$_2$O$_3$、U、Mo、Zn、As、Se、N、P、Corg 呈中弱富集，Hg 呈强度富集。这些特征反映了泥炭土所处环境条件。泥炭土分布区由于长期积水，水生植被茂密，在缺氧情况下，大量分解不充分的植物残体积累并形成泥炭层，导致 Corg、N、P 发生富集。其余 40 项指标与全区土壤地球化学基准值相当。

石质土：分布较少，零散分布在辽宁阜新地区和吉林辉南县南部。与全区土壤地球化学基准值相比，CaO、TFe$_2$O$_3$、V、Mn、Ti、Sc、Nb、Hg、Zn、Cd、Se、S、TC 呈中弱富集，MgO、Co、Cr、Ni、Cu、I、P、N、Br、Corg 呈强度富集，其余 30 项指标与全区土壤地球化学基准值相当。

水稻土：主要分布在松辽平原东部、三江平原西部长期淹水种稻地区。与全区土壤地球化学基准值相比，Se、I、P、Cl 呈中弱富集，其余 49 项指标与全区土壤地球化学基准值相当。

新积土：主要分布在嫩江、松花江河谷地带。与全区土壤地球化学基准值相比，MgO、Ni、Cr、Au、Cu、Se、I、Br、F 相对贫化，其余 44 项指标与全区土壤地球化学基准值相当。

沼泽土：主要分布在松嫩平原北部及三江平原的洼地，湖沼边缘、江河滞洪洼地以及山间沟谷地带。与全区土壤地球化学基准值相比，Br、I 呈中弱贫化，Sc、U、Bi、Se、P、N、Corg 等呈中弱富集，Hg 呈强度富集，其余 43 项指标与全区土壤地球化学基准值相当。这些特征反映了沼泽土的地球化学特征是由成土环境决定的。沼泽土区长期积水，生长喜湿性植被，母质主要为河湖沉积物，质地较黏，温暖季节植被生长繁茂，冬季寒冷，有机质分解程度低，表层继承了母质的地球化学特征。

棕壤：主要分布在辽宁东部及西部的低山区。与全区土壤地球化学基准值相比，Se、I、Br、S、Hg、Cd 呈中弱富集，其余 49 项指标与全区土壤地球化学基准值相当，无相对贫化的指标。辽宁东部及西部低山区是工矿、冶炼企业密集区,同时属人类活动集聚区,长期以来大量排放废气、废水、废物,土壤污染相对严重,从而导致富集系数较高。

3. 不同流域地球化学基准

不同流域的土壤物质来源具有很大的差异性,这种差异决定了各自的地球化学特点。根据二级水系的河流集水区,黑土地区划分为12个流域:松花江吉林段、松花江黑龙江段、嫩江流域、乌苏里江流域、西辽河流域、东辽河流域、辽河干流、黑龙江流域、浑河流域、辽东诸河流域、辽西诸河流域、鸭绿江流域。将各流域土壤地球化学基准值与全区土壤地球化学基准值进行比较(附表12),具有如下特点。

松花江吉林段:与全区土壤地球化学基准值相比,Mn、Zn、Se、B、N、Corg呈中弱富集,其余47项指标与全区土壤地球化学基准值相当,无相对贫化的指标,反映该区成土母质土壤养分含量相对较高的特点。

松花江黑龙江段:与全区土壤地球化学基准值相比,除P呈中弱富集外,其余52项指标与全区土壤地球化学基准值相当。

嫩江流域:与全区土壤地球化学基准值相比,Cl呈中弱富集,CaO、TC呈强度富集,其余50项指标与全区土壤地球化学基准值相当。

乌苏里江流域:与全区土壤地球化学基准值相比,Br呈强度贫化,Na_2O、TC呈中弱贫化,Ni、Ti、Mn、V、La、Ce、Nb、Y、Li、Th、U、W、Ag、Sn、Sb、As、Cu、Zn、Se、Tl、Ga、N、B、F、P呈中弱富集,TFe_2O_3、Co、Cr、Sc、Bi、Hg呈强度富集,反映受到乌苏里江流域物质来源区的影响。其余20项指标与全区土壤地球化学基准值相当。

西辽河流域:与全区土壤地球化学基准值相比,Na_2O、Sr、Ba、K_2O、SiO_2、Rb、Ge、Tl、Br、S、Cl与全区土壤地球化学基准值相当,CaO呈强度富集,其余41项指标均存在不同程度的贫化,其中铁族元素Ti、V、Cr、Mn、TFe_2O_3、Co、Ni,稀有稀土元素Li、Be、Nb、La、Ce、Sc、Y,放射性元素Th、U及W、Mo,金属成矿元素As、Sb、Bi、Cu、Zn、Sn、Au、Hg,分散元素Ga、Se,土壤养分及卤族元素N、B、I、F、P、Corg,均呈强度贫化。这些特征是西辽河流域气候、物质来源区地质基准综合因素的反映。

东辽河流域:东辽河流域和西辽河流域差异较大,主要是由物质来源的差异决定的。与全区土壤地球化学基准值相比,仅S呈强度贫化,N、Corg、TC呈中弱贫化,Cl呈中弱富集,其余48项指标与全区土壤地球化学基准值相当。

辽河干流:与全区土壤地球化学基准值相比,受西辽河和东辽河流域的影响,辽河干流Mn、V、Co、TFe_2O_3、La、Li、U、W、Zn、Bi、As、Hg、Sn、Se、N、P、Cl、Corg、TC呈中弱贫化,CaO呈中弱富集,其余33项指标与全区土壤地球化学基准值相当。

黑龙江流域:与全区土壤地球化学基准值相比,I、Br呈强度贫化,TC呈中弱贫化,Bi、Se呈中弱富集,Hg呈强度富集,其余47项指标与全区土壤地球化学基准值相当。

浑河流域:与全区土壤地球化学基准值相比,Cu、Au、Cr、Hg、Cd、Se、B、P呈中弱富集,S呈强度富集,其余44项指标与全区土壤地球化学基准值相当。这与该区的地球化学背景分布有着明显差异,表层富集重金属Hg、Cd,没有继承成土母质的地球化学特征,证明了表层Hg、Cd的富集受到人类生产生活的影响。

辽东诸河流域:与全区土壤地球化学基准值相比,As呈中弱贫化,La、B呈中弱富集,Cl、Se、Br、I强度富集,其余46项指标与全区土壤地球化学基准值相当。

辽西诸河流域:与全区土壤地球化学基准值相比,Hg、Cl、P、TC呈中弱贫化,CaO、Mo、Br呈中弱富集,其余46项指标与全区土壤地球化学基准值相当。

鸭绿江流域:与全区土壤地球化学基准值相比,MgO、V、Mn、Ti、Nb、La、Li、Sc、Ce、U、Mo、Cu、Ga、S呈中弱富集,TFe_2O_3、Co、Ni、Cr、Zn、Hg、Cd、Se、P、N、Br、I、TC、Corg呈强度富集,其余25项指标与全区土壤地球化学基准值相当。

4. 不同土地利用现状基准

黑土地区土地利用方式主要分为旱地、水田、草地、林地、沼泽湿地、未利用土地、建设用地 7 个类型。将各土地利用方式的土壤地球化学基准值与全区土壤地球化学基准值进行比较（附表13），总结其富集贫化特点如下。

旱地：为黑土地区最为广泛的用地类型，基本代表了全区的地球化学基准。与全区土壤地球化学基准值相比，除 CaO 呈中弱富集外，其余 52 项指标与全区土壤地球化学基准值相当。

水田：与全区土壤地球化学基准值相比，Br、TC 呈中弱贫化，Hg 呈中弱富集，其余 50 项指标与全区土壤地球化学基准值相当。

草地：与全区土壤地球化学基准值相比，Ti、TFe_2O_3、Co、Cr、Mn、Ni、Sc、Th、Hg、Zn、Se、N、P、C_{org} 呈中弱贫化，CaO 呈中弱富集，其余 38 项指标与全区土壤地球化学基准值相当。草地主要集中分布在南部通辽市，在松辽平原零散分布在河谷及地势低洼湖沼区边缘，草地中 CaO 相对富集，与成土母岩关系密切。

林地：与全区土壤地球化学基准值相比，林地表层土壤中 Mo、Hg、Se、N 呈中弱富集，C_{org} 呈强度富集，其余 48 项指标与全区土壤地球化学基准值相当。林地主要分布在松辽平原西部平原与山地过渡的低山丘陵区，钼矿等金属矿多分布于该区域，Mo、Hg 等富集与地质背景有关。与其他土地利用类型相比，林地中 C_{org} 等养分元素相对富集，土壤肥力较好。

沼泽湿地：与全区土壤地球化学基准值相比，沼泽湿地表层土壤中 Br、I 呈中弱富集，其余 51 项指标与全区土壤地球化学基准值相当。沼泽湿地主要集中分布在三江平原、扎龙及山间沟谷地区，沼泽湿地区地表长期或季节性积水，生长喜湿性植被条件下形成了黑土地。由于排水不畅，土体上部有机质或泥炭富集强烈，下部 C_{org} 等养分元素与全区土壤地球化学基准值相当，体现了表层次生富集的作用。

未利用土地：主要包括沙地、裸地、滩涂等。与全区土壤地球化学基准值相比，TFe_2O_3、Co、Cr、Mn、Ti、V、Sc、Nb、Th、W、Mo、Hg、Zn、Bi、Cu、Se、N、C_{org} 呈中弱贫化，Sr、TC 呈中弱富集，CaO、Cl 呈强度富集，其余 31 项指标与全区土壤地球化学基准值相当。

建设用地：与全区土壤地球化学基准值相比，建设用地表层土壤中 CaO、Hg 呈中弱富集，其余 52 项指标与全区土壤地球化学基准值相当。人类活动的影响造成了成土母质与表层土壤重金属元素 Hg 等地球化学分布特征的差异，具体反映为 Hg 等重金属元素在表层发生了次生富集，而深层基准值低的特点（附表6、附表13）。

第二节 土壤地球化学富集特征

表层土壤与成土母质元素含量比值 $K_{表/深}$，按 ≤ 0.6、$0.6\sim0.8$、$0.8\sim1.2$、$1.2\sim1.4$、≥ 1.4 划分，统计最大值、最小值、众数、中值及含量比值 $K_{表/深}$，结果见附表14。

Cd、Hg、P、Se、Br、S、N、TC、C_{org}、I 等 10 项指标 $K_{表/深} \geq 1.4$ 的样品占比最大，即表层土壤指标比成土母质更富集，受人类经济活动影响较大。其余 44 项指标 $K_{表/深}$ 在 $0.8\sim1.2$ 之间，即表层土壤与成土母质的指标比值基本相当，反映这些指标在表层土壤和成土母质中的含量在相近范围，受人类活动影响稍小。

C_{org}、TC、N、P 等土壤养分元素与人类耕种、施肥有关，Cd、Hg、S、Se 等与人类矿业开发及工业活动有关，Br、Cl 等卤族元素与地表水及包气带有关，它们在表层和深层土壤中的含量有一定波动。

土壤中 SiO_2 的 $K_{表/深}$ 值在 $0.8\sim1.2$ 之间，表明成土母质中的 SiO_2 赋存的长英质矿物含量稳定。pH 的 $K_{表/深}$ 值在 $0.8\sim1.2$ 之间，表明成土母质的酸碱度波动范围也相对稳定，即成土母质与表层土壤酸碱性土壤分布范围一致性较高,局部存在表层土壤酸化的现象。Mo、Sb、B、Ni、As、MgO、Co 等的 $K_{表/深}$ 值在 0.6～1.4 之间,表明这些指标在成土母质中的含量受母质背景和人类活动多方面因素影响。其余指标的 $K_{表/深}$ 值波动范围大。

第三节 土壤元素组合特征

一、区域地球化学异常分类

按照《多目标区域地球化学调查规范》(DZ/T 0258—2014)对异常分类的相关规定,将异常按应用领域总体分为环境类、矿产类、农业类三大类。

根据元素空间分布的相关性,环境类划分为 1 个元素组,包括镉汞砷铅铬等重金属元素组;矿产类划分为 2 个元素组,包括金银铜锌等(金属成矿元素组)、铍铷镧钇(稀有稀土元素组);农业类划分为 2 个元素组,包括硒锗氟碘(有益元素组)和氮磷钾有机碳(养分元素组)。以上异常元素分类详见表 4-1,农业类异常元素在土壤养分评价内容中进行叙述,本章对农业类异常不再赘述。

表 4-1　区域地球化学异常分类统计表

异常分类		环境类、矿产类、农业类异常元素分组	
环境类	元素组	重金属元素组	
	元素	Cd、Hg、As、Pb、Cr、Cu、Zn、Ni	
矿产类	元素组	金属成矿元素组	稀有稀土元素组
	元素	Au、Ag、Cu、Zn、Sn、Bi、W、Mo TFe$_2$O$_3$、Mn、Co	Be、Rb、La、Y
农业类	元素组	有益元素组	养分元素组
	元素	Se、Ge、F、I	N、P、K、Corg

二、区域地球化学异常特征

针对全区 53 项指标圈定的土壤异常,按照应用领域进行分述。

(一)环境类地球化学异常

环境类元素包括 Cd、Hg、As、Pb、Cr、Cu、Zn、Ni,据元素地球化学性质相似性及其分布的吻合程度,分为 1 个元素组。环境类异常是指由人类活动或自然地质背景所形成的、能引起土壤环境质量变化的元素异常。

重金属元素组包括 Cd、Hg、As、Pb、Cr、Cu、Zn、Ni 共 8 种元素,最后归并成 4 个表层土壤综合异常。表层土壤的地球化学特征是多种因素总体作用的结果,为了阐明各元素在各地质单元的分布情况,以元素组合为主线对表层土壤各元素地球化学特征进行评述。以 Cd 为主的异常主要分布在兴城市—

葫芦岛市高桥镇一带,主要包括 Zn、Cu、Pb、Hg、Cd 共 5 种元素,异常规模大;以 Cd、Hg 为主的异常主要分布在沈阳市周围,包括 Ni、Zn、Cu、Cr、Cd、Pb、As、Hg 共 8 种;以 Ni、Cr、Hg 为主的异常主要分布在通化市周围;以 Zn、As、Hg、Cd 为主的异常分布在吉林市。下面对可能受人类活动影响的葫芦岛地区环境类地球化学异常进行详细的生态地球化学评价。

葫芦岛地区 788 件表层土壤组合样品的重金属元素原始数据地球化学参数统计结果见表 4-2,经无限剔除异常值后地球化学参数统计结果见表 4-3。经与中国土壤地球化学背景值、中国土壤 A 层背景值和辽宁省土壤 A 层背景值的比较(图 4-1)可以看出:As、Cr、Ni 与各项背景值相当,而 Cd 均处于强度富集;Cu、Pb、Zn 与中国土壤地球化学背景值和中国土壤 A 层背景值相当,但与辽宁省土壤 A 层背景值相比处于中弱富集状态;Hg 与中国土壤地球化学背景值和辽宁省土壤 A 层背景值相比处于强度富集,但与中国土壤 A 层背景值相当。葫芦岛地区重金属元素以均匀分布型为主,包括 Cr、Cu、Ni、Pb、Zn;此外,As、Hg、Cd 呈中等程度变异。

表 4-2 葫芦岛地区表层土壤地球化学参数统计表(原始数据统计)

元素	n	x	s	M_e	CV	x_{max}	x_{min}
As	788	9.627	9.982	8.515	1.037	249.00	3.380
Cd	788	0.700	2.502	0.310	3.573	50.80	0.095
Cr	788	62.803	20.484	58.950	0.326	203.00	26.500
Cu	788	26.954	13.800	25.200	0.512	320.00	11.300
Hg	788	0.111	0.637	0.055	5.762	16.30	0.014
Ni	788	27.102	9.333	25.600	0.344	99.80	10.900
Pb	788	38.235	139.484	27.100	3.648	3 863.00	16.600
Zn	788	103.670	172.693	77.900	1.666	3 005.00	33.300
pH	788	6.492	0.594	6.480	0.092	7.97	5.000

注:pH 无量纲,其余单位为 $\times 10^{-6}$。

表 4-3 葫芦岛地区表层土壤地球化学参数统计表(无限剔除后统计)

元素	n	x	s	M_e	CV	x_{max}	x_{min}
As	762	8.764	2.259	8.375	0.258	15.30	3.380
Cd	659	0.297	0.119	0.280	0.399	0.65	0.095
Cr	750	59.602	14.043	58.300	0.236	101.00	26.500
Cu	751	25.226	5.273	24.800	0.209	41.00	11.300
Hg	712	0.057	0.022	0.052	0.389	0.12	0.014
Ni	747	25.531	6.072	25.300	0.238	43.50	10.900
Pb	677	27.226	4.567	26.200	0.168	40.50	16.600
Zn	699	76.227	14.666	75.700	0.192	118.00	33.300
pH	788	6.492	0.594	6.480	0.092	7.97	5.000

注:pH 无量纲,其余单位为 $\times 10^{-6}$。

葫芦岛地区表层土壤重金属评价显示,Cu、Zn、Ni、As、Cr、Hg、Pb 均以清洁为主,清洁土壤面积分别达 99.49%、97.08%、95.43%、99.37%、99.62%、98.48% 和 99.62%,仅局部地区达超标水平,其中 Cd 是主要富集元素。

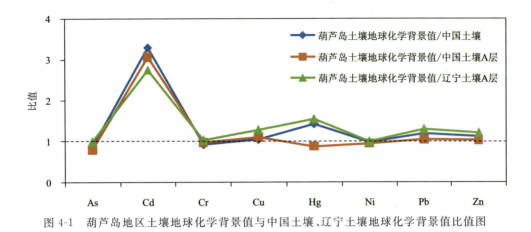

图 4-1 葫芦岛地区土壤地球化学背景值与中国土壤、辽宁土壤地球化学背景值比值图

进一步在葫芦岛地区对土壤重金属进行垂向剖面、农作物、灌溉水和大气干湿沉降的调查，开展生态地球化学评价，分析有毒有害元素的迁移转化过程及其生态效应，为污染土壤修复治理、耕地保护和土地资源合理利用提供地球化学资料。各类调查样品分布见图4-2。

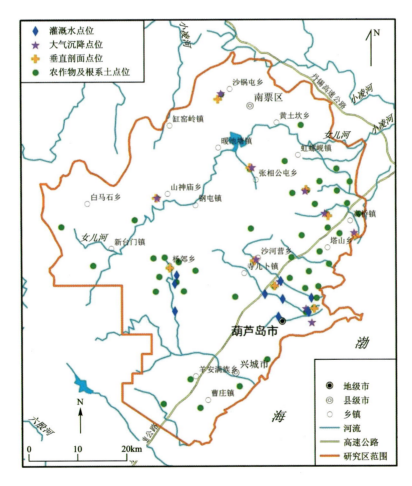

图 4-2 葫芦岛地区生态地球化学评价样品分布图

1. 土壤重金属垂向变化特征

为探索葫芦岛地区重金属在土壤垂向上的分布迁移规律，依据土壤环境评价结果及污染区分布特

征,共布设10个垂向剖面。由图4-3可知,各剖面Cd含量最高值均处在表层0~20cm之间,20~40cm含量显著下降,40cm以下含量趋于稳定,表明葫芦岛地区表层土壤Cd高含量是由外源输入。

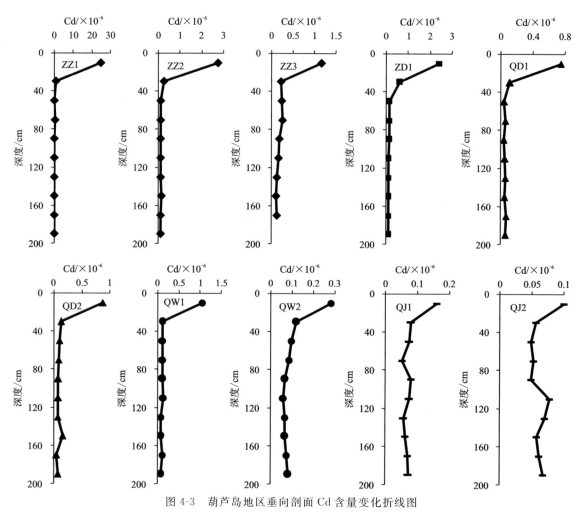

图4-3 葫芦岛地区垂向剖面Cd含量变化折线图

2. 土壤重金属有效态含量垂向特征

土壤中重金属元素的有效态易于转化和迁移,最容易被农作物吸收利用而进入食物链,从而对环境和人畜造成危害。调查显示,葫芦岛地区垂向剖面的各重金属元素有效态含量范围各异,超标区剖面的Cd、Pb、Zn、Cu的有效态含量范围要明显高于其他剖面,特别是有效Cd含量的最大值是剖面平均含量的近百倍。Cd、Pb、Zn、Cu的有效性系数表现出同样规律,但差别相对缩小。对于Ni、Cr、As、Hg来说,各剖面的有效含量和有效性系数的变化范围没有明显差异。各重金属元素有效性系数在不同深度上的变化趋势表现各异,Cd有效性系数随深度增加总体表现为先下降后升高的趋势,0~40cm最高,向下逐渐递减,100~120cm达到最低,然后逐渐回升(图4-4)。

3. 农作物重金属累积特征分析

农作物元素含量与其配套根系土对应元素含量之比为生物富集系数,该指标可视为玉米对土壤重金属的蓄积率。葫芦岛地区玉米中重金属富集系数特征值见表4-4。由表4-4可知,葫芦岛地区玉米中各重金属元素富集系数表现不一,一方面由于玉米对各重金属的专属吸收性不同,另一方面与根系土中重金属含量不同有关。

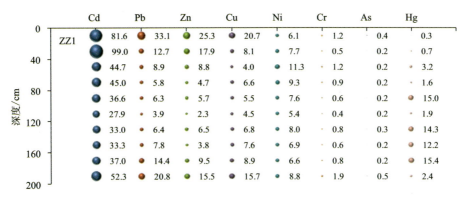

图 4-4　垂向剖面 ZZ1 各重金属元素有效性系数变化图

表 4-4　葫芦岛地区玉米中重金属富集系数参数统计　　　　　　　　　　　　单位：%

元素	最小值	最大值	平均值	中位数	标准离差	变化系数
Pb	0.02	0.26	0.128	0.130	0.047	0.371
Cr	0.05	1.72	0.307	0.255	0.220	0.716
Hg	0.03	10.55	3.528	3.000	2.350	0.666
As	0.09	0.40	0.203	0.185	0.070	0.345
Cd	0.35	7.68	2.410	2.135	1.608	0.667
Zn	5.61	51.12	19.647	20.100	8.385	0.427
Cu	3.00	17.06	7.662	7.255	2.629	0.343
Ni	0.30	6.63	1.663	1.385	1.140	0.686

富集系数最高的元素为 Zn，平均值为 19.647%，最大值为 51.12%，对该地区玉米而言 Zn 表现蓄积率高的特点，表明该地区土壤环境要重点关注土壤 Zn 的变化趋势。其次为 Cu，平均值为 7.662%，最大值为 17.06%。其他重金属元素的富集系数相对较低。这也解释了处在土壤 Cd 超标区内的玉米具有较低超标率的原因。

通过对玉米中重金属含量与根系土环境指标作相关性分析可知（表 4-5），玉米中 Cd、Zn 含量与根系土全量和有效含量均呈显著正相关（图 4-5、图 4-6），玉米中 Hg、As 与根系土有效态呈显著正相关。此外，玉米 Pb 与根系土 pH 呈显著正相关，玉米中 Ni 与根系土 pH、阳离子交换量（CEC）呈显著负相关，与有机质呈显著正相关。

表 4-5　玉米中重金属含量与土壤环境指标的 pearson 相关系数

	Pb	Cr	Hg	As	Cd	Zn	Cu	Ni
土壤全量	0.210	−0.125	−0.057	0.095	0.599**	0.574**	0.070	−0.148
土壤有效态	0.116	−0.043	0.727**	0.587**	0.678**	0.595**	−0.014	0.044
pH	0.289*	−0.080	0.160	−0.087	0.036	−0.019	−0.223	−0.538*
有机质	−0.155	0.044	−0.112	−0.035	−0.032	−0.051	0.047	0.313*
CEC	0.160	0.198	0.179	0.067	0.057	0.122	0.023	−0.284*

注：表中数值为相关性系数，** 和 * 分别表示在 $p<0.01$ 和 $p<0.05$ 水平上有显著相关性。

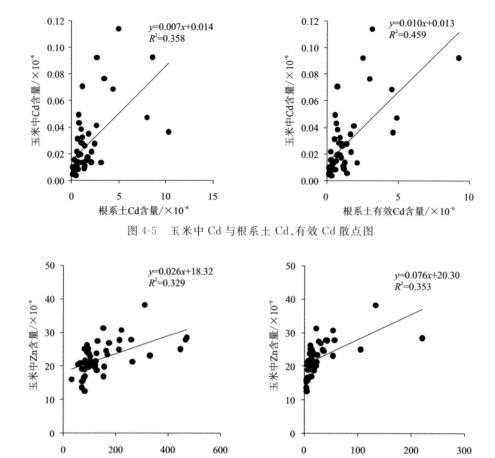

图 4-5　玉米中 Cd 与根系土 Cd、有效 Cd 散点图

图 4-6　玉米中 Zn 与根系土 Zn、有效 Zn 散点图

进一步对玉米中重金属富集系数与根系土环境指标作相关性分析(表 4-6)。结果显示,玉米中各重金属富集系数均与根系土全量呈显著负相关,Hg 富集系数与根系土有效态呈显著正相关,而 Pb、Cd、Zn、Cu 富集系数与根系土有效态呈显著负相关。同时,Cu、Ni、Zn 富集系数与根系土 pH 值呈显著负相关,与有机质呈显著正相关,其中 Cu、Ni 富集系数还与根系土 CEC 呈显著负相关。此外,As、Cd 富集系数与根系土 pH 值呈显著负相关。由此可见,酸性土壤及有机质含量增加会提高玉米对重金属的富集程度。

表 4-6　玉米中重金属富集系数与土壤环境指标的 pearson 相关系数

	Pb	Cr	Hg	As	Cd	Zn	Cu	Ni
土壤全量	−0.598**	−0.329*	−0.320*	−0.805**	−0.393**	−0.750**	−0.716**	−0.395**
土壤有效态	−0.357*	−0.006	0.552**	0.020	−0.331*	−0.519**	−0.464**	−0.170
pH	−0.219	−0.143	−0.049	−0.523**	−0.340*	−0.510**	−0.503**	−0.504**
有机质	0.099	0.185	0.073	0.256	0.091	0.316*	0.365**	0.462**
CEC	0.049	0.002	0.018	−0.097	−0.212	−0.221	−0.306*	−0.468**

注:表中数值为相关性系数,** 和 * 分别表示在 $p<0.01$ 和 $p<0.05$ 水平上有显著相关性。

4. 土壤重金属有效态特征

土壤重金属有效态特征能够在一定程度上表征某一重金属在土壤中的生物活性,为土壤重金属污染提供客观数据评价,对明确重金属超标特点、确定其活性和防止农产品被污染,具有十分重要的意义。

葫芦岛地区共采集作物配套根系土样品 50 件,通过 pearson 相关分析发现(表 4-7、表 4-8),除 Cd 外,其他重金属的有效含量与有效性系数均具有显著正相关性。Pb、Cd、Zn、Cu、Ni 有效态含量与全量呈显著正相关。对于有效性系数和全量之间,Cr、Ni 表现为显著负相关,而 Pb、Zn 表现为显著正相关。

表 4-7 重金属有效含量与全量、有效性系数及土壤指标的 pearson 相关系数

	Cr	Pb	Hg	As	Cd	Zn	Cu	Ni
土壤全量	−0.012	0.678**	−0.063	0.182	0.909**	0.811**	0.660**	0.339*
土壤有效态	0.779**	0.872**	0.895**	0.928**	0.146	0.896**	0.802**	0.542**
pH	−0.222	0.129	0.056	−0.024	0.157	0.063	0.118	0.105
有机质	−0.004	0.117	0.012	−0.027	0.064	0.097	−0.028	−0.192
CEC	−0.066	−0.142	0.136	−0.021	−0.015	−0.087	0.097	0.358*

注:表中数值为相关性系数,**和*分别表示在 $p<0.01$ 和 $p<0.05$ 水平上有显著相关性。

表 4-8 重金属有效性系数与全量及土壤指标的 pearson 相关系数

	Cr	Pb	Hg	As	Cd	Zn	Cu	Ni
全量	−0.498**	0.289*	−0.217	−0.105	−0.124	0.615**	0.137	−0.473**
pH	−0.262	−0.003	−0.072	−0.173	−0.476**	−0.093	−0.248	−0.125
有机质	0.278	0.176	0.118	0.048	0.288*	0.169	0.183	0.244
CEC	−0.387**	−0.141	0.043	−0.083	−0.200	−0.172	−0.096	−0.240

注:表中数值为相关性系数,**和*分别表示在 $p<0.01$ 和 $p<0.05$ 水平上有显著相关性。

此外,Ni 的有效态含量与 CEC 呈显著正相关,Cr 的有效性系数与 CEC 呈显著负相关,Cd 的有效态含量与 pH 呈显著负相关。由此可见,土壤酸化会活化土壤中的 Cd,增大污染风险。

5. 土壤重金属元素形态特征

土壤中重金属元素的迁移、转化及其对植物的毒害和环境的影响程度,除了与土壤中重金属的含量有关外,还与重金属元素在土壤中的存在形态有很大关系。土壤中重金属存在的形态不同,其活性、生物毒性及迁移特征也不同。一般认为,活性态在土壤中易被迁移和被生物吸收。根据重金属各形态的生物利用性以及对环境的影响大小,可分为可利用态、潜在可利用态和不可利用态。可利用态包括水溶态和离子交换态,这两种形态的元素容易被生物吸收;潜在可利用态包括碳酸盐结合态、腐殖酸结合态、铁锰结合态和强有机结合态,它们是可利用态元素的直接提供者,当 pH 值和氧化还原条件改变时,也容易被生物吸收;不可利用态一般指残渣态,对生物无效。

不同形态与重金属结合能力不同,离子交换态和碳酸盐结合态重金属与土壤结合较弱,最容易被释放出来,其移动性和生物有效性随着土壤 pH 值的降低而显著增加,铁锰氧化物结合的重金属在还原条件下较易释放出来,有机结合重金属在有机质分解时也会逐渐释放出来。可交换态重金属毒性最大,残渣晶格态重金属毒性最小,其他形态的重金属毒性居中。

葫芦岛地区共采集了 10 件根系土形态样品,分析了重金属元素水溶态、离子交换态、碳酸盐结合态、腐殖酸结合态、铁锰结合态、强有机结合态、残渣态 7 种形态。

As 化学形态特征:由图 4-7 和图 4-8 可以看出,As 以残渣态为主,显著高于潜在可利用态,可利用态最低。残渣态 As 相对比较稳定,占比在 60% 以上。水溶态、碳酸盐结合态、强有机结合态占比较低,其中水溶态占比不足 1%。当土壤 pH 值降低,土壤偏酸性,潜在利用态比例降低,可利用态比例明显上升。土壤剖面 pH 值为 7.52 时,离子交换态占比 0.23%;土壤剖面 pH 值为 4.72 时,离子交换态占比达到 21.86%,同时,腐殖酸结合态、铁锰结合态占比下降。由此可见,在酸性条件下 As 生物有效性提

高,更容易被吸收形成重金属污染富集。

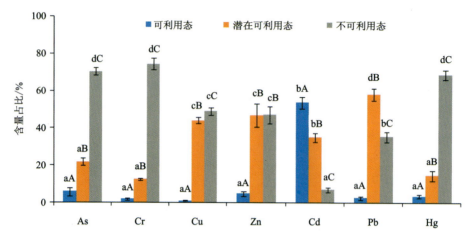

注：柱上方不同的大小写字母分别表示百分含量在不同形态和不同重金属之间存在差异（$p<0.05$）。

图 4-7　重金属元素各形态百分含量分布图

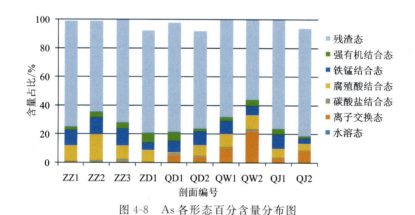

图 4-8　As 各形态百分含量分布图

Cr 化学形态特征：Cr 以不可利用态为主，显著高于潜在可利用态，可利用态最低（图 4-9）。不同根系土间 Cr 赋存形态波动较小，残渣态占比最高，其次为腐殖酸结合态、铁锰结合态、强有机结合态，水溶态占比最小。由此可见，葫芦岛地区 Cr 主要以较稳定的残渣态形式赋存，受环境、pH、地质背景等因素影响较小，不易被植物吸收。

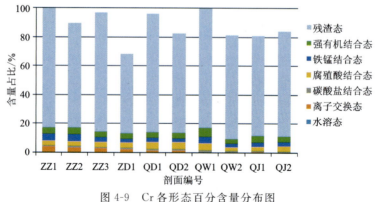

图 4-9　Cr 各形态百分含量分布图

Cu 化学形态特征：Cu 的潜在可利用态和不可利用态占比相当，可利用态最低（图 4-10）。不同根系土间 Cu 赋存形态波动较小，残渣态占比最大，其次为腐殖酸结合态、铁锰结合态，水溶态、离子交换态占比较小。可以发现，Cu 的潜在可利用态占比范围为 37.21%～57.45%，存在较高的激活风险，对植物及生态环境的潜在影响较大。

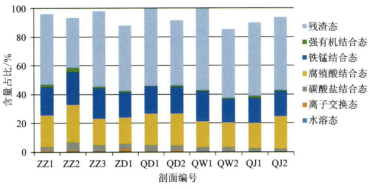

图 4-10　Cu 各形态百分含量分布图

Zn 化学形态特征：Zn 的潜在可利用态和不可利用态占比相当，可利用态最低（图 4-11）。Zn 赋存形态受土壤 pH 值波动变化，当土壤偏碱性时，铁锰结合态占比最大，其次为残渣态、碳酸盐结合态、腐殖酸结合态，水溶态、离子交换态占比较小。当土壤偏酸性时，残渣态占比最大，其次为铁锰结合态、腐殖酸结合态，水溶态占比较小。土壤 pH 值降低，会促使碳酸盐结合态和铁锰结合态活化释放，导致离子交换态升高，同时残渣态也相应提升。

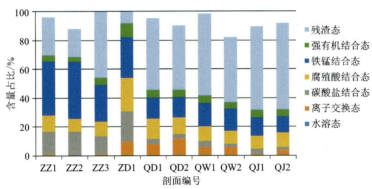

图 4-11　Zn 各形态百分含量分布图

Cd 化学形态特征：Cd 以可利用态为主，显著高于潜在可利用态，不可利用态最低（图 4-12）。根系土 Cd 的赋存形态以离子交换态为主，其次为碳酸盐结合态，水溶态最低。Cd 的赋存形态受土壤 pH 影响显著，当土壤偏酸时，碳酸盐结合态占比降低，离子交换态占比明显上升。土壤 pH 值降低，会促使碳酸盐结合态活化释放，导致离子交换态升高。总体来看，葫芦岛地区 Cd 生物有效性高，极容易被植物吸收，对生物危害性较大，是区内生物重金属富集的主要元素之一。

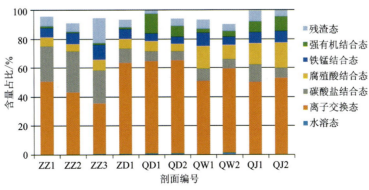

图 4-12　Cd 各形态百分含量分布图

Pb 化学形态特征：Pb 以潜在可利用态为主，显著高于残渣态，不可利用态最低(图 4-13)。赋存总体态势为铁锰结合态最高，其次为残渣态、碳酸盐结合态、腐殖酸结合态，水溶态最低。Pb 的赋存形态同样受土壤 pH 影响，当土壤偏酸时，碳酸盐结合态和铁锰结合态占比降低，离子交换态和残渣态占比明显上升。Pb 是该区潜在可利用态最高的元素，当外界条件改变时，有可能导致 Pb 的活性降低或增强，因此，Pb 是葫芦岛地区值得关注的重金属富集元素之一。

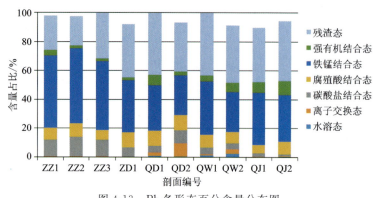

图 4-13　Pb 各形态百分含量分布图

6. 大气环境地球化学特征

大气干湿沉降是有害物质进入土壤的一种重要途径，是影响农田生态系统安全的重要因素。重金属元素可通过化石燃料燃烧、汽车尾气、工业烟气、粉尘等进入大气，吸附在气溶胶上，然后通过干湿沉降的方式进入土壤，并可在表层土壤中不同程度地累积。

葫芦岛沿海地区分布有大量工矿、冶炼企业，所产生的废气含有大量重金属，通过风力运移，会对区域土壤造成大面积重金属污染。因此，根据葫芦岛地区土壤重金属含量特征，从沿海至内陆设计两条路线布设大气干湿沉降点，分别为锦州—南票和葫芦岛—钢屯。每条路线布设 5 个大气干湿沉降点，覆盖不同程度的超标区，以此研究大气干湿沉降对土壤重金属富集的贡献。各样点具体信息见表 4-9。

表 4-9　大气干湿沉降点位信息表

路线	编号	土壤环境质量	距离/km*
锦州—南票	CJ01	重度污染	0
	CJ02	中度污染	7.29
	CJ03	轻度污染	13.26
	CJ04	轻微污染	24.96
	CJ05	清洁	39.53
葫芦岛—钢屯	CJ06	重度污染	0
	CJ07	中度污染	3.05
	CJ08	轻度污染	10.7
	CJ09	轻微污染	17.25
	CJ10	清洁	40.67

＊注：以每条路线中沿海重度污染区内的样点为原点，其他样点与原点的距离。

(1) 大气干湿沉降中重金属元素的含量特征。从区域分布来看，无论是干含量还是湿含量，沿海地区的大气沉降中重金属含量较内陆地区高数十倍。从沿海地区至内陆，大气干沉降中各重金属含量呈现下降趋势，其中 Pb、As、Cd、Zn、Cu 下降特征最为明显（图 4-14）。不同程度污染区与葫芦岛地区土壤平均值、辽宁省土壤背景值和中国土壤背景值相比（表 4-10），干沉降中各重金属元素含量均高出数倍至数百倍，其中以 Cd 最为显著。除 Hg、Ni 外，不同程度污染区的重金属元素含量均超出《土壤环境质量标准》(GB 15618—2018)规定的风险值，其中重度污染区干沉降中的 Pb、Cd、Zn、Cu 分别是风险值的 16 倍、187 倍、21 倍、10 倍。由此可见，大气沉降是造成葫芦岛地区土壤污染的重要途径。

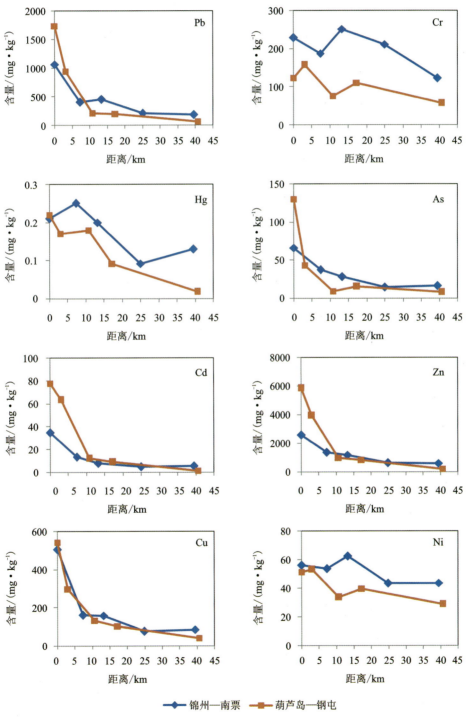

图 4-14 葫芦岛地区大气干沉降重金属元素含量变化特征

表 4-10　不同污染区大气干沉降重金属元素含量特征　　　　　　　　　　　单位：mg/kg

	Pb	Cr	Hg	As	Cd	Zn	Cu	Ni
重度污染区	1 399.500	175.500	0.215	98.150	56.150	4 203.000	524.000	53.700
中度污染区	672.500	172.000	0.210	40.200	38.400	2 657.000	229.000	53.350
轻度污染区	328.000	163.000	0.190	18.900	10.040	1 091.000	146.000	47.900
轻微污染区	201.000	160.500	0.092	14.900	6.920	724.000	90.750	41.600
清洁区	123.500	89.200	0.074	12.195	3.525	399.500	63.200	36.150
葫芦岛地区土壤平均值	38.235	62.803	0.111	9.627	0.700	103.670	26.954	27.102
辽宁省土壤背景值	21.100	57.900	0.037	8.800	0.108	63.500	19.800	25.600
中国土壤背景值	26.000	61.000	0.065	11.000	0.097	74.000	23.000	27.000
土壤风险值*	90.000	150.000	1.800	40.000	0.300	200.000	50.000	70.000

* 注：GB 15618—2018 中 5.5＜pH≤6.5 的土壤风险筛选值。

葫芦岛地区湿沉降中 Cr、Hg 未检出，Pb 也只在个别土壤剖面中检出，可见区内湿沉降中主要存在的重金属元素为 As、Cd、Zn、Cu、Ni。与干沉降特征类似，湿沉降中重金属元素含量同样表现出沿海至内陆逐渐降低的趋势。一般认为，湿沉降的加入对表层土壤质量（或体积）的影响微乎其微，所以湿沉降对土壤重金属元素的累积是正向的。因此，高重金属元素含量水平的大气湿沉降会直接造成土壤质量的下降。

（2）大气干湿沉降重金属元素沉降通量特征。葫芦岛地区大气干湿沉降重金属元素沉降通量分布特征与含量分布特征相似（图 4-15），除 Cr、Ni 外，其他重金属元素从沿海地区至内陆，大气干湿沉降中各重金属沉降通量均呈现下降趋势，其中位于重度污染区样点的大气沉降通量远高于其他区域，以 Cd、Zn、Cu 最为明显。由此可见，葫芦岛沿海地区广泛存在的化工冶炼企业严重影响了大气质量，给土壤带来严重的安全问题。同时，区内存在的大面积污染土壤与大气重金属沉降具有密切关系。

葫芦岛地区常年大风日较多，冬季盛行偏北风，春、夏两季偏南风占优势，秋季风向多变。沿海地区化工冶炼企业所排放的废气中含有大量重金属，通过风力可以运送到内陆较远地区。沿海至内陆具有重金属沉降通量逐渐递减的特征，造成了葫芦岛地区土壤污染呈放射状分布，其中，Cd 是造成区域土壤污染的主要重金属。

通过与全国大气干湿沉降重金属元素年沉降通量对比可知，局部 Pb、As、Cd、Zn、Cu 的沉降通量高于全国水平（图 4-16），其中 CJ01、CJ06、CJ07 中 Cd 的沉降通量分别是全国水平的 4.04 倍、8.95 倍、12.06 倍，同时，CJ06、CJ07 中 Zn 的沉降通量均超出全国水平的 4 倍以上。此外，Cr、Ni、Hg 的沉降通量均低于全国水平。

（3）大气干湿沉降对土壤重金属元素含量变化的影响。大气干湿沉降降落到土壤中后，对土壤中重金属元素含量的影响可能是正向的，也可能是负向的。由于湿沉降对土壤表层体积不会产生影响，因此，理论上湿沉降都会增加土壤中元素的含量。但干沉降情况相对复杂，如果干沉降中的元素含量高于土壤中的元素含量，那么干沉降会造成表层土壤元素的累积；如果干沉降中的元素含量低于表层土壤的元素含量，那么干沉降就会使土壤中的元素含量降低，起到稀释作用。

在不考虑施肥、灌溉、作物带出等其他的元素输入输出行为，仅考虑大气干湿沉降影响的情况下，可用下式对葫芦岛地区大气干湿沉降 1a 后土壤中重金属元素的含量进行估测：

$$C = \frac{Q_{总}}{W_{干} + W_{土}} + C_{原} \times \frac{W_{干}}{W_{干} + W_{土}}$$

式中：C 为大气干湿沉降输入 1a 后土壤中元素的含量（mg/kg）；$Q_{总}$ 为每平方米土壤中元素的大气干湿沉降年总输入通量（mg）；$W_{干}$ 为每平方米范围内大气干沉降的年输入总质量（kg）；$W_{土}$ 为每平方米土壤耕作层（0～20cm）的质量（kg），按土壤容重 1.4g/cm³ 计算，约为 280kg；$C_{原}$ 为土壤中元素 2016 年的含量（mg/kg）。

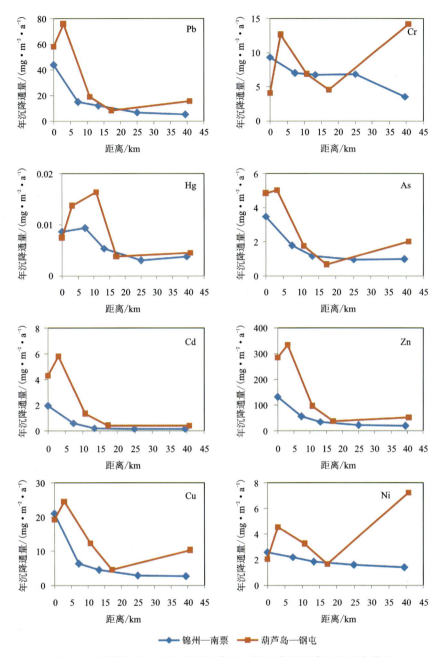

图 4-15　葫芦岛地区大气干湿沉降重金属元素年沉降通量变化特征

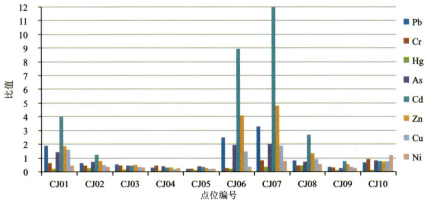

图 4-16　葫芦岛地区大气干湿沉降重金属元素与全国的年沉降通量比值

由大气干湿沉降引起的土壤中重金属元素含量的年净增量 ΔC 则为

$$\Delta C = C - C_{原}$$

由大气干湿沉降引起的各样点表层土壤中重金属元素的年变化量见表 4-11。由表可见，土壤中大多数重金属元素的含量都会因大气干湿沉降而显著增加，同时沿海地区表层土壤重金属的增加量要显著高于内陆地区，其中 CJ07 点位的增加量最高，明显是该剖面所在区域化工冶炼企业影响的结果。

表 4-11 葫芦岛地区大气干湿沉降引起土壤中重金属元素的年变化量　　　　单位：$\mu g/kg$

点位	Pb	Cr	Hg	As	Cd	Zn	Cu	Ni
CJ01	149.580	24.622	−0.001	10.806	6.031	448.707	70.240	5.563
CJ02	47.682	17.072	0.005	4.891	2.005	180.548	18.366	4.500
CJ03	40.156	17.731	0.013	3.243	0.694	116.818	13.751	3.739
CJ04	20.379	17.061	0.003	2.386	0.513	67.666	7.139	2.413
CJ05	11.018	−5.091	−0.004	1.039	0.516	43.382	2.247	−2.733
CJ06	203.119	8.934	0.006	16.120	14.790	1 006.745	65.581	4.931
CJ07	263.945	37.941	0.024	16.586	20.611	1 179.415	83.862	13.309
CJ08	58.837	4.014	0.038	3.432	4.429	312.141	35.449	2.610
CJ09	25.008	7.053	0.004	0.989	1.281	122.602	12.552	1.866
CJ10	30.384	−5.622	−0.040	−0.694	1.184	111.660	13.498	1.367

由于土壤中元素含量级别差异很大，因此，元素增加或减少的量并不能完全说明大气干湿沉降对土壤中重金属元素含量的影响程度。为量化大气沉降对区内土壤重金属元素含量影响的差异，本研究计算了元素含量的增加率。增加率是用于表示土壤中元素年增加量占原有元素含量的百分数，它可以更准确地描述大气干湿沉降对土壤中重金属元素年变化速率的影响，用下式表示：

$$P = 100 \times (\Delta C / C_{原})$$

式中：P 为土壤中元素的年变化率（%）；ΔC 为大气干湿沉降 1a 后，土壤中元素增加或减少的含量；$C_{原}$ 为 2016 年土壤中元素的含量。

葫芦岛地区各样点表层土壤中重金属元素的年变化率见表 4-12。由表可知，年变化率较大的是 Cu、Zn、Pb、Cd 等元素，同时沿海地区的增加率要明显高于内陆地区，其中，CJ07 点位 Pb、Cd、Zn 的年变化率达 0.5% 以上，特别是 Cd 达到 1.6%。由此可见，大气沉降对葫芦岛地区土壤有害元素的累积贡献是不容忽视的，治理沿海地区大气应成为区内土壤污染整治的重要手段。

表 4-12 葫芦岛地区大气干湿沉降引起土壤中重金属元素的年变化率　　　　单位：%

点位	Pb	Cr	Hg	As	Cd	Zn	Cu	Ni
CJ01	0.310	0.041	−0.000 3	0.096	0.096	0.320	0.205	0.022
CJ02	0.099	0.028	0.002	0.043	0.156	0.129	0.054	0.018
CJ03	0.138	0.028	0.021	0.037	0.092	0.149	0.054	0.014
CJ04	0.070	0.027	0.005	0.027	0.124	0.086	0.028	0.009
CJ05	0.038	−0.008	−0.007	0.012	0.233	0.055	0.009	−0.010
CJ06	0.421	0.015	0.003	0.143	0.235	0.717	0.192	0.020
CJ07	0.547	0.063	0.011	0.148	1.604	0.841	0.245	0.053

续表 4-12

点位	Pb	Cr	Hg	As	Cd	Zn	Cu	Ni
CJ08	0.202	0.006	0.062	0.039	0.588	0.398	0.140	0.010
CJ09	0.086	0.011	0.007	0.011	0.309	0.156	0.049	0.007
CJ10	0.104	−0.009	−0.064	−0.008	0.534	0.142	0.053	0.005

(4)土壤重金属元素风险预测。考虑到大气干湿沉降对葫芦岛地区表层土壤重金属的重要影响,根据大气干湿沉降引起各重金属元素含量的年变化量,本研究对区内土壤环境质量状况进行了预测。首先,根据葫芦岛地区土壤中各重金属环境评价结果及沉降通量的变化特征进行分区,对于 Cd 元素,划分为 5 个区进行预测,即重度污染区、中度污染区、轻度污染区、轻微污染区和清洁区;对于其他重金属元素划分为 2 个区,即沿海区(土壤环境综合评价结果为中—重度污染区)和内陆区(土壤环境综合评价结果为轻度污染、轻微污染和清洁区)。

由表 4-13 可知,假设葫芦岛地区沉降速率不发生变化,百年内清洁区土壤中 Cd 会超标,轻度污染区土壤 Cd 污染程度会发展成中度,而中度污染区土壤 Cd 污染发展成重度仅需 19a。对于其他重金属,沿海地区值得关注的为 Zn(表 4-14),预测表层土壤 Zn 在 85a 后超标,而内陆区各项重金属在目前时间尺度上不存在大面积超标风险(表 4-15)。

表 4-13　表层土壤 Cd 污染风险预测

现今土壤环境分区等级	清洁				轻微污染			轻度污染		中度污染
预测污染区等级	轻微污染	轻度污染	中度污染	重度污染	轻度污染	中度污染	重度污染	中度污染	重度污染	重度污染
2016 年土壤含量/($mg \cdot kg^{-1}$)	0.22	0.22	0.22	0.22	0.41	0.41	0.41	0.75	0.75	1.28
土壤风险值/($mg \cdot kg^{-1}$)	0.3	0.6	0.9	1.5	0.6	0.9	1.5	0.9	1.5	1.5
年变化量/($ng \cdot g^{-1}$)	0.85	0.85	0.85	0.85	0.90	0.90	0.90	2.56	2.56	11.31
超限所需年数/a	92	445	798	1504	207	541	1210	57	291	19

表 4-14　沿海区表层土壤重金属污染风险预测

	Pb	Cr	Hg	As	Zn	Cu	Ni
2016 年土壤含量/($mg \cdot kg^{-1}$)	48.25	59.99	0.21	11.24	140.31	34.18	25.15
土壤风险值/($mg \cdot kg^{-1}$)*	90	150	1.8	40	200	50	70
年变化量/($ng \cdot g^{-1}$)	166.082	22.142	0.008	12.101	703.854	59.512	7.075
超限所需年数/a	251	4065	190 491	2376	85	266	6339

*注:GB 15618—2018 中 5.5<pH≤6.5 的土壤风险筛选值,下同。

表 4-15　内陆区表层土壤重金属污染风险预测

	Pb	Cr	Hg	As	Zn	Cu	Ni
2016 年土壤含量/($mg \cdot kg^{-1}$)	90	150	1.8	40	200	50	70
土壤风险值/($mg \cdot kg^{-1}$)	29.16	62.66	0.06	8.76	78.43	25.37	27.18
年变化量/($ng \cdot g^{-1}$)	30.964	5.858	0.003	1.732	129.045	14.106	1.544
超限所需年数/a	1965	14 910	688 412	18 031	942	1746	27 740

由此可见，大气干湿沉降是葫芦岛地区表层土壤中重金属的重要来源之一，其对表层土壤存在潜在威胁，因此它对人类健康的威胁不容忽视。

7. 灌溉水环境地球化学特征

水的重复利用始于农业灌溉，中国很多地方长期以来保持着利用人粪尿及其他废弃污水灌溉农田的习惯，尤其是在缺水的北方地区。符合灌溉水要求的农田灌溉对提高农产品的产量具有非常重要的作用，但由于土壤元素环境容量是定值，长期的灌溉，尤其是污水灌溉对土壤的污染是不能忽视的。

葫芦岛地区采集10件灌溉水样品，其中大部分样品未检出重金属，且除Cd外，其他元素含量均未超出《农田灌溉水质标准》(GB 5084—2005)规定的标准值。位于杨家杖子矿区内GG01点位显示存在超标现象，对该区域水质应进行严格管控，限制其用于农田灌溉。

土壤重金属污染直接影响土壤生态系统的结构和功能，导致土壤生产力下降，从而对农产品品质产生严重影响。土壤重金属具有多源性、累积性、不易迁移性、不能降解性，能够长期存在于土壤中。在现有的治理水平下，原有污染源的排放和新生污染源的增加，必将导致土壤重金属污染的加重。

调查发现，葫芦岛市土壤污染物的来源以工矿企业生产产生的烟尘、粉尘为主，工业废水排放为补充。因而，建议首先针对区域内土壤重金属的主要来源，通过改善生产工艺和综合利用技术，加大工业"三废"处理力度；加强环境监督、监察、监测管理方式，严格防范各种人为的环境污染行为，杜绝污染事故发生；改善区域内大气和水体环境质量，从源头上控制进入土壤的重金属。其次，利用物理工程措施、化学修复、生物修复、农业生态修复等切实可行的方法，因地制宜，综合治理土壤污染，降低或消除土壤中重金属含量，有效改善土壤环境质量，确保农产品质量安全，维护人体健康。对污染严重的土壤，建议改变土地利用类型。

(二)矿产类地球化学异常

矿产类元素较多，包括Au、Ag、Cu、Zn、W、Sn、Bi、Mo、TFe_2O_3、Mn、Co、Be、Rb、La、Y等15种元素(指标)，据元素地球化学性质相似性及其分布的吻合程度，分2个元素组，即表层金属成矿元素组和稀有稀土元素组，对黑土地矿产异常进行评价。两大平原矿产类异常以吉林省香炉碗子地区矿致异常较为典型，对其进行评价如下。

本研究对吉林省香炉碗子局部重金属异常区进行异常评价。香炉碗子异常区位于梅河口市水道乡香炉碗子金矿区。重金属异常查证面积42 km^2，采集表层土壤样品185件，采集农作物10件、根系土10件，用于评价土地生态环境状况。

1. 香炉碗子金矿特征

香炉碗子金矿发现于1821年，曾进行过大规模的勘查与开采。1987—1990年核工业东北地勘局244大队再次勘探，确定其为中型金矿床。

矿区位于敦密大断裂带东侧太古宙辽吉地块内。出露中太古代钾长花岗质片麻岩，局部有中太古代表壳岩和新太古代变质二长花岗岩分布。表壳岩为黑云变粒岩及斜长角闪岩，局部夹磁铁石英岩。发育晚古生代辉绿岩、辉绿玢岩、闪长岩、闪长玢岩等脉岩和晚中生代流纹斑岩、霏细岩脉(图4-17)。

烟囱桥子-龙头东西向脆—韧性剪切带是区内最主要的控岩控矿构造，该剪切带规模大，活动期次多，形成时间长，被多期次脉岩充填。小吉乐-龙头压扭性断裂与该剪切带交会部位发育火山机构，火山喷出岩为流纹质含角砾岩屑晶屑凝灰岩及流纹质熔结凝灰岩，地表出露长1700多米，宽400~500m，长轴呈北东东向展布。在平面上呈纺缍状，断面上呈向中心倾斜的喇叭状，岩石具流动构造，倾角40°~85°。火山岩体中心部位花岗岩呈小岩株状侵入，在岩浆活动期后又产生爆发作用，形成了震碎角砾岩及裂隙。脆—韧性剪切带、角砾岩筒构成区内东西向含矿构造体系。成矿发生在次火山隐爆角砾岩体形成之后，一直持续到霏细岩脉侵入结束。

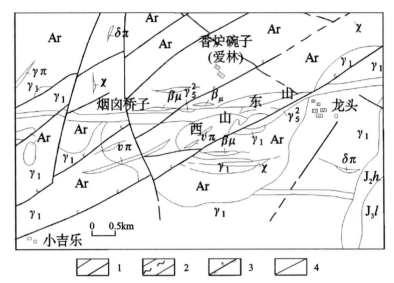

J_3l.侏罗系拉门子组砂砾岩;J_2h.侏罗系侯家屯组砂砾岩;Ar.太古宙变质岩;γ_5^2.燕山期隐爆角砾岩体;ηo_4^3.海西期石英闪长岩;γ_1.太古宙花岗岩;$\beta\mu$.辉绿岩脉;χ.煌斑岩脉;$\delta\pi$.闪长岩脉;$\upsilon\pi$.霏细岩脉;1.东西向脆—韧性剪切带;2.构造片理化带;3.压扭性断裂;4.性质不明断裂。

图4-17 香炉碗子金矿区地质图

矿体主要产于次火山—隐爆角砾岩体(脉)和太古宙花岗质岩石破碎蚀变带内及霏细岩脉的上、下盘。金矿物有自然金、银金矿、金银矿等。金属矿物以黄铁矿为主,其次有方铅矿、闪锌矿、毒砂、辉铋铅矿、辉锑矿、黄铜矿等。围岩蚀变主要有黄铁矿化、硅化、绢云母化、绿泥石化、碳酸盐化等蚀变,以矿化带中心向外可分为黄铁绢英岩化带、弱黄铁绢英岩化带、绢云母化带。矿床属低中温富硫化物型火山爆破角砾岩金矿床。

2. 异常元素特征

异常元素组合为Au、Ag、As、Sb、Hg、Cu、Pb、Zn、Cd、Bi,其中Au、Ag、Hg、Cd异常平均衬值大于1.5,异常规模较大,异常元素含量极大值较异常区中位数高出数倍。按异常ΣNAP值大小排列为:Hg→Ag→Cd→Ag→Pb→Sb→As→Zn→Cu→Bi。Ag、Cd、Hg为金成矿主要伴生元素,As、Sb、Cu、Pb、Zn、Bi为次要伴生组分。异常特征参数列于表4-16。

表4-16 香炉碗子异常元素特征表

元素	异常点数	极大值	中值	平均衬值	面积/km²	ΣNAP
Au	60	425.0	5.75	2.88	15.90	177.56
Ag	39	6.2	0.477	2.98	10.18	56.91
As	19	96.9	21.0	1.40	4.07	10.60
Sb	35	25.8	1.45	1.45	8.66	25.46
Hg	31	29.8	0.274	2.74	8.72	222.86
Cu	21	153.0	46.6	1.17	3.07	7.25
Zn	13	838.0	164.0	1.49	3.34	7.46
Cd	32	28.6	0.491	1.96	6.76	60.00
Pb	25	745.0	47.7	1.36	4.86	31.19
Bi	6	2.23	0.44	1.26	1.59	3.18

异常区总体呈鸭梨状,为北西向展布。Au、Ag 异常分布范围最大,浓度分带明显,内带发育。Cd、Sb、Pb、As、Cu、Zn 异常范围相对较小,呈北东向展布,与 Au、Ag 异常套合(图 4-18)。

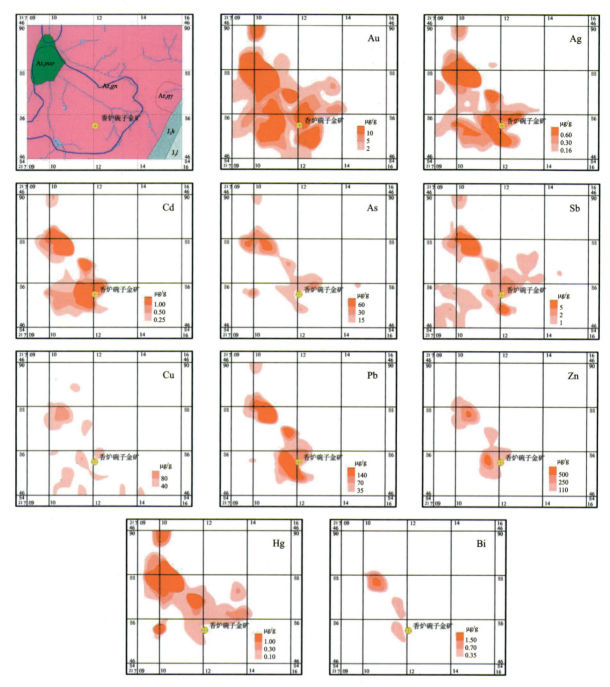

Ar_2msr. 中太古代表壳岩;Ar_2gn. 中太古代钾长花岗质片麻岩;$Ar_3\eta\gamma$. 新太古代变质二长花岗岩;
J_2h. 侏罗系侯家屯组砂砾岩;J_3l. 侏罗系拉门子组砂砾岩。

图 4-18 香炉碗子金矿区异常剖析图

根据异常形态和空间分布,异常可分为南、北两部分。南部异常为香炉碗子金矿原生异常区,Au、Ag 异常围绕金矿床呈环形分布,其中心部位 Cd、Sb、As、Pb、Zn、Cu 异常呈向北西凸出的弧形分布,其中 Cd、Sb、Pb 异常内带发育。北部异常分布于金矿区北西向河流下游地段,属于金矿异常区成矿元素及伴生组分向北西侧向运移形成的次生运移异常。异常沿河流呈椭圆状北西向展布。Au、Ag、Cd、Sb、Pb、Hg 异常内带发育,而且异常规模大。北部次生运移 Hg 异常强度明显高于上游金矿区原生异常区。早期土法采金用 Hg 提取 Au,导致下游冲积物中大量聚集 Hg,形成了高强度的 Hg 异常。

3. 土壤重金属元素赋存特征

香炉碗子金矿异常区土壤样品取自水田水稻根系土,分析 Hg、Cd 化学形态。

土壤汞以残渣态为主,其次为腐殖酸结合态和强有机质结合态,水溶态、离子交换态、碳酸盐结合态、铁锰胶体结合态含量甚微(表 4-17)。残渣态汞占土壤汞全量的 78% 左右,非残渣态总量占 22% 左右,其中腐殖酸结合态和强有机质结合态占 21.50%,水溶态、离子交换态、碳酸盐结合态、铁锰胶体结合态之和所占百分比不足 0.50%。

表 4-17 香炉碗子异常区重金属元素形态含量

元素	样点号	水溶态	离子交换态	碳酸盐结合态	腐殖酸结合态	铁锰胶体结合态	强有机质结合态	残渣态
Hg/ (ng·g^{-1})	LHNT1	3.40	1.02	2.37	41.1	1.73	3.60	192
	LHNT2	1.94	1.58	5.96	29.6	0.95	7.79	115
	LHNT3	4.27	1.58	6.73	474	9.37	338	3668
	LHNT4	5.48	2.81	7.95	1169	3.64	1157	6877
	LHNT5	3.82	5.03	13.0	1027	4.00	1193	9041
	LHNT6	2.99	1.35	8.52	806	3.05	694	6629
	LHNT7	7.74	4.27	10.1	1782	5.66	2537	10 089
	LHNT8	3.89	2.31	4.62	124	1.39	208	322
	LHNT9	6.84	1.89	2.75	104	1.09	3.04	768
	LHNT10	3.16	3.56	3.44	431	1.63	699	1721
Cd/ (μg·g^{-1})	LHNT1	0.001	0.047	0.018	0.029	0.024	0.051	0.032
	LHNT2	0.001	0.036	0.021	0.023	0.025	0.032	0.029
	LHNT3	0.005	0.605	0.082	0.063	0.120	0.143	0.199
	LHNT4	0.011	1.063	0.134	0.069	0.190	0.179	0.306
	LHNT5	0.010	1.125	0.230	0.393	0.249	0.424	0.502
	LHNT6	0.004	0.859	0.151	0.124	0.256	0.279	0.319
	LHNT7	0.012	1.721	0.220	0.090	0.229	0.198	0.559
	LHNT8	0.001	0.071	0.024	0.046	0.033	0.097	0.021
	LHNT9	0.001	0.072	0.022	0.049	0.044	0.093	0.030
	LHNT10	0.001	0.143	0.046	0.067	0.068	0.143	0.071

土壤 Cd 形态中离子交换态含量最高,水溶态 Cd 含量最低,按照含量大小排序为离子交换态>强有机结合态>残渣态>铁锰胶体结合态>碳酸盐结合态>腐殖酸结合态>水溶态。残渣态 Cd 占土壤 Cd 全量的 15% 左右,非残渣态 Cd 含量占全量的 85% 左右,其中离子交换态占 35% 左右,强有机结合态占 20% 左右,铁锰胶体结合态和腐殖酸结合态各占 11% 左右,碳酸盐结合态 8%,水溶态所占百分仅 0.30% 左右(图 4-19)。

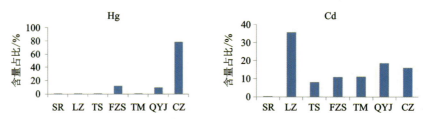

SR.水溶态;LZ.离子交换态;TS.碳酸盐结合态;FZS.腐殖酸结合态;TM.铁锰胶体结合态;QYJ.强有机质结合态;CZ.残渣态。

图 4-19 土壤元素形态含量百分比柱状图

腐殖酸结合态和强有机质结合态为土壤 Hg 的主要活性态,有机结合态 Hg(腐殖酸结合态和强有机质结合态)与土壤 Hg 全量之间具有显著的线性相关关系,有机结合态 Hg 含量随土壤 Hg 全量增加而增加(图 4-20)。

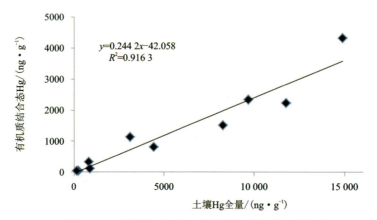

图 4-20 土壤 Hg 全量与有机质结合态 Hg 散点图

离子交换态为土壤 Cd 的主要活性态,离子交换态 Cd 与土壤 Cd 全量之间具有显著的线性相关关系,离子交换态 Cd 含量随土壤 Cd 全量的增加而增加(图 4-21)。

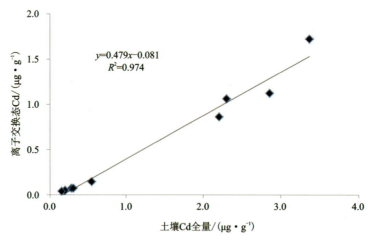

图 4-21 土壤 Cd 全量与离子交换态 Cd 散点图

4. 农作物安全性评价

农作物及农产品安全是指农作物食用与应用无碍于保护生态环境、保障人类健康、维护生物多样性或对生态环境、人类健康、生物多样性能够产生良性影响和作用。农作物在食用与应用中能够对生态环境、人类健康、生物多样性产生良性影响和作用,可称为安全农作物或农产品。评价标准采用食品安全国家标准(GB 2762—2017),Cd 限量标准为 0.2μg/g,Hg 限量标准为 0.02μg/g。

在香炉碗子异常中心区采集了水稻样 10 件,Cd、Hg 含量列于表 4-18。香炉碗子污染区水稻 Hg 含量在 0.003~0.055μg/g 之间,平均值为 0.026μg/g。土壤汞有机质结合态(腐殖酸结合态和强有机质结合态)为土壤 Hg 主要活性态,水稻 Hg 与土壤 Hg 有机质结合态具有显著的线性相关性,相关系数为 0.792(图 4-22)。香炉碗子异常区水田土壤处于酸性还原环境,在酸性条件下腐殖酸结合态 Hg 易被释放,而在水稻生长期季节性还原条件下强有机质结合态 Hg 则相对稳定,腐殖酸结合态 Hg 是水稻 Hg 的主要供给源。

表 4-18 香炉碗子异常区水稻样品 Cd、Hg 含量　　　　单位:μg/g

样品编号	Hg		Cd	
	根系土	水稻	根系土	水稻
LHNZ001	0.242	0.004	0.201	0.004
LHNZ002	0.157	0.003	0.159	0.013
LHNZ003	4.449	0.023	1.296	0.059
LHNZ004	9.697	0.026	2.299	0.011
LHNZ005	11.783	0.032	2.856	0.007
LHNZ006	8.285	0.034	2.205	0.007
LHNZ007	14.862	0.055	3.364	0.031
LHNZ008	0.804	0.016	0.288	0.014
LHNZ009	0.875	0.010	0.315	0.006
LHNZ010	3.105	0.054	0.552	0.006

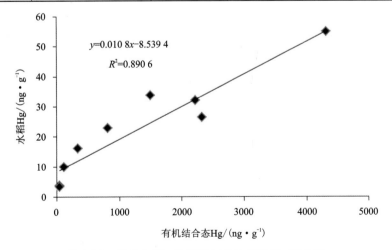

图 4-22　根系土 Hg 有机结合态与水稻 Hg 散点图

香炉碗子重金属异常中心区水稻Cd含量在0.006～0.059μg/g之间,平均值为0.016μg/g。离子交换态为土壤Cd主要活性态,水稻Cd与土壤Cd离子交换态之间可用二次多项式拟合,相关系数为0.8395(图4-23)。

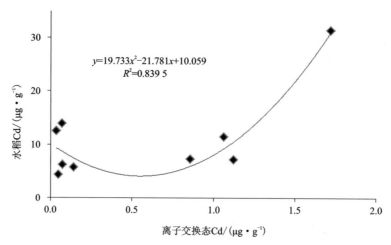

图4-23 根系土Cd离子交换态与水稻Cd散点图

在香炉碗子异常区酸性条件下土壤离子交换态Cd易被释放,而在水稻生长期季节性还原条件下强有机质结合态Cd则相对稳定,离子交换态Cd是水稻Cd的主要供给源。土壤Cd含量在小于1.0μg/g情况下,离子交换态Cd含量较低,水稻Cd含量没有明显的变化规律。土壤Cd含量在大于1.0μg/g情况下,离子交换态Cd含量明显增高,且随土壤Cd含量增加而增加。

5. 耕地土壤质量分类

Hg、Cd、Pb环境质量分为优先保护类、安全利用类和严格管控类,Pb严格管控类范围小,Hg、Cd严格管控类范围较大。As环境质量分为优先保护类、安全利用类。南部金矿区Cd、Pb环境质量以安全利用类为主,局部有Cd严格管控类分布;金矿下游北西向河流与南北向河流交汇处Hg严格管控类分布面积较大,Cd严格管控类分布在北西向河流,Cd安全利用类分布在南北向河流,并与Cd、Pb、As安全利用类叠加。另在水道村东有Hg、Cd安全利用类分布,局部为Hg严格管控类。

将地类图斑内单项指标的最差质量类别作为综合类别,并分为优先保护类、安全利用类和严格管控类。优先保护类分布在金矿区外围;金矿区主要以安全利用类为主,局部为严格管控类;安全利用类和严格管控类沿金矿下游河流分布,断续延伸至水道村,在半截沟两条河流交汇处有大面积严格管控类分布。

评价区内耕地分布面积为1 802.93hm²,其中水田面积316.56hm²,旱地面积1 464.17hm²,园地面积22.20hm²。评价显示,优先保护类面积为1 496.46hm²,其中水田优先保护类面积228.01hm²,旱地优先保护类面积1 255.90hm²,园地优先保护类面积12.54hm²。安全利用类面积为174.52hm²,其中水田安全利用类面积35.92hm²,旱地安全利用类面积132.99hm²,园地安全利用类面积5.60hm²。严格管控类面积为131.95hm²,占总耕地面积的7.32%,其中水田严格管控类面积52.63hm²,占评价区水田面积的16.61%;旱地严格管控类面积75.28hm²,占评价区旱地面积的5.14%;园地严格管控类面积4.05hm²,占评价区园地面积的18.25%(表4-19)。

Cd和Hg是影响土壤环境质量的主要污染指标。水田严格管控类区水稻Cd均未超标,生态风险较低;而水稻Hg超标,已造成生态危害,急需采取污染修复、种植结构调整和退耕还林等控制措施,科学利用土地资源。

表 4-19 耕地土壤环境质量类别统计表　　　　　　　　　　单位:hm²

土地类型	类别	As 分类	Hg 分类	Pb 分类	Cd 分类	综合分类
水田	优先保护类	283.15	242.38	286.27	234.05	228.01
水田	安全利用类	33.42	21.56	30.18	61.52	35.92
水田	严格管控类		52.63	0.11	20.99	52.63
旱地	优先保护类	1 429.04	1 401.18	1 394.32	1 279.15	1 255.90
旱地	安全利用类	35.13	5.96	68.18	148.27	132.99
旱地	严格管控类		57.03	1.67	36.75	75.28
园地	优先保护类	22.20	22.20	18.15	12.54	12.54
园地	安全利用类			4.05	5.60	5.60
园地	严格管控类				4.05	4.05
合计	优先保护类	1 734.38	1 665.76	1 698.74	1 525.75	1 496.46
合计	安全利用类	68.55	27.51	102.41	215.39	174.52
合计	严格管控类		109.65	1.78	61.79	131.95

三、土壤地球化学分区

(一)分区方法和依据

黑土地平原区包括松嫩平原、辽河平原和三江平原。不同流域来源物质的不同是造成地球化学区域分布不均的主要控制因素。同一流域内,不同区域微地貌是引起地球化学分布进一步复杂化的主要原因。人类生产活动还会导致小范围内表层土壤地球化学异常。根据土地质量地球化学调查结果,把元素在空间上富集和贫化的现象划分成地球化学分区,以便于在有关资源勘查、异常评价以及生态环境研究中作为基础背景应用。

东北黑土地土壤地球化学分区是对长期地质历史过程中地球表生环境在各种地质及人类活动作用下所形成的性质不同的地区化学场进行划分,主要依据表层土壤元素分布特征,并结合构造特征、成土母质(地质背景)、地貌景观特征等进行的。东北黑土地可划分为9个地球化学分区及26个亚区,详见图 4-24。

(二)地球化学场区特征

1. 嫩江流域地球化学区(Ⅰ区)

嫩江流域地球化学区主控河流为嫩江,面积约 126 000 km²,位于松嫩平原西侧,物质主要来源于其西侧大兴安岭东坡。根据地球化学分布特征及地貌类型,嫩江流域地球化学区被划分为4个部分,由北至南分别记作Ⅰ-1、Ⅰ-2、Ⅰ-3、Ⅰ-4。

Ⅰ-1区位于嫩江流域地球化学区北部,面积约 51 274 km²,物质来源于大兴安岭、小兴安岭南坡。Br、C_{org}、N、TC 较黑土地地球化学背景强烈富集,富集系数大于 1.4;As、Bi、Co、Cu、TFe_2O_3、I、

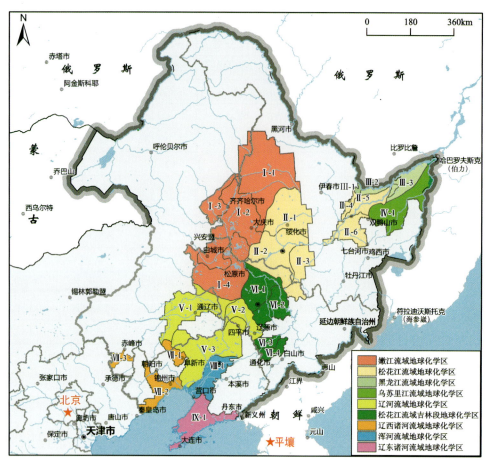

图 4-24　东北黑土地土壤地球化学分区图

Mn、Mo、Ni、P、S、Sc、Ti、V、W 等 15 项地球化学指标相较于黑土地中弱富集(1.2<富集系数<1.4);其余地球化学指标与黑土地背景相当。Ⅰ-1 区地貌类型以高平原为主,土壤类型主要为典型黑土和少量暗棕壤,其地球化学具有东北地区典型黑土中酸性、有机质以及多种营养元素丰富的特征。

Ⅰ-2 区位于嫩江流域地球化学区中部,物质来源于嫩江及其支流从上游,地貌类型以冲积平原为主。该区土壤全 Ca 含量是黑土地的 3.25 倍,表现出强烈的富集作用;Br、Cl、Sr 表现出中弱富集特征;B、Co、Cr、Hg、Mn、P、Se、Ti、Zn 较黑土地中弱贫化。Ⅰ-2 区总体地势低,嫩江自北侧流入该区后,水动力显著减弱,蒸发作用明显,盐度逐渐增加,土壤趋于碱化是造成其现在地球化学特征的主要因素。

Ⅰ-3 区位于嫩江流域地球化学区西侧,面积约 9619km^2,地貌类型以低海拔丘陵、低海拔台地以及少量的山前低海拔平原为主,物质主要来源于大兴安岭东坡。该区 CaO 含量是黑土地背景值的 1.93 倍,为强烈富集元素;As、Co、TFe$_2$O$_3$、I、Mn、Mo、Sb、Sc、V 等元素(氧化物)表现出中弱富集;Cl 和 Hg 显示出中弱贫化,富集系数分别为 0.73 和 0.78。铁族元素 TFe$_2$O$_3$、Co、V、Mn 以及金属成矿元素 As 和 Sb 的富集,显示出 Ⅰ-3 区地球化学主要控制因素为来自大兴安岭东坡的成土母质。

Ⅰ-4 区位于嫩江流域地球化学区南部,面积约 33 898km^2,地貌类型以零星低海拔台地分布在低海拔平原之上。该区强烈富集元素(氧化物)包括 CaO 和 Cl,富集系数分别为 2.69 和 2.01;中弱富集元素为 Br,富集系数为 1.21;强烈贫化元素(氧化物)包括 Bi、Co、C$_{org}$、Cr、TFe$_2$O$_3$、Hg、Mn、Ni、Sc、Zn;中弱贫化元素有 As、Be、Ce、Cu、F、Ga、La、Li、Mo、N、Nb、P、S、Sb、Se、TC、Th、Ti、U、V、W、Y。Ca 的强烈富集源自该区土壤类型以黑钙土为主,有机质和大量营养元素的贫化可能是成土母质在长期搬运过程中不断流失导致的。

2. 松花江流域地球化学区（Ⅱ区）

根据物质来源的不同，松花江流域地球化学区被分为 6 个地球化学亚区，其中Ⅱ-1、Ⅱ-2 和Ⅱ-3 位于松嫩平原东部，物质主要来源于小兴安岭西坡，而Ⅱ-4、Ⅱ-5 和Ⅱ-6 位于三江平原东侧，成土母质主要来源于小兴安岭东坡。松花江流域地球化学区总面积约 93 087km^2，是仅次于嫩江流域地球化学区的第二大地球化学区。

Ⅱ-1 区位于松花江流域地球化学松嫩平原部分的北边，面积约 25 030km^2，地貌以低海拔台地为主，土壤母质主要来自小兴安岭南端西坡。该区 Br、Corg、I、N、P、TC 较黑土地强烈富集；Cr、TFe$_2$O$_3$、Mn、Ni、S、Se 呈中弱富集；其余地球化学指标均与黑土地土壤背景值相当。Ⅱ-1 区土壤类型以典型黑土和少量草甸土为主，这两种类型土壤内均含有较为丰富的有机质和多种营养元素，这是该区地球化学特征的主要影响因素。

Ⅱ-2 区面积约 30 466km^2，位于松花江两岸，其成土母质主要来源于嫩江以及松花江吉林段携带来的冲积物。该区地貌类型为零星的低海拔台地分散在低海拔平原之上。Ⅱ-2 区强烈富集的元素仅为 Ca，富集系数为 1.81。较其上游嫩江流域地球化学区，水动力条件加强，并有来自松花江吉林段的河流冲积物混入，土壤中 Ca 含量显著降低。中弱富集的元素（氧化物）包括 I 和 MgO，富集系数分别为 1.36 和 1.23。由于该区成土母质来源于嫩江流域和松花江流域吉林段等广泛地区，是不同区域物质混合的结果，同时，土壤类型以富饶的典型黑土为主，故除 Ca、I 和 Mg 表现出一定的富集作用外，其他地球化学指标与黑土地相当。

Ⅱ-3 区面积约 13 896km^2，位于松嫩平原东部，地形地貌较为复杂，包括小起伏低山、低海拔丘陵、低海拔台地以及分布其间狭长的低海拔平原，河流侵蚀和冲积作用均发育，物质主要来源于区内大青山以及东侧的张广才岭西坡。Ⅱ-3 区强烈富集的元素（指标）包括 Cd、Corg、Hg、Mn、Mo、N、P、TC 等；中弱富集的元素有 Bi、S、Se、Ti、W、Zn；其余地球化学指标与黑土地背景接近。该区有机质以及 N、P 等营养元素富集的主要原因可能是区内土壤类型以暗棕壤为主，而 Cd、Hg、Bi、Se、Mo 等金属成矿元素和分散元素的富集原因与区内人类矿业活动以及成土母质来源相关。

Ⅱ-4 区位于三江平原西部，物质来源于小兴安岭东坡，地貌类型以低海拔丘陵和低海拔台地为主，面积约 2489km^2。该区 Corg 和 U 强烈富集，富集系数分别为 1.42 和 1.58；中弱富集的元素既有土壤中的营养元素也包含多种金属成矿元素以及放射性元素，主要包括 Bi、Co、Cr、TFe$_2$O$_3$、Li、Mn、Mo、N、Nb、P、Sb、Sc、Th、Ti、Tl、V、Y 等；该区中弱贫化的元素有 Ca、Mg 和 Cd，无强烈贫化元素。Ⅱ-4 区内丘陵区林木发育，土壤类型以暗棕壤为主，有机质和营养元素较为富集；而铁族元素、金属成矿元素富集主要原因为成土母质来源受控于地质背景；而放射性元素和部分金属元素的富集可能与该区煤系地层和煤矿开采活动相关。

Ⅱ-5 区分布在三江平原内松花江两岸，面积约 9203km^2，地貌以低海拔平原为主，物质来源除来自松花江上游外，中途还有蚂蜒河和呼兰河从张广才岭周边携带来的冲积物。该区 Corg 和 U 中弱富集，富集系数分别为 1.21 和 1.39；Cd 中弱贫化；Br 和 I 强烈贫化，富集系数分别为 0.56 和 0.41。Ⅱ-5 区绝大多数地球化学指标与黑土地背景值相近，与其物质来源丰富一致。Corg 和 U 的富集是受Ⅱ-4 区物质来源控制，然而与其他来源物质混合后，发生了一定程度的稀释。卤族元素 Br 和 I 贫化可能与该地区长期经受河流冲刷作用有关。

Ⅱ-6 区位于三江平原西南侧，连接松嫩平原和三江平原，面积约 12 003km^2，地貌类型为低海拔丘陵、低海拔台地和其间狭长的低海拔平原。区内土壤类型丰富，主要有暗棕壤、草甸土、典型黑土和白浆土等。Ⅱ-6 区强烈富集的元素为 Mn，富集系数 1.5；中弱富集元素（氧化物）有 Bi、Co、Corg、Cr、TFe$_2$O$_3$、Mn、Nb、Sb、Sc、Se、Th、Ti、U、W、Y；无贫化元素。该区土壤地球化学特征主要控制因素为丰富的土壤类型，同时，铁族元素以及其他金属成矿元素的富集与完达山周边地质背景相关；而放射性元素 U 和 Th 的富集可能与煤系地层相关。

3. 黑龙江流域地球化学区（Ⅲ区）

黑龙江流域地球化学区面积约 12 961 km²，位于黑龙江沿岸，隶属三江平原。该区成土母质物质主要来源于黑龙江自西侧上游携带的冲积物。根据地貌类型以及地球化学特征，该区被划分为 3 个亚区，由西向东依次记作Ⅲ-1、Ⅲ-2 和Ⅲ-3。

Ⅲ-1 位于黑龙江地球化学区最西端，面积仅 759 km²，低海拔丘陵和低海拔台地是其主要地貌类型，土壤类型以暗棕壤和沼泽土为主。该区强烈富集元素（指标）有 B、Bi、C_{org}、Mo、N、P、Sb、Se、Tl、U；中弱富集元素（氧化物）包括 As、Be、Co、Cr、TFe_2O_3、Ga、Hg、Li、Pb、Rb、Sc、Sn、TC、Th、Ti、V、W；中弱贫化元素仅有 Ca，富集系数为 0.71。该区土壤呈酸性，有机质富集程度高（富集系数 2.42），N、P 等土壤养分元素充足；大量的金属成矿元素和铁族元素的富集指示该区成土母质受到地质背景影响较大；而放射性元素以及分散元素的富集可能与周围煤系地层和煤矿开采有一定的联系。

Ⅲ-2 区位于黑龙江流域地球化学区中段，面积约 2947 km²，主体地貌是低海拔平原，物质主要来源于黑龙江上游，土壤类型以草甸土和少量白浆土为主。该区中弱富集元素为 P 和 U，富集系数分别为 1.26 和 1.22；I 强烈贫化，富集系数为 0.52；中弱贫化元素（氧化物）有 Au、Br、CaO、Cd、MgO。Ⅲ-2 区位于Ⅲ-1 区下游，富集元素 P 和 U 具有一定的继承性；然而由于该区河流作用明显，土壤中砂质含量增加，营养元素含量相对减少。

Ⅲ-3 区位于黑龙江下游南岸，面积约 9255 km²，地貌类型仍以低海拔的冲积平原为主，较Ⅲ-2 区，该区土壤类型除草甸土和白浆土外，还发育大量的沼泽土。强烈富集的元素（指标）有 C_{org} 和 N，富集系数分别为 1.57 和 1.58；中弱富集元素（指标）有 Bi、Hg、Mo、P、Sc、Se、TC、Th、Ti、U、V、W、Y；中弱贫化元素（氧化物）包括 Br、CaO、Cd、MgO；强烈贫化元素仅有 I，富集系数为 0.57。较Ⅲ-2 区，该区 I、Br、Cd、Mg 等元素的贫化具有明显的继承性，然后该区有机质积累较多，多种营养元素，如 N 和 P 等开始富集；同时，该区物质来源更加丰富，除来自黑龙江上游冲积外，还有来自其南部完达山山脉北麓低山丘陵区的物质补充，故铁族元素、稀有稀土元素、放射性元素、钨钼族以及多种金属成矿元素均出现不同程度的富集。

4. 乌苏里江流域地球化学区（Ⅳ区）

乌苏里江流域地球化学区位于三江平原最东侧，面积约 22 145 km²，地貌以冲积平原为主，物质主要来源于其南侧的完达山山脉，土壤类型多样，主要有沼泽土、草甸土、白浆土以及零星分布的典型黑土。Ⅳ区强烈富集元素（指标）有 C_{org}、N、Se、TC、U 等；中弱富集元素包括 B、Bi、Co、Cr、Cu、Li、Nb、Ni、P、Sc、Th、Ti、V、W、Y；中弱贫化元素为 I，富集系数为 0.72。该区地表水丰富，大量出现的沼泽土和草甸土富集了大量的有机质，土壤呈现酸性，营养元素 N、P 等富集；铁族元素和金属成矿元素等的富集是受其南侧完达山山脉物质来源的地质背景所控制的。

5. 辽河流域地球化学区（Ⅴ区）

辽河流域地球化学区位于辽宁省、吉林省和内蒙古自治区三省（区）交界，总面积约 74 974 km²。该区物质来源以西部的风积沙土和河流冲积物为主，土壤砂质含量较高，营养元素含量总体偏低。根据区内地球化学特征以及地形地貌等因素，辽河流域地球化学区被划分为 3 个亚区，分别记作Ⅴ-1、Ⅴ-2 和Ⅴ-3。

Ⅴ-1 区位于辽河平原西北端，主体位于内蒙古通辽市，面积约 27 443 km²，物质来源主要受西辽河流域控制，隶属西辽河平原。该区地貌类型以低海拔平原为主，土壤类型为潮土、栗钙土和零星的风沙土。该区 Br、I、N 为强烈富集元素，富集系数分别为 10.74、9.21 和 3.52；Se 为中弱富集元素，富集系数为 1.24；其余 23 项地球化学指标强烈贫化，主要包括 Ce、Co、C_{org}、Cr、Cu、F、Ga、Hg、La、

MgO、Mn、Mo、Na$_2$O、Nb、Ni、P、Sc、Th、Ti、U、V、Y、Zn；12项地球化学指标中弱贫化，包括Al$_2$O$_3$、Au、Be、Bi、Cd、TFe$_2$O$_3$、Li、Pb、Sn、Sr、TC、W；与黑土地地球化学背景值相近的地球化学指标包括Ag、As、B、Ba、CaO、Cl、Ge、K$_2$O、Rb、S、Sb、SiO$_2$、Tl、Zr等。成土母质经过长距离河流和风搬运后，粒度和成分分选度高，营养元素以及易溶组分纷纷流失，是造成V-1区多种地球化学元素和指标贫化的主要原因；Br、I、N的富集可能与该区强烈的蒸发作用使得河流中的盐分局部富集有关。

V-2区位于辽河平原的东北部，隶属东辽河平原，面积约10 410 km^2。区内地貌类型西部以低海拔平原为主；东部地形起伏变大，以低海拔台地和低海拔丘陵为主。土壤类型在V-2区内也具有明显的地带性，西部以风沙土和草甸土为主，中部以黑钙土和典型黑土为主；而东部的土壤类型以暗棕壤、草甸土和白浆土为主。该区地球化学特征由西向东具有一定的变化特征，介于本研究从区域的角度划分地球化学分区，对V-2区并未作进一步细分。区内强烈富集的元素（氧化物）主要有As、Au、B、Br、TFe$_2$O$_3$、I、N、Sb、Se、W、Zr；中弱富集元素（指标）包括Bi、Cd、Cl、Pb、Sn、TC；中弱贫化元素（氧化物）有CaO、Ce、Ga、K$_2$O、MgO、Na$_2$O、Sc、Zn；强烈贫化元素为Hg，其含量仅0.029 mg/kg，远低于黑土地背景值。区内多种铁族元素、金属成矿元素、钨钼族等富集是受地质背景所控制，富集区主要集中在V-2区东部；而卤族元素等富集主要与强烈蒸发作用相关，集中分布在V-2区西部。

V-3区位于辽河流域地球化学区南部，面积约37 121 km^2，隶属下辽河平原。区内地貌西部和东部以低海拔丘陵和低海拔台地为主，中部和南部以低海拔平原为主。区内西部土壤类型以褐土为主，东部以棕壤和草甸土，中部和南部以潮土和草甸土为主。该区中弱富集元素为Cd，富集系数1.21；强烈贫化元素（指标）主要有C$_{org}$、N和TC；中弱贫化元素包括As、Br、Li、Mn、P、S、Se、U和W等。总体而言，V-3区物质来源以河流冲积物为主，缺乏有机质和土壤养分元素，该区西部和东北部地球化学特征在一定程度上受地质背景影响。

6. 松花江流域吉林段地球化学区（Ⅵ区）

松花江流域吉林段地球化学区位于吉林省中部，总面积约38 893 km^2，主要被松花江吉林段（原第二松花江）控制，隶属松嫩平原东南部。根据地球化学特征、地形地貌以及土壤类型等，松花江吉林段地球化学区被划分为4个组成部分（附表15），由北至南依次记作Ⅵ-1、Ⅵ-2、Ⅵ-3和Ⅵ-4。

Ⅵ-1区位于松花江流域吉林段地球化学区最北部，面积约16 602 km^2。地貌类型以低海拔台地和低海拔平原为主，土壤类型从西北至东南依次为风沙土、黑钙土、草甸土和典型黑土。CaO呈强烈富集，富集系数1.51；Cl呈中弱富集，富集系数为1.24；中弱贫化元素（指标）为N、S和TC，富集系数分别为0.78、0.72和0.79；无强烈贫化元素。该区各元素和地球化学指标与黑土地背景值相当，CaO的强烈富集与大面积黑钙土的出现相关，Cl呈中弱富集可能是受嫩江流域地球化学区南部的影响。

Ⅵ-2区位于Ⅵ-1区东南部，两者被古老地层分割，面积约13 212 km^2。区内主要地貌类型为小起伏低山、低海拔丘陵、低海拔台地和狭长的低海拔平原，土壤类型包括暗棕壤、白浆土、草甸土以及少量的典型黑土及水稻土。本区强烈富集元素包括Hg、Mn，富集系数分别为1.95和1.58；中弱富集元素包括As、Cd、Co、Mo、Sn、W、Zn；相较于黑土地，该区无贫化元素。Ⅵ-2区富集元素主要为铁族元素、钨钼族以及金属成矿元素，主要是地质背景决定的。

Ⅵ-3区位于辽源市东部和通化市西部，地形为一北东-南西向小盆地，面积约3997 km^2。该区地貌以低海拔台地和低海拔平原为主，土壤类型比较丰富，主要有白浆土、草甸土、暗棕壤以及水稻土。区内强烈富集元素有Hg、Mn、Mo，富集系数均为1.43；中弱富集元素（氧化物）有As、B、Bi、Co、TFe$_2$O$_3$、Li、P、Se、Ti、U、Zn；中弱贫化元素为Br和Ca，富集系数为0.79和0.69。该区富集元素主要为铁族元素、稀有稀土元素、放射性元素、钨钼族以及部分金属成矿元素，指示其主要受控于地质背景，这与其物质来源于周边古老地层相符。

Ⅵ-4区位于通化市中部，是松花江吉林段地球化学区最南部分，面积约5.82 km^2。该区地形变化较大,主体地貌有中起伏中山、小起伏中山、低海拔丘陵、低海拔台地以及少量狭长的低海拔平原,土壤类型以暗棕壤、棕壤、水稻土以及少量草甸土为主。区内强烈富集元素(指标)包括 Cd、Co、C_{org}、Cr、Hg、Mn、Mo、N、P、S、TC、Zn;中弱富集元素(氧化物)主要有 B、Cu、TFe_2O_3、I、Li、MgO、Ni、Sc、Se、Ti、V;无贫化元素。区内大面积出现的暗棕壤、棕壤和草甸土可能是导致土壤富集 C_{org}、N、P、S、TC 等元素(指标)的主要原因;而铁族元素(如 Ti、V、TFe_2O_3、Mn、Ni 等)以及其他金属成矿元素(如 Cu、Zn、Hg 等)的富集则可能是受地质背景控制的。

7. 辽西诸河流域地球化学区(Ⅶ区)

辽西诸河流域地球化学区总面积约 19 349 km^2,主要控制河流为辽西及内蒙古自治区多条二级河流。该区被划分为 3 个组成部分,分别记作Ⅶ-1、Ⅶ-2 和Ⅶ-3。

Ⅶ-1 区位于通辽市、阜新市和朝阳市交界处,面积约 4451 km^2。区内地形复杂,主要地貌类型包括小起伏低山、低海拔丘陵、低海拔台地等,土壤类型以褐土为主。区内强烈富集元素为 Cd,富集系数为 1.41;中弱富集元素有 Ca、Na、Sr 和 Zr,富集系数依次为 1.38、1.24、1.22 和 1.38;强烈贫化元素(指标)有 C_{org}、N、P、TC,富集系数分别为 0.40、0.42、0.57 和 0.40;中弱贫化元素有 As、Bi、Br、F、Hg、La、Li、Mn、S、Se、U、W、Zn。该区出现的大量贫化元素与地质背景相关,加之贫瘠土壤阻碍植被生长,营养元素进一步流失。

Ⅶ-2 区位于朝阳市、葫芦岛市和锦州市交界处,面积约 11 776 km^2,地貌类型复杂,主要包括小起伏低山、低海拔丘陵和低海拔台地等,土壤类型主要有褐土、棕壤、粗骨土等。强烈富集元素有 Cd 和 Hg,富集系数分别为 1.84 和 1.51;中弱富集元素有 Au、Cu、Mo 和 Zn,富集系数依次为 1.24、1.25、1.38 和 1.21;强烈贫化元素(指标)有 C_{org}、N 和 TC,富集系数为 0.46、0.55 和 0.47;中弱贫化元素为 Br 和 S,富集系数均为 0.7。该区地形变化复杂,土壤相对贫瘠,地球化学特征受控于地质背景。

Ⅶ-3 区位于赤峰市南部,面积仅 3122 km^2。区内地形变化复杂,地貌类型主要有中起伏中山、小起伏中山,土壤类型以棕壤和褐土为主。区内强烈富集元素为 Ca,富集系数 1.65;中弱富集元素为 Ag、B 和 Hg,富集系数依次为 0.89、0.90 和 0.77;中弱贫化元素有 S 和 Se,富集系数为 0.79 和 0.76;无强烈贫化元素。该区与辽西诸河流域地球化学区其他两个亚区相似,地球化学特征主要受控于地质背景。

8. 浑河流域地球化学区(Ⅷ区)

浑河流域地球化学区纵穿沈阳市、辽阳市、鞍山市盘锦市和营口市,总面积约 2207 km^2,其主要控制河流为浑河。区内地形相对平缓,主要地貌为低海拔平原,土壤类型以草甸土、棕壤和水稻土为主。区内强烈富集元素有 Au、Cd、Cu 和 Hg,富集系数分别为 1.82、1.81、1.48 和 1.78;中弱富集元素(氧化物)有 Ag、B、Bi、Co、Cr、TFe_2O_3、MgO、Ni、Pb、Sb、Zn;中弱贫化元素(指标)有 Br、C_{org}、N、TC;无强烈贫化元素。该区有机质贫化,富集的多种地球化学指标主要受到沈阳、铁岭、葫芦岛等城市周边人类活动影响。

9. 辽东诸河流域地球化学区(Ⅸ区)

辽东诸河流域地球化学区位于辽宁省东南部,主要分布在营口市、大连市以及丹东市的南部,总面积约 18 956 km^2。区内地形变化大,主要地貌类型有小起伏低山、中起伏低山、低海拔丘陵,以及少量的低海拔平原,土壤类型以棕壤和草甸土为主。区内 Cd 和 Cl 为强烈富集元素,富集系数为 1.45 和 1.40;中弱富集元素包括 Au、Hg、I 和 Sr,富集系数依次为 1.31、1.35、1.33 和 1.21;中弱贫化元素(指标)为 Br、C_{org}、N 和 TC,富集系数分别为 0.70、0.61、0.64 和 0.60。全区土壤有机质含量低,富集的多种元素主要分布在各城市周边及沿海地带,可能是由人类活动造成的。

第五章 黑土地地球化学质量特征

第一节 土壤养分丰缺状况

土壤养分是土壤为植物生长供应的各种养分,其丰缺程度及供给能力直接影响作物的生长发育和产量。因此,了解土壤养分元素的地球化学特征,客观分析土壤养分元素的空间分布规律,评价土壤养分等级,对调节微量元素循环、改善种植物产量与品质以及精准施肥等具有重要的指导意义。

一、土壤养分单指标评价

(一)大量元素丰缺评价

大量元素包括 N、P、K、有机质、Ca(以 CaO 计)和 Mg(以 MgO 计),依据《土地质量地球化学评价规范》(DZ/T 0295—2016),将土壤大量元素分为 5 个级别,不同等级分布面积及比例见表 5-1 和表 5-2。

表 5-1 松辽平原大量元素单指标等级评价面积及占比

元素		丰富	较丰富	中等	较缺乏	缺乏
N	面积/km²	88 400	63 860	110 920	50 648	80 140
	占比/%	22.44	16.21	28.15	12.86	20.34
P	面积/km²	49 828	47 368	100 400	118 796	77 576
	占比/%	12.65	12.02	25.48	30.15	19.69
K	面积/km²	39 964	256 984	95 776	1164	80
	占比/%	10.14	65.23	24.31	0.30	0.02
有机质	面积/km²	75 868	56 112	81 324	115 656	65 008
	占比/%	19.26	14.24	20.64	29.36	16.50
CaO	面积/km²	31 392	57 532	209 652	91 592	3800
	占比/%	7.97	14.60	53.22	23.25	0.96
MgO	面积/km²	14 536	36 836	169 284	129 312	44 000
	占比/%	3.69	9.35	42.97	32.82	11.17

表 5-2 三江平原大量元素单指标等级评价面积及占比

元素		丰富	较丰富	中等	较缺乏	缺乏
N	面积/km²	31 916	16 564	12 436	1944	408
	占比/%	50.45	26.18	19.66	3.07	0.64
P	面积/km²	10 856	19 624	25 300	7156	332
	占比/%	17.16	31.02	39.99	11.31	0.52
K	面积/km²	480	33 888	28 780	104	16
	占比/%	0.76	53.56	45.49	0.16	0.03
有机质	面积/km²	28 732	18 016	12 728	3608	184
	占比/%	45.41	28.48	20.12	5.70	0.29
B	面积/km²	228	256	4176	44 228	14 380
	占比/%	0.36	0.40	6.60	69.91	22.73
Mo	面积/km²	14 760	17 928	13 088	11 108	6384
	占比/%	23.33	28.34	20.69	17.56	10.09
Zn	面积/km²	4408	13 004	15 488	22 016	8352
	占比/%	6.97	20.55	24.48	34.80	13.20
Cu	面积/km²	3036	15 844	16 772	19 492	8124
	占比/%	4.80	25.04	26.51	30.81	12.84
F	面积/km²	412	5084	6684	26 528	24 560
	占比/%	0.65	8.04	10.56	41.93	38.82
Mn	面积/km²	31 656	7888	7668	8196	7860
	占比/%	50.03	12.47	12.12	12.95	12.42
I	面积/km²	0	100	29 864	16 440	16 864
	占比/%	0.00	0.16	47.20	25.98	26.65
CaO	面积/km²	468	2108	24 600	35 916	176
	占比/%	0.74	3.33	38.88	56.77	0.28
MgO	面积/km²	144	700	10 580	49 956	1888
	占比/%	0.23	1.11	16.72	78.96	2.98
Se	面积/km²	0	2704	49 592	9140	1832
	占比/%	0.00	4.27	78.38	14.45	2.90
pH	面积/km²	28	4304	6808	50 808	1320
	占比/%	0.04	6.80	10.76	80.31	2.09

1. 氮元素丰缺状况

对东北地区两大平原表层土壤氮元素评价显示：松辽平原全氮总体表现为适中，以中等—缺乏为主。其中丰富土壤面积为 88 400 km², 占总面积的 22.44%，主要分布在黑龙江省、吉林省的东部地区，土壤类型以暗棕壤、沼泽土、白浆土为主；较丰富土壤面积为 63 860 km², 占总面积的 16.21%，土壤类型以草甸土、黑土为主；中等土壤面积为 110 920 km², 占总面积的 28.15%，分布在吉林省和辽宁省的中东部地区，土壤类型主要为黑钙土、水稻土和棕壤；较缺乏土壤面积为 50 648 km², 占总面积的 12.86%，土壤类型主要为栗钙土和盐碱土；缺乏土壤面积为 80 140 km², 占总面积的 20.34%，主要分布在吉林省和辽宁省的西部地区，土壤类型主要有潮土、风沙土、褐土。

三江平原全氮总体丰富，以丰富—中等为主。其中丰富土壤面积为 31 916 km², 占总面积的 50.45%，主要分布在三江平原的中东部地区，土壤类型以暗棕壤、沼泽土、白浆土为主；较丰富土壤面积为 16 564 km², 占总面积的 26.18%，土壤类型以草甸土、黑土为主；中等—缺乏土壤面积仅为 14 788 km², 仅占总面积的 23.37%，分布在三江平原的西部地区。

2. 磷元素丰缺状况

对东北地区两大平原表层土壤磷元素评价显示：松辽平原土壤全磷呈一定程度缺乏，以中等—缺乏为主。其中丰富土壤面积为 49 828 km², 仅占总面积的 12.65%，主要分布在黑龙江省、吉林省的东部地区；较丰富土壤面积为 47 368 km², 占总面积的 12.02%，以暗棕壤为主；中等土壤面积为 100 400 km², 占总面积的 25.48%，分布在吉林省和辽宁省的中部地区，主要有白浆土、草甸土、黑土、水稻土、沼泽土和棕壤；较缺乏土壤面积为 118 796 km², 占总面积的 30.15%，主要为褐土、黑钙土和盐碱土；缺乏土壤面积为 77 576 km², 占总面积的 19.69%，主要分布在黑龙江省、吉林省和辽宁省的西部地区，主要有潮土、风沙土和栗钙土。其中，中等—缺乏土壤面积占总面积的 75.33%。

三江平原土壤全磷总体表现为适中，以较丰富—中等为主。其中丰富土壤面积为 10 856 km², 仅占总面积的 17.16%；较丰富土壤面积为 19 624 km², 占总面积的 31.02%，以暗棕壤为主；中等土壤面积为 25 300 km², 占总面积的 39.99%，分布在三江平原的大部分地区，主要有白浆土、草甸土、黑土、水稻土、沼泽土和棕壤；较缺乏土壤面积为 7156 km², 仅占总面积的 11.31%，主要为褐土、黑钙土和盐碱土；缺乏土壤面积仅为 332 km², 占总面积的 0.52%。其中，较丰富—中等土壤面积占总面积的 71.01%

3. 钾元素丰缺状况

对东北地区两大平原表层土壤钾元素评价显示：两大平原土壤全钾总体较丰富。松辽平原丰富土壤面积 39 964 km², 占总面积的 10.14%，主要分布在黑龙江和吉林省的西部地区；较丰富土壤面积 256 984 km², 占总面积的 65.23%；中等土壤面积 95 776 km², 占总面积的 24.31%；较缺乏—缺乏土壤面积仅为 1244 km², 仅占总面积的 0.32%。三江平原土壤全钾丰富土壤面积 476 km², 仅占总面积的 0.76%；较丰富土壤面积 33 888 km², 占总面积的 53.56%；中等土壤面积 28 780 km², 占总面积的 45.49%；较缺乏—缺乏土壤分布面积很小，仅在局部地区零星分布。

4. 有机质丰缺状况

对东北地区两大平原表层土壤有机质评价显示：两大平原土壤有机质含量差异明显。松辽平原表层土壤有机质含量具有明显的地带性分布特征，从北向南土壤有机质含量逐渐减少。其中有机质丰富区主要分布在吉林省和黑龙江省东部地区，辽宁省土壤有机质含量总体呈现缺乏特征。土壤有机质含量丰富、较丰富面积分别为 75 868 km² 和 56 112 km²，二者占总面积的 33.50%；中等土壤面积为 81 324 km², 占总面积的 20.64%；较缺乏土壤面积 115 656 km², 占总面积的 29.36%。有机质含量为中等和较缺乏土壤的面积合计占总面积的 50%。有机质含量呈现由西向东、由南向北逐渐升高的分布趋势。在不同土壤类型中，褐土和棕壤中有机质含量有所升高，草甸土、黑土、黑钙土、盐碱土、风沙土中有机质含量降低较明显，其中，暗棕壤、白浆土、潮土、栗钙土、水稻土、沼泽土变化不明显。三江平原表层土壤有机质丰富，以丰富—较丰富为主，二者分别占总面积的45.41%和28.48%，仅在西部和南部地区具中等面积集中分布的特点。

5. 钙丰缺状况

对东北地区两大平原表层土壤氧化钙评价显示：两大平原土壤CaO含量普遍较低，总体上以中等—较缺乏为主。中等土壤面积为209 652 km²，占松辽平原总面积的53.22%；较缺乏土壤面积91 592 km²，占松辽平原总面积的23.25%；丰富—较丰富土壤面积为88 924 km²，仅占松辽平原总面积的22.57%，主要分布在大庆、白城、松原以及齐齐哈尔地区；缺乏的土壤面积很小，仅占总面积的0.96%。三江平原土壤CaO以中等—较缺乏为主。较缺乏土壤面积为35 916 km²，占三江平原总面积的56.75%；中等土壤面积为24 600 km²，占三江平原总面积的38.88%；丰富—较丰富土壤面积为2576 km²，占三江平原总面积的4.07%，分布在锦山镇—兴隆镇一带。

6. 镁丰缺状况

对东北地区两大平原表层土壤氧化镁评价显示：两大平原土壤MgO含量普遍较低。松辽平原土壤MgO总体上以中等—较缺乏为主。其中，中等土壤面积为169 284 km²，占松辽平原总面积的42.97%；较缺乏土壤面积129 312 km²，占松辽平原总面积的32.82%；丰富—较丰富土壤面积为51 372 km²，仅占松辽平原总面积的13.04%，主要分布在黑龙江省的大庆、白城、松原以及齐齐哈尔地区；缺乏土壤面积为44 000 km²，仅占松辽平原总面积的11.17%。三江平原土壤MgO含量以较缺乏为主。其中，较缺乏土壤面积为49 956 km²，占三江平原总面积的78.96%；中等土壤面积为10 580 km²，占三江平原总面积的16.72%；丰富—较丰富土壤面积为844 km²，仅占三江平原总面积的1.33%，分布在锦山镇—兴隆镇一带。

（二）有益元素丰缺评价

土壤微量有益元素包括B、Mo、Zn、Cu、F、Mn、I、Se和Ge，各指标评价结果见表5-3和表5-4。

表5-3 松辽平原微量有益元素单指标等级评价面积及占比

元素		过剩	高	适量	边缘	缺乏
B	面积/km²	4952	4880	19 440	167 212	197 484
	占比/%	1.26	1.24	4.93	42.44	50.13
Mo	面积/km²	78 560	80 504	54 820	62 164	117 920
	占比/%	19.94	20.43	13.91	15.78	29.93
Zn	面积/km²	27 980	59 516	95 220	77 584	133 668
	占比/%	7.10	15.11	24.17	19.69	33.93
Cu	面积/km²	21 336	52 896	83 028	111 416	125 292
	占比/%	5.42	13.43	21.07	28.28	31.80
F	面积/km²	8840	45 244	48 196	147 204	144 484
	占比/%	2.24	11.48	12.23	37.36	36.67

续表 5-3

元素		过剩	高	适量	边缘	缺乏
Mn	面积/km²	156 276	56 376	46 204	50 668	84 444
	占比/%	39.67	14.31	11.73	12.86	21.43
I	面积/km²	24	19 724	277 848	54 948	41 424
	占比/%	0.01	5.01	70.53	13.95	10.51
Se	面积/km²	16	4356	217 708	83 160	88 728
	占比/%	0.00	1.11	55.26	21.11	22.52
Ge	面积/km²	17 024	32 188	71 144	93 792	179 820
	占比/%	4.32	8.17	18.06	23.81	45.64

表 5-4　三江平原微量养分元素单指标等级评价面积及占比

元素		过剩	高	适量	边缘	缺乏
B	面积/km²	228	256	4176	44 228	14 380
	占比/%	0.36	0.40	6.60	69.91	22.73
Mo	面积/km²	14 760	17 928	13 088	11 108	6384
	占比/%	23.33	28.34	20.69	17.56	10.09
Zn	面积/km²	4408	13 004	15 488	22 016	8352
	占比/%	6.97	20.55	24.48	34.80	13.20
Cu	面积/km²	3036	15 844	16 772	19 492	8124
	占比/%	4.80	25.04	26.51	30.81	12.84
F	面积/km²	412	5084	6684	26 528	24 560
	占比/%	0.65	8.04	10.56	41.93	38.82
Mn	面积/km²	31 656	7888	7668	8196	7860
	占比/%	50.03	12.47	12.12	12.95	12.42
I	面积/km²	0	100	29 864	16 440	16 864
	占比/%	0.00	0.16	47.20	25.98	26.65
Se	面积/km²	0	2704	49 592	9140	1832
	占比/%	0.00	4.27	78.38	14.45	2.90
Ge	面积/km²	808	5328	16 896	23 448	16 788
	占比/%	1.28	8.42	26.71	37.06	26.53

1. 硒元素丰缺状况

1) 硒元素环境地球化学行为特征与研究意义

克山病在1935年被命名后，在我国16个省区也陆续有所发现，在地理上形成一条由东北向西南延伸的宽带，国外迄今尚未见报告病例。中国科学院按克山病的分布特点，将我国划分三个带，即病带和处于其两侧的西北非病带和东南非病带。病带与非病带都具有其独特的自然环境特征，并与一定的自然环境类型的自然界线相吻合。谭见安等通过对我国东南和西北两个非病区以及病带内27个省、自治区和直辖市，300个土壤剖面、2000余份粮食样品和3000余份人发样品的硒含量分布规律的分析，绘制综合反映我国硒的生态景观类型图，进一步确证了我国低硒带的地理分布，除海拉尔盆地局部地区为中等硒生态景观外，黑土地均为硒缺乏和边缘硒含量生态景观。根据已有研究，克山病多年累积死亡病例分布，受克山病影响严重或爆发区具有奇特的地理分布类型，大多位于丘陵阶地的中心地区，以温带—暖温带，湿润、半湿润的森林和森林草原及其相应土类为特征，简称棕褐土系环境，主要有暗棕壤、黑土、棕壤、褐土、黑垆土、森林草原土，及与之相似或相近的过渡土类和山地土类。西北非病带主要以温带—暖温带草原和荒漠及其相应土类为特征，简称草原荒漠土系环境。东南非病带主要以典型热带—亚热带湿润常绿林及其相应土类为特征，简称红黄壤土系环境。据文献资料，在自然土壤中，根据土壤养分、温度、酸碱度等条件，东北草甸土壤、黑垆土、紫色土、棕色土和棕褐色土壤中生物量最高，华南和华中的红壤和黄壤的生物量最低，而内蒙古的褐色和灰钙土的生物量居中。

根据调查，1935年冬克山县西城镇光荣村共有286人，其中男性205名，女性81名，在短短的2个月，因患克山病死亡的达36名。克山病存在年度多发和季节多发，在1955—1978年间存在高发年，1978年后呈下降趋势，南北方病区都有集中高发的季节，黑土地多发于冬季，西南地区多发于夏季，现在则多为全年散发，病型也由以急型克山病和亚急型克山病为主演变为以慢型克山病和潜在型克山病为主，大部分克山病的流行地区为农村，主要在农业人口中发生，近年来多为中老年人发病，克山病发病率随年龄的增长而增加，在性别间未发现明显差异。1949年以后，针对克山病实行"三防四改"的改善膳食和服硒等措施，克山病发病率明显下降，通过对1976—1992年补硒后克山病急发及死亡情况进行整理，并与补硒前15年（1961—1975年）急发及死亡情况进行对比分析，结果表明补硒后克山病年平均发病率降低了95.04%，年平均死亡率降低了91.40%，说明补硒是预防克山病急发及死亡的重要措施。

受特殊的土壤地理、气候等影响，如土壤中硒的形态、土壤质地、土壤pH值、土壤有机质等影响硒元素生物有效性，土壤中全量硒含量水平相对高，但农作物籽实仍处于缺硒水平。硒在土壤-植物-人体中的转化是一个从无机到有机的过程。硒通过岩石风化进入土壤，形成各种形式的硒，如硒酸盐、亚硒酸盐和甲基硒化物，这些硒进一步风化成水溶性状态和离子交换状态，供植物吸收和利用。土壤的总硒及其特定的化学形态在很大程度上决定了硒的生物利用度和转化率。有学者用^{75}Se示踪技术可以把土壤中的硒区分为元素态硒、硒化物态硒、硒酸盐、亚硒酸盐、有机态硒和挥发态硒等6种形态。从世界各地土壤含硒状况中可以看出，Se(Ⅳ)为土壤中主要的硒形态，约占40%以上；而以Se(Ⅵ)形态存在的硒，总量不超过10%；元素态硒和重金属硒化物形态的硒与有机态硒的含量近似，各约占25%。在干旱地区的碱性土壤和碱性风化壳中，硒通常以Se(Ⅵ)形态存在为主，可被植物直接吸收利用。在中性和酸性土壤中，硒绝大部分以Se(Ⅳ)形态存在，并常被土壤黏粒和氧化物胶体吸附固定，不易被植物吸收利用。可溶性硒加入中性和酸性土壤数月后，大部分硒也都转化为难溶性硒、气态硒Se(Ⅱ)和元素态硒，常常是造成这些地区植物含硒量低的重要原因。在高硒区表层土壤的提取液中，98%以上的硒为Se(Ⅵ)形态；而其中的有机硒主要是结合在分子量较低的胡敏酸上。中国低硒带旱地表层土壤中，80%以上的硒以有机物结合形式存在。对低硒土壤中^{75}Se的形态转化的研究表明，土壤中残留的^{75}Se主要以$NaHSeO_3$结合态为主，其次是氢氧化硒可交换态，水溶态硒的含量较少。

为深入研究硒元素生物地球化学特征，在克山病流行地区的甘南县、依安县、齐齐哈尔市、龙江县、林甸县、绥化市、拜泉县、克山县、富裕县、望奎县、安达市、肇东市、哈尔滨市、五常市采集水稻样品共46件、玉米样品193件、大豆样品34件；3种农作物籽实采集时对应采集根系土样品（图5-1）。根系土和农作物籽实样品采集采用梅花点法多点取样，每个分点玉米籽实有5～10棵以上的植株，水稻和大豆果实采集10～20棵以上的植株。各梅花点单点籽实混匀组成1件农作物籽实样品，质量大于400g，用无污染塑料袋封装保存；根系土样品与植物样同点同步进行采集，需采集到根系部位土壤，采集的样品去除植物残留体、砾(碎)石、肥料团块,样品质量大于1000g。在拜泉县采集人发样本32件,人发采集对象主要为常年居住在拜泉县的中老年人群(表5-5),样品采集规范及流程主要参照《土地质量地球化学评价规范》(DZT 0295—2016)执行,使用不锈钢剪刀在枕部紧贴头皮处,采集距头皮2.5cm之内的发样,质量5～10g,装入密封的塑料袋中。

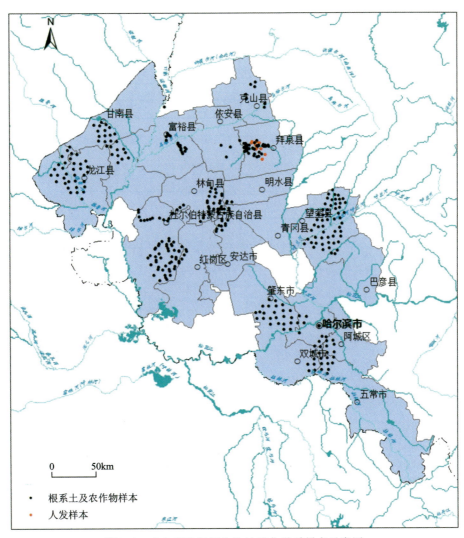

图 5-1 克山病流行区生物地球化学采样点示意图

表 5-5 人发样本采样信息

样品编号	性别	年龄	样品编号	性别	年龄
BQRF30	男	8	BQRF09	女	58
BQRF23	男	11	BQRF11	女	58
BQRF03	男	12	BQRF19	女	58
BQRF01	男	45	BQRF27	女	58
BQRF25	男	55	BQRF06	女	60
BQRF13	男	63	BQRF12	女	60
BQRF04	男	67	BQRF22	女	60

续表 5-5

样品编号	性别	年龄	样品编号	性别	年龄
BQRF18	女	10	BQRF24	女	62
BQRF08	女	13	BQRF26	女	65
BQRF15	女	13	BQRF17	女	66
BQRF32	女	13	BQRF28	女	66
BQRF29	女	14	BQRF05	女	68
BQRF31	女	14	BQRF07	女	68
BQRF16	女	24	BQRF10	女	68
BQRF21	女	42	BQRF02	女	73
BQRF20	女	46	BQRF14	女	81

2) 土壤硒元素丰缺状况

本研究分别统计松辽平原和三江平原土壤硒及微量元素含量,结果显示:松辽平原表土总硒含量平均 0.20mg/kg,三江平原表土总硒含量平均 0.25mg/kg,均明显高于谭见安等在 20 世纪 80 年代确定的黑土地表土总硒含量小于 0.125mg/kg 的缺硒水平。其中松辽平原表土总硒含量大于 0.175mg/kg 面积为 22.21 万 km^2,表土总硒含量属于低硒生态景观面积为 17.19 万 km^2,占松辽平原调查区总面积的 43.53%;三江平原表土总硒大于 0.175mg/kg 面积为 5.23 万 km^2,三江平原表土总硒属于低硒生态景观面积为 1.10 万 km^2,仅占三江平原调查区总面积的 17.34%。松辽平原成土母质总硒平均值为 0.11mg/kg,三江平原成土母质总硒平均值为 0.13mg/kg。从地球化学分布特征看,松辽平原土壤总硒含量表现为由西向东逐渐增高的分布趋势,三江平原无论表层土壤还是成土母质总硒含量平均值均高于松辽平原。

土壤硒元素丰缺评价显示:黑土地土壤硒元素含量以中等为主,松辽平原硒含量中等面积为 217 708km^2,占松辽平原调查区总面积的 55.26%,主要分布在黑龙江省、吉林省和辽宁省的东部地区,土壤类型以黑土、沼泽土、白浆土、水稻土为主;高含量区面积为 4356km^2,占松辽平原调查区总面积的 1.11%,主要分布在海伦—绥棱地区、辽宁丹东地区、吉林辉南—靖宇地区,主要土地利用类型为耕地;硒含量边缘和缺乏的面积分别为 83 160km^2、88 728km^2,分别占松辽平原调查区总面积的 21.11% 和 22.52%,主要分布在吉林和辽宁省的西部沙漠化、盐碱化地区。三江平原硒适量面积为 49 592km^2,占三江平原调查区总面积的 78.38%,主要分布在宝清—富锦地区。

3) 克山病爆发区土壤硒地球化学特征

根据克山病爆发区表层土壤 54 项指标数据(95 860km^2),计算各指标平均值,与东北地区 2003 年以来共完成 43.45 万 km^2 土壤表层背景值各指标进行对比,结果如表 5-6 显示。克山病爆发区土壤地球化学指标平均值与黑土地背景值具有明显差异,CaO、C_{org}、TFe_2O_3、MgO、TC、Al_2O_3 等植物生长养分大量元素、影响土壤酸碱度及代表土壤质地的元素和指标明显高于黑土地,而代表土壤质地及成土母质的 K_2O、Na_2O、SiO_2、Zr 低于黑土地,微量元素 Cd、Ce、Co、Cr、Cu、F、Ga、La、Li、Mn、Mo、Ni、Sc、Se、Ti、V、Zn 也明显高于黑土地表层土壤背景值,尤其一直被认为是克山病致病因素之一的硒元素,平均值为 0.23mk/kg,明显高于黑土地,表层土壤硒含量分级评价显示为足硒土壤;对比克山病区及黑土地土壤深层元素地球化学特征,如表 5-6 所示,克山病区成土母质硒等微量元素也明显高于黑土地硒背景值。克山病爆发区表层土壤呈酸性,pH 平均值为 6.3,黑土地土壤平均值为 7.06;克山病爆发区成土母质相对于黑土地成土母质元素和指标含量特征具有明显差异,仅克山病区土壤呈酸性,pH 平均值为

6.59,黑土地土壤 pH 平均值为 7.43;微量元素及其他代表土壤黏粒含量的 Al_2O_3、MgO 等指标均高于黑土地,硒元素含量平均值高于黑土地成土母质硒元素含量平均值(表 5-7)。

表 5-6 克山病区表层土壤 54 项指标含量水平统计表

指标	克山病区	黑土地背景值	指标	克山病区	黑土地背景值
Ag	0.08	0.07	Mn	844.64	628
Al_2O_3	13.94	13.16	Mo	0.79	0.61
As	10.06	8.12	N	2 540.19	1469
Au	1.26	1.17	Na_2O	1.58	1.82
B	31.59	30.57	Nb	15.47	14.09
Ba	626.56	620	Ni	26.17	22.35
Be	2.43	2.19	P	913.5	652
Bi	0.33	0.27	Pb	23.66	22.89
Br	6.97	4.6	pH	6.3	7.06
CaO	1.94	1.37	Rb	110.23	106
Cd	0.11	0.1	S	335.49	234
Ce	72.72	66.54	Sb	0.66	0.6
Cl	73.86	71.04	Sc	11.35	9.31
Co	13.42	10.94	Se	0.23	0.2
Corg	2.91	1.52	SiO_2	62.7	65.71
Cr	61.83	53.94	Sn	2.75	2.68
Cu	21.96	18.75	Sr	197.77	199
F	482.14	424	TC	3.17	1.86
TFe_2O_3	4.98	3.99	Th	11.31	10.37
Ga	18.19	16.6	Ti	4 735.71	3967
Ge	1.24	1.23	Tl	0.64	0.63
Hg	0.03	0.03	U	2.53	2.2
I	2.87	2.22	V	88.75	74.72
K_2O	2.43	2.58	W	1.81	1.51
La	36.85	34.64	Y	25.75	22.94
Li	32.3	27.97	Zn	66.84	56.47
MgO	1.37	1.18	Zr	265.99	282

表 5-7 克山病爆发区成土母质 54 项指标含量水平统计表

指标	克山病区	黑土地平均值	指标	克山病区	黑土地平均值
Ag	0.08	0.07	Mn	798.18	616
Al_2O_3	14.79	13.91	Mo	0.96	0.66
As	10.88	8.69	N	713.71	459
Au	1.39	1.24	Na_2O	1.73	1.88
B	33.67	31.93	Nb	15.87	13.92
Ba	638.75	625	Ni	28.02	23.66
Be	2.63	2.28	P	576.51	463
Bi	0.35	0.26	Pb	25.42	22.84
Br	8.27	2.11	pH	6.59	7.43
CaO	1.78	1.24	Rb	114.4	109
Cd	0.178	0.073	S	125.7	99.74
Ce	76	66.33	Sb	0.72	0.63
Cl	69.32	64.06	Sc	12.01	9.7
Co	14.37	11.57	Se	0.14	0.11
Corg	0.65	0.37	SiO_2	63.43	65.11
Cr	61.72	54.32	Sn	3.03	2.65
Cu	22.33	18.98	Sr	202.23	209
F	538.27	464	TC	0.9	0.65
TFe_2O_3	5.08	4.19	Th	12.26	10.54
Ga	19.56	17.31	Ti	4 592.86	3863
Ge	1.33	1.28	Tl	0.68	0.66
Hg	0.03	0.022	U	2.74	2.15
I	2.06	1.79	V	92.43	75.6
K_2O	2.59	2.68	W	1.9	1.52
La	38.53	33.91	Y	26.64	23.18
Li	33.42	28.85	Zn	67.59	57.19
MgO	1.37	1.26	Zr	261.25	266

通过对黑土地两大平原土壤总硒区域分布特征及土壤地球化学大数据统计,松辽平原和三江平原土壤总硒均以中等硒含量水平为主,在海伦市、绥棱县以及宝清县等局部地区土壤达到富硒含量水平,面积分别为 139.24 万亩、20.54 万亩、139.22 万亩,松辽平原土壤硒含量具有由西南向东北升高趋势。

4) 硒的生物地球化学特征

克山病流行区 273 件根系土样品的总硒含量平均为 0.21mg/kg，最大值为 0.53 mg/kg；只有 2 件样品显示硒含量高于 0.4mg/kg。硒主要存在于根系土壤中的强有机结合物、腐殖酸和残留物中（表 5-8）。三种形态的硒含量平均值占根系土总硒含量平均值的 78.1%，最大值为 0.019mg/kg。水溶态硒的平均值为 0.007mg/kg，离子交换态硒的平均值为 0.002mg/kg。根系土硒价态特征表明，土壤硒离子以亚硒酸盐、硒酸盐和甲基硒代半胱氨酸三种状态存在。三种形态的硒含量平均值为 0.044mg/kg，占土壤总硒含量的 16.79%，Se(Ⅳ)和 Se(Ⅵ)占主导地位，部分样品中未检测到甲基硒半胱氨酸。Se(Ⅳ)和 Se(Ⅵ)的平均含量分别为 0.023mg/kg 和 0.022mg/kg。在大多数样品中 Se(Ⅳ)含量高于 Se(Ⅵ)。植物可吸收的硒酸盐、亚硒酸盐和甲基硒化物的总含量显著高于水溶性和离子交换硒的总含量。在 pH>7.5 的碱性土壤中，Se(Ⅳ)和 Se(Ⅵ)的平均含量非常接近，分别为 0.022mg/kg 和 0.021mg/kg，而在 pH<7.5 的中酸性土壤中，Se(Ⅳ)和 Se(Ⅵ)的平均含量有显著差异，分别为 0.025mg/kg 和 0.021mg/kg。

表 5-8　土壤硒赋存形态

硒赋存形式	平均含量/(mg·kg^{-1})	比例/%
水溶态	0.007	3.33
离子交换态	0.005	2.38
碳酸盐结合态	0.005	2.38
腐殖酸态	0.059	28.10
铁锰结核态	0.004	1.90
强有机结合态	0.061	29.05
残渣态	0.044	20.95
总硒	0.210	/

克山病流行区 3 种作物的籽实平均硒含量为 0.022mg/kg（表 5-9），根据 Tan 的划分标准（Tan，1989），超过 87% 的作物处于边缘或缺硒水平。只有 32 件籽实的硒含量大于 0.04mg/kg，其中 10 件为大豆，11 件为水稻，11 件为玉米。大豆籽实的平均硒含量为 0.033mg/kg，水稻籽实的平均含硒量为 0.035mg/kg，玉米籽实的平均硒含量最低，为 0.02mg/kg。拜泉地区人发的平均硒含量为 0.16mg/kg，最大值为 0.192mg/kg。所有男性的发硒含量都低于女性。男性和女性平均发硒含量分别为 0.164mg/kg 和 0.14mg/kg。这一结果与黑龙江省克山病流行区血清硒蛋白的特征一致。4—8 岁年龄段发硒含量较高，平均为 0.16mg/kg，各年龄段的硒含量均低于谭见安等定义的中等水平（0.20mg/kg）。

表 5-9　硒生态景观分类以及克山病区硒生态环境特征

硒含量分级	表土总硒含量/(mg·kg^{-1})	表土水溶态硒含量/(mg·kg^{-1})	作物籽实硒含量/(mg·kg^{-1})	发硒含量/(mg·kg^{-1})
缺乏	<0.125	<0.003	<0.025	<0.200
边缘	0.125~0.175	0.003~0.006	0.025~0.040	0.200~0.250
中等	0.175~0.400	0.006~0.008	0.040~0.070	0.250~0.500
高	0.400~3.000	0.008~0.020	0.070~1.000	0.500~3.000
过剩	≥3.00	≥0.02	≥1.00	≥3.00
克山病区	0.210	0.007	0.022	0.160

硒的吸收和转化量的根本在于土壤中的转化能力和土壤生物迁移过程中的元素转化。生物吸收系数(BAC)是元素或化合物在生物体中的浓度与该元素或化合物在这种生物体生长的土壤中的浓度之比,可以定量反映生物体对环境中元素的吸收强度。结果显示,BAC 呈先上升后下降的副代谢分布趋势(图 5-2)。硒的最高功效和 BAC 在弱碱性(pH 为 7.5＜pH＜8.0)土壤中的分布,表明硒在弱碱性土壤中最活跃(图 5-3),有助于作物吸收和利用它(BAC＝0.17)。水稻中 BAC 的平均值为 0.16,并且玉米具有最低的 BAC 值(0.10),大豆和水稻表现出相对较强的硒富集能力。

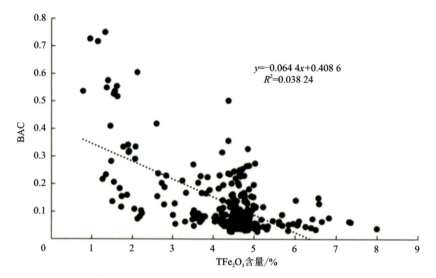

图 5-2　土壤氧化物与生物吸收系数(BAC)关系

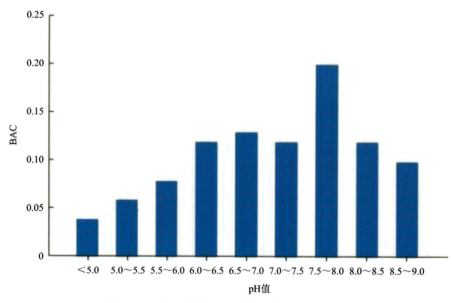

图 5-3　土壤 pH 值与生物吸收系数(BAC)关系

土壤全量硒与土壤有效硒具有明显正相关关系(图 5-4)。硒元素是典型的亲生物元素,易在富含有机质的土壤中累积(图 5-5)。随着土壤中 pH 值增大,硒含量会降低,pH 值与硒元素含量的负相关关系在碱土、盐土、黑钙土等偏碱性的土壤中明显(图 5-6);土壤 pH 值不仅影响硒元素的分布,而且影响硒元素的有效性(图 5-7),不同 pH 值的土壤水稻富硒率差异明显,也体现了 pH 值对硒的生物地球化学行为影响(表 5-10)。

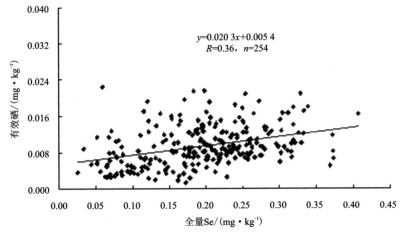

图 5-4 土壤全量硒与有效硒含量关系

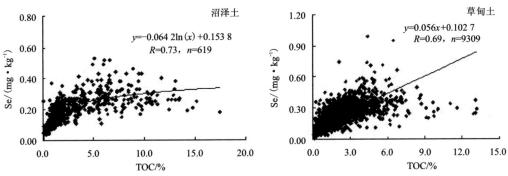

图 5-5 不同土壤类型表层土壤 TOC 与 Se 关系散点图

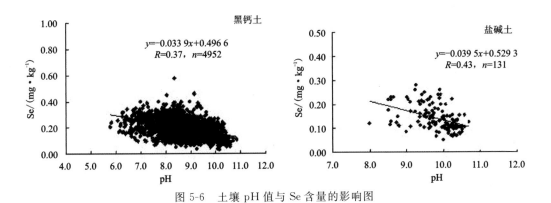

图 5-6 土壤 pH 值与 Se 含量的影响图

A—pH<5.0；B—5.0≤pH<5.5；C—5.5≤pH<6.0；D—6.0≤pH<6.5；E—6.5≤pH<7.0；
F—7.0≤pH<7.5；G—7.5≤pH<8.0；H—8.0≤pH<8.5；I—8.5≤pH<9.0；J—pH>9.0。

图 5-7 不同 pH 值对有效 Se/总 Se 值关系图

表 5-10　不同酸碱性土壤农作物籽实土壤硒富集程度

土壤酸碱性	样品数/颗	富硒数量/颗	富硒率/%
酸性土壤	49	13	26.5
中性土壤	28	18	64.3
碱性土壤	18	13	72.2

土壤 pH 值、TOC（土壤全碳）、质地等理化性质不但对土壤硒含量具有重要影响，而且也是控制有效硒的主要因素。其中土壤 pH 值是影响土壤硒元素地球化学性质的主要因素，碱性条件下，硒主要以硒酸盐形式存在，生物活性强，易被植物吸收。

东北黑土地硒生物地球化学特征：东北黑土地表层土壤硒的分布格局是以足量为主，相对于成土母质具有继承性，有机质、Al_2O_3 和 Fe_2O_3 对硒具有明显表生富集作用；土壤硒主要以强有机物结合、腐殖酸和残渣态形式存在，甲基硒半胱氨酸和水溶性、可交换的硒总含量分别占 16.79% 和 10.5%，在土壤硒高含量区和克山病流行区，植物可利用的硒含量表现为足量水平，主要作物籽实硒平均含量 87% 以上处于边缘或缺乏水平，克山病流行区的发硒含量较低，以缺乏水平为主；土壤化学成分如 Al_2O_3 和 Fe_2O_3 的含量及 pH 值，明显影响硒从土壤到生物体的迁移，在中性和酸性土壤中，Se(Ⅵ) 和 Se(Ⅳ) 含量非常接近，硒常为土壤黏粒和氧化物胶体吸附固定，不易被植物吸收利用，克山病爆发区多分布在这样的酸性土壤区。碱性土壤中的硒含量比酸性土壤低，在碱性条件下，富啡酸态硒容易矿化分解成 Se(Ⅳ)、Se(Ⅵ) 和低分子有机硒（如硒-氨基酸），碱性土壤的氧化还原电位值越高，Se(Ⅵ) 越易被植物吸收，从而导致克山病流行区的作物籽实和人体内的硒含量处于边缘或缺乏的水平。

2. 氟元素丰缺状况

氟元素对人类或其他哺乳动物来说不是必需的，但少量的氟可能有益于骨骼强度。正常成年人体中含氟 2~3g，平均为 2.6g，主要分布在骨骼、牙齿中，约占 90%，每毫升血液中含氟 0.04~0.4μg。人体所需的氟主要来自饮用水。氟元素对生物体具有高度毒性。地方性氟中毒主要影响人体的硬组织，包括牙齿、骨骼，且对其他一些软组织也有损伤。人体氟暴露过量主要表现为氟斑牙和氟骨症。

对东北地区两大平原表层土壤氟元素评价显示：土壤氟元素局部富集现象十分明显，氟平均含量为 0.43mg/kg。松辽平原土壤氟元素总体上以边缘—缺乏为主，面积达 291 688km²，占调查区总面积的 74.03%；过剩面积为 8840km²，占调查区总面积的 2.24%，集中分布在齐齐哈尔市、白城市、辽阳市、营口市、丹东市；松辽平原西部地区土壤氟缺乏严重。三江平原土壤氟边缘—缺乏区面积达 51 088km²，占调查区总面积的 80.75%，鹤岗市和双鸭山氟含量较高，局部地区过剩，其他地区则缺乏。成土母质类型与氟含量关系分析显示：氟元素富集或过剩地区主要是周边基性岩石风化，在冲积、海积的作用下，向低平原运移富集的结果。土壤氟过剩是引起地氟病的主要潜在风险之一。

3. 碘元素丰缺状况

健康成人体内的碘的总量约为 30mg，分布在肌肉、甲状腺、皮肤、骨骼、中枢神经系统及血浆中，其中 70%~80% 存在于甲状腺。碘摄入不足可引起碘缺乏病；长期过量摄入可导致高碘性甲状腺肿等危害，甚至造成碘源性甲亢。

对东北地区两大平原表层土壤碘元素评价显示：土壤碘元素平均含量为 2.39mg/kg。其中松辽平原土壤碘元素总体上以适量为主，适量区面积达 277 848km²，占调查区总面积的 70.53%；土壤碘元素高值区面积仅为 19 724km²，占调查区总面积的 5.01%，分布在大庆市和哈尔滨市之间的肇东市、肇州县、兰西县；而通辽市西部土壤碘元素较缺乏。三江平原土壤碘元素总体表现为适中，以适量—边缘含量为主，面积达 46 304km²，占调查区总面积的 73.19%；土壤碘元素较缺乏的地区分布在绥滨县、萝北县、桦川县。

土壤碘主要来源于成土母质，并受地形、植被条件（植物富集作用）、土壤类型（黏粒、有机质含量）及大气降水等因素影响。土壤碘含量在大庆南部达到高值，这是因为含油气盆地沉积初期积累了大量的有机质，后期脱水压实作用会造成石油水中产生高浓度的碘。大量的地表地球化学调查表明，油气储集层中的轻质气态烃（甲烷—丁烷）不断缓慢向地表渗漏，可以在地表出现碘元素不同程度的聚集现象。低碘异常区通常沿河流分布，这是由于环境中的碘通常以可溶的化合物形式存在，随降水冲刷淋滤作用而带走土壤中的碘并流进江、河、湖，最终汇入大海，并且河流分布区的土壤以砂质为主，对土壤碘的保持能力较差，因而含量较低。由于蒸发作用，海水中的一部分碘进入大气，每年约40万t碘进入大气，然后碘再以雨（雪）水形式降至陆地，进而影响土壤中碘的再分布。

4. 锗元素丰缺状况

对东北地区两大平原表层土壤锗元素评价显示：松辽平原锗元素以缺乏为主，缺乏区面积为179 820 km^2，占松辽平原调查总面积的45.64%，主要分布在黑龙江省、吉林省和辽宁省的西部沙漠化、盐碱化地区，土壤类型以风沙土、盐碱土、栗钙土为主；中等和较缺乏区的面积为164 936 km^2，占松辽平原调查区总面积的41.87%，主要分布在黑龙江省和吉林省的东部地区；丰富—较丰富区的面积为49 212 km^2，仅占松辽平原调查区总面积的12.49%，主要分布在葫芦岛、辽阳市、盖州市、海城市、吉林市、永吉县等地区。三江平原土壤锗元素丰富—较丰富土壤面积为6136 km^2，占三江平原调查区总面积的9.70%，主要分布在三江平原中南部的宝清县、集贤县、桦川县以及鹤岗市周围地区。

5. 硼元素丰缺状况

对东北地区两大平原表层土壤硼元素评价显示：土壤硼元素平均含量为31.6 mg/kg。松辽平原土壤硼含量总体上以较缺乏—缺乏为主，西部地区以缺乏为主，而东部地区以较缺乏为主，其中缺乏区面积197 484 km^2，占调查区总面积的50.13%，主要分布在黑龙江省、吉林省和辽宁省的西部沙漠化、盐碱化地区，土壤类型以风沙土、盐碱土、栗钙土为主；较缺乏区面积167 212 km^2，占调查区总面积的42.44%。三江平原土壤硼含量以较缺乏为主，面积为44 228 km^2，占调查区总面积的69.91%；缺乏区面积14 380 km^2，占调查区总面积的22.73%，主要分布在萝北县、绥滨县、桦川县以及汤原县东北部地区。

6. 铜元素丰缺状况

铜是生命必需的微量元素，位于元素周期表第4周期第11族，人体摄入适量的铜可以起到辅助造血、保护心脏和大脑、提高免疫力、抗衰老等多种功效，是维护人体健康长寿的"多面手"。铜在人体内主要以含铜金属酶的形式发挥作用，参与铁的利用、造血、磷脂合成、胶原结缔组织等一系列新陈代谢过程。铜在人体内的含量仅次于铁和锌。当人体摄入过量的铜时，会发生铜中毒：如铜在肝脏中沉积会造成肝硬化、腹水，还会出现贫血、消化道出血；铜在脑中某些部位沉积会造成运动功能障碍；铜沉积在肾脏会造成肾功能受损。

对东北地区两大平原表层土壤铜元素评价显示：土壤铜元素平均含量为19.4 mg/kg。其中松辽平原土壤铜元素总体上以中等—较缺乏为主，两者面积达194 444 km^2，占调查区总面积的49.36%；缺乏区面积125 292 km^2，占调查区总面积的31.80%，集中分布在松辽平原西部的阜新市、通辽市、四平市、松原市、白城市、大庆市、齐齐哈尔市西南部；仅在沈阳市东南部、鞍山市、营口市、葫芦岛市呈现出小面积丰富区。三江平原土壤铜元素以中等—较缺乏为主，两者面积达36 264 km^2，占调查区总面积的57.32%；缺乏区面积8124 km^2，占调查区总面积的12.84%，主要分布在萝北县和绥滨县；丰富—较丰富区面积18 880 km^2，占调查区总面积的29.84%，分布在富锦市、宝清县、友谊县。土壤中铜主要来自岩石、土壤矿物风化，铜等有色金属开采冶炼，企业排出的"三废"，化石燃料尤其煤的燃烧，城市垃圾污泥和含铜农药化肥等。因此,黑土地土壤铜元素含量分布特征是自然和人为因素综合作用的结果。

7. 锌元素丰缺状况

锌元素位于元素周期表第4周期第12族。锌元素在人体生长发育、生殖遗传、免疫、内分泌等重要生理过程中起着极其重要的作用,被人们冠以"生命的常青树""生命之花""智力之源""婚姻和谐素"的美称。此外,锌是植物生长必需的微量元素之一,适当的供锌水平能够提高作物产量和品质。植物缺锌可造成生理功能失调,生长发育受阻,作物产量降低。

对东北地区两大平原表层土壤锌元素评价显示:土壤锌元素平均含量为57.95mg/kg。松辽平原土壤锌元素总体上以中等—缺乏为主,由东北向西南含量逐渐降低,其中缺乏—较缺乏区面积达211 252km^2,占调查区总面积的53.62%,主要分布在黑龙江省、吉林省和辽宁省的西部沙漠化、盐碱化地区,土壤类型以风沙土、盐碱土、栗钙土为主;较丰富及中等区面积为154 736km^2,占调查区总面积的39.28%,分布在黑河市西南部、绥化市、哈尔滨市、长春市、吉林市、辽源市、铁岭市东南部、沈阳市东南部、鞍山市、营口市、葫芦岛市。三江平原土壤锌元素含量呈现北部较缺乏、中部较丰富的特征。其中,丰富和较丰富区面积为17 412km^2,占调查区总面积的27.52%,主要分布在富锦市、宝清县、友谊县和集贤县,地貌为低海拔丘陵;中等—较缺乏区面积达37 504km^2,占调查区总面积的59.28%。

土壤锌元素含量的分布特征主要与成土母质、成土过程等自然因素以及施肥等人为因素有关。土壤中锌的可给性主要受土壤条件如土壤类型、质地、酸碱度的影响。碱性条件下,锌的可给性低,反之提高。

8. 钼元素丰缺状况

钼元素位于元素周期表第5周期第6族,是人体必需的微量元素之一,主要存在于人们的骨骼、肝脏、肾脏等组织器官中,因其有清除体内自由基、协助排泄器官排除代谢产物的作用,故被称为"具有特异解毒功能的营养元素"。正常人每天平均摄入120~240μg的钼即可满足需要量。适量摄取钼,能起到解毒的作用,还能促进生长发育、预防肿瘤与克山病、维持心肌能力代谢等。此外,钼也是植物必需的微量元素之一,是豆科植物根瘤固氮酶的重要组成成分,对植物维生素C的合成也具有重要意义。钼元素还影响其他微量元素地球化学行为与生物活性。如钼能促进植物对磷的吸收,与硼同施,可提高作物产量和品质,但与硫、铜、铁、锰之间有拮抗作用。

对东北地区两大平原表层土壤钼元素评价显示:土壤钼元素平均含量为0.68mg/kg。松辽平原土壤钼元素含量整体表现为东高西低、北高南低的特征。其中,丰富—较丰富区面积达159 064km^2,占调查区总面积的40.37%,主要集中于黑河市、绥化市东部、哈尔滨市东南部、吉林市、辽源市、铁岭市、抚顺市、营口市;缺乏区面积达117 920km^2,占调查区总面积的29.93%,主要集中于沈阳市、通辽市、四平市、松原市、白城市、大庆市、绥化市。三江平原土壤钼元素以丰富—较丰富为主,面积达32 688km^2,占调查区总面积的51.67%,分布在鹤岗市、佳木斯市中部、双鸭山市北部地区。

土壤钼含量的分布特征主要受成土母质类型、土壤类型等因素影响。黄土状母质发育的土壤钼含量相对较低,而花岗岩母质发育的土壤钼含量则较高。此外,土壤钼含量也受人类活动(如施肥)的影响。

9. 锰元素丰缺状况

锰元素位于元素周期表第4周期第7族,是人体必需的微量元素。它既是蛋白质、脂肪和碳水化合物正常代谢的重要营养物质,也参与调控机体各种生理过程,如免疫功能、能量代谢、生殖、消化和骨骼发育。一般人体内含锰12~20mg。锰参与人体生理调节主要是因为人体内多种金属酶依赖于锰的激活,锰也是许多金属蛋白或金属酶的组成成分,与消除自由基、抗衰老、钙磷代谢、生殖与生长发育都有密切关系,被誉为"益寿元素"。此外,锰是作物生长发育不可缺少的极重要的元素,特别是豆科作物,锰能刺激其根部生长固氮根瘤,还可提高作物抗寒、抗盐性,从而提高作物的产量和品质。

对东北地区两大平原表层土壤锰元素评价显示:土壤锰元素平均含量为643.73mg/kg。松辽平原土壤锰元素总体上表现为东部高、西部低的特征。其中,丰富区面积达156 276km^2,占调查区总面积的39.67%;较丰富及中等区分布在黑河市、齐齐哈尔市、绥化市、哈尔滨市、长春市、吉林市、辽源市、铁岭市、抚顺市、营口市;缺乏区主要集中在黑龙江省、吉林省和辽宁省的西部沙漠化、盐碱化地区。三江平原土壤锰元素含量表现为东北部较缺乏—缺乏、西南部丰富的特征。丰富区面积达31 656km^2,占调查区总面积的50.03%,主要分布在佳木斯市、七台河市。

土壤中锰元素含量的分布与自然因素如土壤母质、成土过程,人为因素如锰肥的施用有关。

综合分析东北地区两大平原土壤养分各指标地球化学特征后认为,松辽平原土壤养分指标总体表现为西部缺乏、东部丰富的区域变化趋势,丰缺状况与流域单元、土壤类型有密切关系,在松辽平原嫩江流域、辽河流域尤其西辽河流域,土壤养分除全钾外等多明显沿流域呈现缺乏分布特征,在松花江下游土壤养分各指标相对丰富,在风沙土、盐碱土等分布区,土壤养分以缺乏为主要特征。

二、土壤养分元素综合评价

在氮、磷、全钾土壤单指标养分地球化学等级划分的基础上,根据规范《土地质量评价规范》DZ/T 0295—2016,对N、P、K三个元素加权形成综合得分后进行评价,分别对松辽平原和三江平原土壤养分进行综合统计,结果见表5-11,黑土地表层土壤养分综合评价见附图15。

表5-11 土壤养分综合等级评价面积及占比

地区		丰富	较丰富	中等	较缺乏	缺乏
松辽平原	面积/km^2	40 768	90 836	143 520	115 308	3536
	占比/%	10.35	23.06	36.43	29.27	0.90
三江平原	面积/km^2	8944	37 004	16 212	1108	0
	占比/%	14.14	58.49	25.62	1.75	0.00

松辽平原表层土壤养分等级以中等—较缺乏为主。其中,一等(丰富)土壤面积仅40 768km^2,仅占松辽平原调查区总面积的10.35%;二等(较丰富)土壤面积90 836km^2,占松辽平原调查区总面积的23.06%;三等(中等)土壤面积143 520km^2,占松辽平原调查区总面积的36.43%;四等(较缺乏)土壤面积115 308km^2,占松辽平原调查区总面积的29.27%;五等(缺乏)土壤面积3536km^2,仅占松辽平原调查区总面积的0.90%。三江平原表层土壤养分元素以丰富为主,土壤养分丰富—较丰富土壤面积45 948km^2,占三江平原调查区总面积的72.63%;中等土壤面积16 212km^2,占三江平原调查区总面积的25.62%;较缺乏土壤面积1108km^2,仅占三江平原调查区总面积的1.75%;无缺乏等级土壤分布。

第二节 土壤环境地球化学评价

岩石在物理、化学、生物的侵蚀和风化作用,以及地貌、气候等诸多因素长期作用下形成土壤的生态环境,土壤还具有同化和代谢外界进入土壤物质的能力——净化能力。因此,自然因素和人为因素不同,形成的土壤环境不同。土壤盐碱化、酸化、沙漠化、土壤污染已成为全球范围的土壤环境问题。

土壤中重金属环境评价的等级划分标准依据《土壤环境质量农用地土壤污染风险管控标准(试行)》

(GB 15618—2018)。根据标准,选择 Cd、Hg、As、Pb、Cr、Cu、Ni、Zn 共 8 个重金属元素。重金属含量未超过风险筛选值(GB 15618—2018)的为无风险耕地;含量超过风险筛选值(GB 15618—2018)但未超过风险管控值(GB 15618—2018)的为风险可控耕地;含量超过风险管控值(GB 15618—2018)的为风险较高耕地。土壤环境地球化学综合等级采用"一票否决"的原则。

一、土壤环境单指标评价

1. 土壤重金属环境特征

土壤重金属环境元素包括 Cd、Hg、As、Pb、Cr、Cu、Ni、Zn。单指标评价(表 5-12、表 5-13)显示:As、Hg、Cr、Cu、Pb、Zn、Ni 无污染风险面积均达 99% 以上,Cd 风险可控和风险较高耕地面积分别为 8040km² 和 272km²,分别占总面积的 1.76% 和 0.06%,Cd 污染风险较高耕地主要分布在锦州、葫芦岛以及沈阳等大中城市周边及黑龙江省尚志市西北部金属矿山周边地区。清洁的土壤环境是国家粮食安全的重要保障。

表 5-12 松辽平原环境元素单指标等级评价面积及占比

元素		无风险	风险可控	风险较高
As	面积/km²	393 052	884	32
	占比/%	99.77	0.22	0.01
Hg	面积/km²	393 688	240	40
	占比/%	99.93	0.06	0.01
Cd	面积/km²	385 856	7840	272
	占比/%	97.94	1.76	0.06
Cr	面积/km²	393 512	448	8
	占比/%	99.88	0.11	0.00
Cu	面积/km²	393 216	752	0
	占比/%	99.81	0.19	0.00
Pb	面积/km²	393 708	248	12
	占比/%	99.93	0.06	0.00
Zn	面积/km²	393 692	276	0
	占比/%	99.93	0.07	0.00
Ni	面积/km²	393 516	452	0
	占比/%	99.89	0.11	0.00

表 5-13　三江平原环境元素单指标等级评价面积及占比

元素		无风险	风险可控	风险较高
As	面积/km²	63 116	152	0
	占比/%	99.76	0.24	0.00
Hg	面积/km²	63 256	12	0
	占比/%	99.98	0.02	0.00
Cd	面积/km²	63 068	200	0
	占比/%	99.68	0.32	0.00
Cr	面积/km²	63 188	80	0
	占比/%	99.87	0.13	0.00
Cu	面积/km²	63 248	20	0
	占比/%	99.97	0.03	0.00
Pb	面积/km²	63 268	0	0
	占比/%	100.00	0.00	0.00
Zn	面积/km²	63 260	8	0
	占比/%	99.99	0.01	0.00
Ni	面积/km²	63 224	44	0
	占比/%	99.93	0.07	0.00

2. 土壤盐渍化与沙化特征

松嫩平原已被公认是世界三大苏打盐碱地分布区之一。目前,对于东北平原西部盐碱地面积总数有分歧,许晓鸿等(2018)认为松嫩平原盐碱地面积约 342 万 hm^2,70% 以上为苏打盐碱土(主要成分为 $NaHCO_3$ 和 Na_2CO_3);王军等(2014)统计东北盐碱地总面积达 500 万 hm^2;徐子棋等(2016)统计认为,东北盐碱化土地面积已达 393.7 万 hm^2,松嫩平原盐碱化土地面积为 380 万 hm^2;赵鹏敏和贾政强(2020)统计认为松辽平原盐碱地面积 366.3 万 hm^2。近半个世纪以来,该区土地盐碱化发展的速度很快,20 世纪 50 年代盐碱化土地面积 114.97 万 hm^2,占全区土地面积的 24.45%,以轻度盐碱化为主。2001 年盐碱化面积达 166.85 万 hm^2,占全区土地面积的 35.49%,以中、重度盐碱化为主。

利用精准分析测试数据对两大平原进行盐渍化现状和变化进行评估,对精准掌握和判断黑土地质量及生态状况十分必要。pH 值是判断土壤盐渍化的指标之一,pH 值对元素的分布分配也有着重要的影响,在土壤 pH 值基础上采用地球化学方法对碱性土壤进行盐渍化与沙化等荒漠化分类,具有重要的现实意义。

1)pH 值分布特征

当土壤 pH 值为 6.0~8.0 时适合农作物生长,pH 值在 8.5 左右时,许多作物不能正常生长,pH 值在 9.5 以上,几乎所有的农作物不能生存。目前,黑土地土壤酸化和碱化问题突出并呈现生态风险加剧形势。黑土地适合农作物生长土壤面积20.89万km^2,土壤pH值空间变异性较强,酸性土壤(pH<6.5)面积26.64万km^2,主要分布在松辽平原中东部及三江平原大部分地区,pH平均值为5.76,其中强酸性(pH<5.0)土壤面积1.13万km^2,集中分布在小兴安岭山前台地区,其余地区为零散分布;碱性土壤面积16.9万km^2,pH平均值为8.63,其中松辽平原西部碱性土壤面积16.4万km^2,pH平均值为8.65,西南部强碱性(pH≥8.5)土壤面积7.1万km^2,pH>9.5极强碱性土地面积达2.7万km^2,土壤盐碱化造成土壤板结,土地肥力下降,严重影响农田质量;三江平原黑土区碱性土壤面积4572km^2,pH平均值为7.93,最高为8.72,为弱碱性。对不同土地利用类型土壤pH值的统计显示,在河渠湖泊地区和盐碱地pH值最高,平均值均大于9.0;草地、沼泽地土壤pH值次之,分别为8.83和8.80;水田土壤pH值低于旱田土壤,二者pH平均值分别为8.50和8.22。

2)盐碱化、沙漠化地球化学识别及空间分布

岩石风化处于复杂的地球化学开放系统中,元素不仅存在垂向的迁移,而且存在强烈的侧向迁移,特别是在浅覆盖区,元素的侧向迁移更为明显,因此,土壤中Na、Mg、K、Ca等元素除来自当地成土母质外,还来自由重力、流水运移再沉积或离子再结晶存储于地表的土壤中。Na、Mg、K、Ca、Cl、S等元素在土壤中以多种形式存在,包括土壤的残余矿物、次生黏土矿物、溶解盐类等多种形式,可溶盐类是其中一部分。蓝天在吉林省西部典型盐渍化土地区采集表层土壤样品分别测试土壤全盐量、可溶盐离子、土壤化学全元素含量,进行对比分析表明,吉林省西部典型盐渍化土壤中CaO(全量钙)、Na_2O(全量钠)、Cl、S以及pH值明显高于非盐渍化土壤,而SiO_2与Al_2O_3含量明显低于非盐渍化土壤,随着土壤盐渍化程度的增加,Na_2O含量与pH值均不断升高,可溶离子与全盐量之间线性关系由高到低分别是Na^+、CO_3^{2-}、HCO_3^-、Cl^-、Mg^{2+}、Ca^{2+}、SO_4^{2-}、K^+。全盐量与土壤化学成分存在一定的联系,尤其与土壤Na_2O相关性最好。

苏打盐渍土土壤pH值一般大于9.0,通过土壤Na、K、Ca、Mg、Si、Al、Cl等全量与pH值散点图(图5-8)发现,全Na在pH值小于9.0时,含量较低,且随pH值升高变化不大,在pH值大于9.0时,含量快速升高,在pH值为10.0时,全Na含量达到最大值,pH值大于10.0后,全Na含量随pH值升高呈下降趋势;全K随pH值升高变化趋势与全Na极为相似;全Ca在pH值小于9.0时,含量随pH值升高而快速增高,在pH值大于9.0土壤中,全Ca含量趋于稳定并维持在4.5%左右;全Mg含量在pH值为8.5~9.0时呈现快速上升的趋势,在pH值为9.0~10.0时含量增高趋势变缓,pH值大于10.0时,全Mg含量快速升高;SiO_2含量在pH值小于8.5时大于66.5%,并呈微小波动,pH值在8.5~9.0区间时SiO_2含量迅速线性下降,在pH值为9.0时SiO_2含量基本达最低点,pH值在9.0~10.0区间时呈缓慢上升趋势,上升幅度不大,pH值在10.0~10.5时又呈快速线性下降,pH值大于10.5时再次呈上升趋势;Al含量随pH值增大,呈先降后升的总体变化趋势,pH值小于10.0时Al含量呈下降趋势,其中pH值在8.5~9.0区间时Al含量趋于平稳,平均值维持在11.5%左右;全Cl含量随pH值升高呈双峰式分布,其中pH值在7.5~8.5区间时为低峰,pH值与Cl含量峰值点为(8.0,340),pH值大于9.0时,Cl含量出现了第二个波峰,pH值与Cl含量峰值点为(10.25,730)。因此,盐渍土某些化学元素含量在不同盐渍化程度以及与非盐渍土对比均体现不同地球化学特征,8.5~9.0这一pH值区间是与盐渍化有关的主要元素在表层土壤中发生分异变化的临界区间。进一步对与盐渍化表层土壤中有关的主要元素对pH值影响重要程度进行神经网络分析(表5-14),全Na、全Cl、全S含量对pH值影响最重要的三个元素,尤其全Na,对pH值影响尤为明显。依据全国第二次土壤普查成果提取东北平原区风沙土土壤SiO_2、Al_2O_3、全S、全Cl、全Na等地球化学特征参数统计,风沙土SiO_2含量中位数为68.9%,Al_2O_3含量中位数为8.91%。

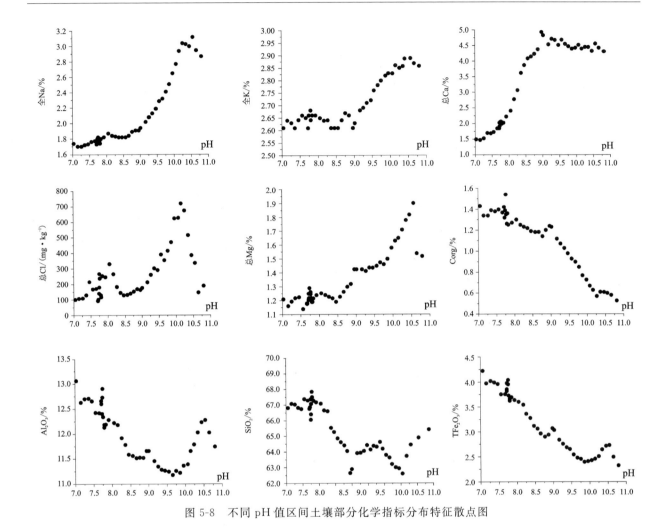

图 5-8 不同 pH 值区间土壤部分化学指标分布特征散点图

表 5-14 土壤化学指标 pH 值影响重要性

相关指标	重要性	正态化重要性
Al_2O_3	0.086	35.5%
总 Ca	0.063	26.2%
总 Cl	0.113	46.8%
Corg	0.056	22.9%
TFe_2O_3	0.039	15.9%
总 I	0.063	25.9%
全 K	0.049	20.1%
总 Mg	0.103	42.3%
全 Na	0.242	100.0%
总 S	0.104	43.0%
SiO_2	0.082	34.0%

依据上述盐渍土与风沙土地球化学参数特征,结合全 S、全 Cl 含量,确定两大平原区土壤盐渍化、沙化及碱化分类指标体系及含量划分限值(表 5-15),将两大平原碱性土壤分为氯化物硫酸盐复合型苏打盐渍土、氯化物型苏打盐渍土、硫酸盐型苏打盐渍土、重碳酸盐型苏打盐渍土、碱土、沙土、钙层土 7 种荒漠化类型(表 5-16)。两大平原中,三江平原均未见沙化和盐渍化土壤分布,仅分布少量碱性土,碱性土区为七星河湿地国家自然保护区及周边毗邻地区。

表 5-15 碱性土壤分类指标体系及划分限值

一级分类指标及限值			荒漠化类别					
硅/%	pH	钾/%						
≥72			沙土					
>69	pH<9.0	≥2.6						
<72			盐碱土		盐碱化分类及指标限值			
				钠	盐碱化分类	地球化学分类指标及限值		
						硫	氯	钙	地球化学类
				>1.9	盐土	≥338	≥178	<4.3	复合型
						<338	>178	<4.3	氯化物型
						≥338	<178	<4.3	硫酸盐型
									重碳酸盐型
					碱土			≥4.3	钙层土
									碱性土

表 5-16 不同类型盐渍化面积统计及相关指标参数特征

盐渍化类型	面积/km²	Al_2O_3/%	CaO/%	Cl/$\times 10^{-6}$	Corg/%	Fe_2O_3/%	I/$\times 10^{-6}$	K_2O/%	MgO/%	Na_2O/%	pH	S/$\times 10^{-6}$	SiO_2/%	高程/m
复合型	6296	12.11	5.95	1470	0.99	3.10	3.15	2.63	2.08	3.04	9.77	790	58.63	132.9
氯化物型	14 172	11.53	4.91	12071	0.66	2.46	2.27	2.83	1.78	2.94	9.88	1931	62.25	133.0
硫酸盐型	3200	12.50	6.43	135	1.38	3.61	4.04	2.47	2.01	2.48	9.73	594	57.61	141.6
重碳酸盐型	19 148	11.80	4.47	139	0.83	2.58	2.10	2.83	1.45	2.42	9.72	177	63.29	136.4
钙层土	30 268	12.45	7.17	91	1.67	4.04	3.39	2.31	2.02	1.63	9.34	378	55.50	148.3
碱性土	25 440	9.59	1.73	133	0.55	1.76	1.29	2.87	0.96	1.95	8.61	137	74.74	167.3

东北平原除沙土外,pH 值大于 7.5 土壤面积为 985.24 万 hm²(包括钙层土和盐碱土)。盐碱土主要分布在松辽平原腹地,总面积约 682.56 万 hm²(表 5-16),以重碳酸盐型和氯化物型苏打盐渍土为主(图 5-9)。其中,重碳酸盐型苏打盐渍土面积为 191.48 万 hm²,主要沿嫩江、松花江两岸地势较低地区分布,在嫩江沿岸,与嫩江沙地交错分布;氯化物型苏打盐渍土主要分布在松原—白城一带,面积为 141.72 万 hm²。氯化物硫酸盐复合型盐渍土面积为 62.96 万 hm²,主要分布在大庆地区以及白城市东北部、辽宁省盘锦市沿海一带,在其外围与硫酸盐型苏打盐渍化土交错分布。硫酸盐型苏打盐渍土面积为 32.00 万 hm²。氯化物型苏打盐渍土、氯化物硫酸盐复合型盐渍土、重碳酸盐型苏打盐渍土均分布在高程小于 140m 地区,土壤有机碳含量均小于 1.0%,总钙含量在所有类型盐渍土区含量均较高。同时,高程在 140m 的地区,盐基指示离子 Na、Ca、Mg、Cl 以及 S 全量均达最高值(图 5-10),表明地势平坦的低平原为盐基离子迁移提供了汇聚场所。

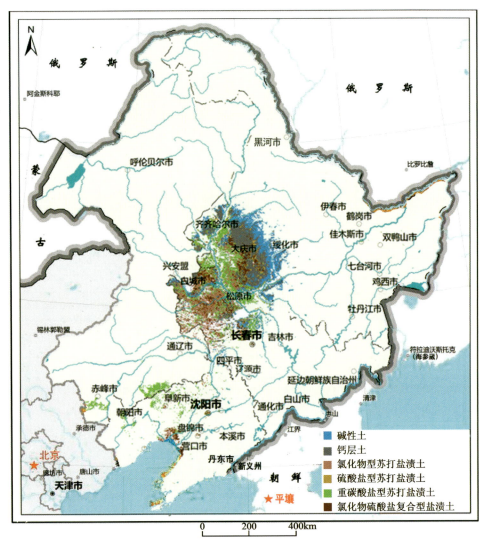

图 5-9 盐渍土、碱性土及钙层土空间分布特征

3）碱性土壤时空变化及驱动因素

两大平原碱性土壤面积相对 20 世纪 80 年代总体增加了 359.96 万 hm^2。pH 值平均上升 0.49，上升地区主要分布在松嫩平原腹地以及三江平原七星河湿地的核心区，辽河平原 pH 值呈下降趋势。20世纪 80 年代，松嫩平原土壤 pH 值最大值为 9.8，pH 值大于 9.5 的土壤面积仅 0.096 万 hm^2，而目前，松嫩平原 pH 值大于 9.5 的土壤面积达 281.16 万 hm^2，以平均 8.03 万 hm^2/a 的速度在增长。强碱性土壤重心明显向东部和北部发展，呈现向肥沃的典型黑土区扩张。

对土壤 pH 值变化与地形、土地利用、年均蒸发量等要素进行时空对比分析，结果显示，近 35a 来耕地不变地区面积为 824.36 万 hm^2，占碱性土壤总面积的 48.71%，是碱性土壤区主要利用类型，耕地不变地区土壤 pH 值上升 0.31，低于全区 pH 值上升程度。近 35a 来盐碱地不变地区 pH 值上升 1.18，草地不变地区 pH 值上升 0.70，表明人类活动对土地的开垦利用不是土壤 pH 值上升的主要因素。pH 值变化随地形高程增加呈波动变化，高程在 100～180m 区间，pH 值变化呈现倒"V"字形特征；在高程140m 左右，pH 值增加幅度最大，大于 1.0，表明地形地貌是影响土壤盐渍化程度的重要因素（图 5-11）。

松嫩平原盐渍化区分布于低平原地区，为地下水、地表水汇集的大型蓄水盆地，排泄不畅，地下水以承压水为主，埋深较浅，地下水以浓缩作用为主，中等矿化，物源区大兴安岭、小兴安岭山地岩石中 K、Na、Ca、Cl、S 和 Mg 在风化产物中随水文作用进入低平原排泄区并在不同部位富集，在低平原区按高程

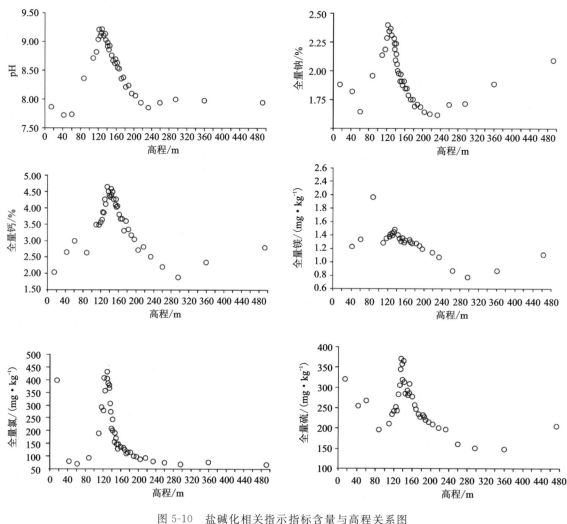

图 5-10 盐碱化相关指示指标含量与高程关系图

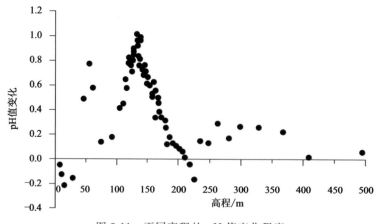

图 5-11 不同高程的 pH 值变化程度

由高到低形成 Ca、S、Mg-Na、Cl、K 的表生地球化学分布规律,尤其汇聚在高程 120~140m 的地区。松嫩平原西部蒸发量大于降水量,盐分离子随土壤水毛细管水向上迁移形成盐碱化(图 5-12)。地貌因素驱动的水盐运移和半干旱气候条件是松嫩平原腹地土壤盐渍化且不断加剧的根本原因,而在松辽平原南部滨海地区海陆交互区多形成上咸下淡的含水结构以及盐渍土沿海条带状分布的格局。

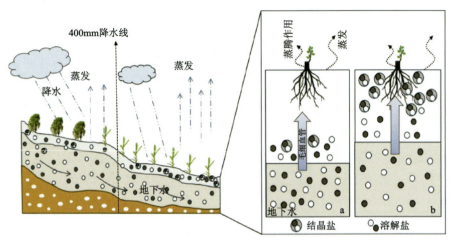

图 5-12 土壤盐渍化形成动力模式

松辽平原西南部科尔沁沙地是半干旱地带的温带疏林草原,属森林草原与干旱草原的过渡带。沙地内化石证据表明,科尔沁沙地在地质历史上经历过水草丰美、生物链完整的阶段,普遍发育的古土壤与风成砂互层结构,其后又经历了多次沙漠化及逆转。西拉木伦河发源于蒙古高原浑善达克沙地,途径分割大兴安岭和七老图两大山脉的西拉木伦峡谷,上下地势高差 1000~1200m,受太平洋暖低压和蒙古冷高压相互消长变化以及大兴安岭山脉的影响,导致西北风为主导风向并在西拉木伦峡谷一带产生风力集聚效应,在西拉木伦河水营力的加持下,陆表松散沉积物长驱直入,进入西辽河平原,为科尔沁地区提供了海量松散沉积物源。

嫩江沙地成因包括自然因素和人为因素两个部分,自然因素又分为风积沙成因和水冲积沙成因。嫩江沙地位于松嫩平原西部,地处大兴安岭东南部的地势开阔地带。当贝加尔湖和蒙古冷空气东移,遇大兴安岭山脉受阻气流抬升,越过大兴安岭进入松嫩平原后,气流辐散,促进东北低压发展,气压梯度增大,形成春季大风频发,第四纪形成的疏松而深厚的沙质沉积物,为沙漠化提供了丰富的沙源,水成因素主要为发源于大兴安岭伊勒呼里山的嫩江干流及两侧 15 条支流,从山区穿过山前台地急下松嫩平原,下游流速变缓,携带泥沙大量堆积于松嫩平原上,形成嫩江沙地。人为因素主要为近现代蒙古族、达斡尔族、鄂温克族人从事游牧、狩猎为主的生产经济活动,同时,随着人口增加,大规模毁林毁草开荒种田,破坏植被,进一步加速了嫩江沙地沙漠化发展。

二、土壤环境元素综合评价

根据规范《土壤环境质量农用地土壤污染风险管控标准(试行)》(GB 15618—2018),对 Cd、Hg、As、Pb、Cr、Cu、Ni、Zn 共 8 个重金属元素按照"一票否决"的原则,进行土壤环境综合评价,评价结果见表 5-17 及黑土地表层土壤环境综合评价图(附图 16)。

表 5-17 环境综合等级评价面积及占比

地区		无风险	风险可控	风险较高
松辽平原	面积/km²	383 832	9816	320
	占比/%	97.43	2.49	0.08
三江平原	面积/km²	62 792	476	0
	占比/%	99.25	0.75	0.00

黑土地土壤基本无重金属污染，环境质量优越。松辽平原无重金属污染风险土壤面积 383 832km²，占松辽平原已调查面积的 97.43%，重金属污染风险可控土壤面积 9816km²，占松辽平原已调查面积的 2.49%，主要分布在锦州、葫芦岛以及沈阳等大中城市周边及黑龙江省尚志市西北部金属矿山周边地区；风险较高土壤面积仅 320km²，仅占松辽平原已调查面积的 0.08%。三江平原无重金属污染风险土壤面积 62 792km²，占三江平原已调查面积的 99.25%，重金属污染风险可控土壤面积仅 476km²，占三江平原已调查面积的 0.75%，三江平原无风险较高土壤分布。

第三节 土壤质量地球化学综合特征

一、黑土层厚度推断

1. 黑土层厚度计算方法

根据土壤系统分类中黑土层的判别标准，选取有机碳含量作为黑土层的判定指标。具体要求是：黑土层有机碳含量需比成土母质有机碳含量高 6g/kg。多目标区域地球化学调查中深层样的采样深度为 150～200cm（平均深度 180cm），用以代表成土母质的有机碳含量（$TOC_{深}$）。因此在土体中，有机碳含量 $\geqslant TOC_{深}+6g/kg$ 的土层厚度可认定为黑土层的厚度。

在平原区，土壤有机碳含量均表现为从表层至深层递减，且表层递减速率快，深层逐渐减慢。多数研究表明，有机碳含量在垂向的变化通常符合指数函数模型，即

$$土壤深度 = a \cdot e^{b \cdot TOC} \tag{5-1}$$

因此该函数必定要通过表层土壤（平均深度 10cm）和深层土壤（平均深度 180cm）两个点，将其代入式(5-1)，得

$$10 = a \cdot e^{b \cdot TOC_{表}} \tag{5-2}$$

$$180 = a \cdot e^{b \cdot TOC_{深}} \tag{5-3}$$

经整理后，可计算出 a 和 b 分别为

$$a = e^{\left(\frac{TOC_{深} \cdot \ln 10 - TOC_{表} \cdot \ln 180}{TOC_{深} - TOC_{表}}\right)} \tag{5-4}$$

$$b = \frac{\ln 10 - \ln 180}{TOC_{表} - TOC_{深}} \tag{5-5}$$

将式(5-4)和式(5-5)代入式(5-1)中，并将黑土层的有机碳含量标准设定为 $TOC_{标} = TOC_{深} + 0.6$，计算所得的土壤深度即为黑土层厚度。经整理得

$$黑土层厚度 = e^{\left(5.19 - \frac{1.734}{TOC_{表} - TOC_{深}}\right)} \tag{5-6}$$

式(5-1)～式(5-6)中，$TOC_{表}$ 为表层土壤有机碳含量，$TOC_{深}$ 为深层土壤有机碳含量，单位为%，黑土层厚度单位为 cm。

为了验证式(5-6)的合理性，选取 4 种情况进行比较。在图 5-13 中，A 和 B 比较说明，成土母质的有机碳含量相同时，表层有机碳含量越高，黑土层越厚；B 和 C 比较说明，表层有机碳含量相同时，成土母质有机碳含量越低，黑土层越厚。以上结果与黑土层判定标准和发育机理一致，说明式(5-6)是可靠的。而 D 的情况表明，当表层土壤有机碳含量与成土母质有机碳含量差值小于 6g/kg 时，计算的黑土层厚度会小于 10cm，将这种情况认定为不存在黑土层。

具体计算方法如下：在 ArcGIS 中，将每个表层土壤点与对应位置的深层土壤点的有机碳属性进行

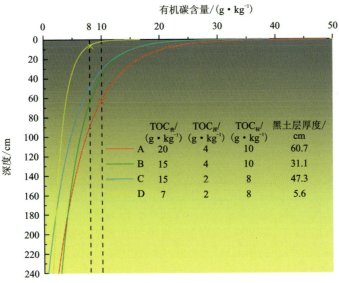

图 5-13　不同情况下土壤有机碳含量在垂向的指数分布曲线

连接，使每个表层土壤点具有 $TOC_{表}$ 和 $TOC_{深}$ 两个指标，代入式(5-6)，即可获得每个表层土壤点的黑土层厚度值。首先通过计算共获得松辽平原黑土层厚度值 62 896 个，然后在 ArcGIS 中利用克里金插值绘制黑土层厚度的空间分布图，如图 5-14 所示。

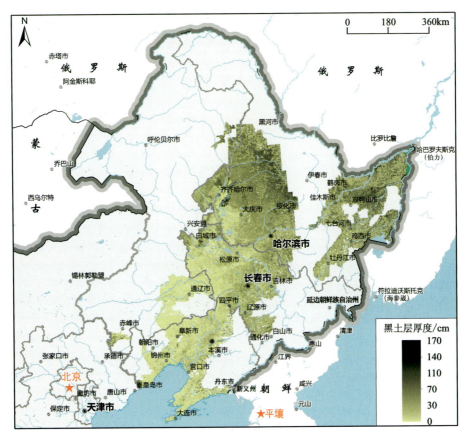

图 5-14　东北地区黑土层厚度分布图

东北地区黑土层厚度空间分布不均，整体呈西南薄、东北厚的分布格局(图 5-14)。东北地区黑土层厚度平均值为 31.32cm，中位数为 25cm，最小厚度 0cm，最大厚度 170.77cm。厚层黑土(>60cm)分布于小于5.5℃的年均等温线和大于550mm的年均降水线地区，分布在松嫩平原的绥化—五大连池—嫩江东北部的冲洪积波状高平原以及宝清—富锦地区冲积湖积堆积地貌区，为黏土质的地表基质类型，分布面积约8.0万 km^2，在扎龙湿地以及松嫩平原与小兴安岭低山丘陵过渡区黑土层最厚，达170cm。这些地区降水量大，成土母质质地黏重、透水性差，易形成上层滞水，草甸植被根系发育深且密集，为土体深部提供了大量有机质来源，低温和丰富的黏土矿物等条件有利于有机质的保存，形成深厚的黑土层，特别有利于农业生产。中层黑土（30～60cm）分布面积约15.36万 km^2，广泛分布于三江平原以及以由齐齐哈尔市、哈尔滨市、长春市构成的弧线为界的东北部。薄层黑土（10～30cm）分布于松辽平原西南部低平原地貌区，面积达7.6万 km^2，为以砂粒含量较高的风积砂为主的地表基质类型，降水量小且蒸发量大，发育根系短浅的草原植被，不利于有机质保存，不利于农业生产。

与20世纪80年代相比，黑土层厚度平均减薄速度为0.32cm/a，平均减少了12cm。东北地区黑土层减薄厚度具有显著地域差异，表现为吉林（平均厚度23.65cm）＞辽宁（平均厚度11.83cm）＞内蒙古（平均厚度10.33cm）＞黑龙江（平均厚度6.83cm），其中吉林省黑土层减薄厚度和比例最大。

二、土地地球化学质量状况

在完成评价土壤养分地球化学综合等级和土壤环境地球化学综合等级的基础上，根据《土地质量地球化学评价规范》（DT/Z 0295—2016），对土壤质量综合等级进行评价，评价结果见表5-18及黑土地表层土壤质量综合评价图（附图17）。

表5-18 土壤质量综合等级评价面积及占比

地区		优质	良好	中等	差等	劣等
松辽平原	面积/km^2	127 224	139 580	123 320	3524	320
	占比/%	32.29	35.43	31.30	0.89	0.08
三江平原	面积/km^2	45 552	16 152	1564	0	0
	占比/%	72.00	25.53	2.47	0.00	0.00

土壤质量以良好和优质为主。松辽平原土壤质量良好和优质面积占调查区总面积的71.85%，其中优质土地面积为127 224km^2，占松辽平原调查区总面积的32.29%，主要分布在黑龙江省和吉林省东部地区；质量良好面积为139 580km^2，占松辽平原调查区总面积的35.43%；质量中等面积为123 320km^2，占松辽平原调查区总面积的31.30%；质量差等和劣等土壤面积仅占0.97%，主要分布在西部盐碱化、沙化区。三江平原优质—良好土壤面积分别为45 552km^2和16 152km^2，占三江平原调查区总面积的97.53%，无差等和劣等土壤分布。

第四节 绿色天然富硒土地资源

在完成土壤质量状况评价的基础上，选择Cd、Hg、Se、Pb、Cr、Cu、pH共7个土壤环境评价指标，以及有机质（SOM）、全氮2个土壤肥力指标，依据《绿色食品产地环境质量》（NY/T 391—2021），对土壤适宜种植绿色食品状况进行评价，如表5-19所示。结果显示，松辽平原绿色食品产地适宜区广泛分布，可种植绿色食品耕地面积占比达96.77%，三江平原绿色食品产地土壤适宜区占比高达98.79%，为黑土地区大力发展绿色农业奠定了得天独厚的地理优势。在此基础上，叠加无重金属污染风险的耕地范围,圈出无污染风险的绿色土地资源共 443 540km²。

表 5-19 富硒土地资源面积及占比

地区		绿色食品适宜区	绿色无污染区	绿色无污染富硒土地	绿色无污染富硒耕地
松辽平原	面积/km²	381 248	381 072	4844	2872
	占比/%	96.77	96.73	1.23	0.73
三江平原	面积/km²	62 504	62 468	4042	3339
	占比/%	98.79	98.74	6.39	5.28

将黑土地表层土壤 108 588 个硒含量数据累计频率 95% 的含量值(0.35mg/kg)定为异常下限,将土壤硒含量大于 0.35mg/kg 的土地定义为富硒土地远景区。根据 1:250 000 土地质量地球化学调查成果,在黑土地区共圈定无污染风险的绿色富硒土地面积 1.16 万 km²,主要分布在三江平原东部宝清—富锦地区、松辽平原海伦—绥棱地区、辽宁丹东地区、吉林辉南—靖宇地区。这些地区土壤中硒含量在 0.35~5.3mg/kg 之间,平均值 0.38mg/kg。区内主要土地利用类型为耕地,分布面积 6 211.306km²,占无污染绿色富硒远景区土地总面积的 69.89%。

第六章 土壤碳库构成

第一节 表层土壤碳及有机碳区域分布特征

一、黑土地表层土壤碳的构成与分布

土壤碳分为土壤有机碳和土壤无机碳。本研究利用多目标区域地球化学调查表层土壤数据,计算了松辽平原及三江平原不同土壤类型 0~20cm 土壤有机碳和无机碳组成。图 6-1 和图 6-2 为东北两大平原各土壤类型 0~20cm 土壤有机碳(SOC_{20})和无机碳(SIC_{20})构成。由图可知,东北两大平原各土壤类型碳组成均以有机碳为主。由于土壤有机碳是研究区主要碳存在形式,在几十年的时间尺度下不稳定,对土壤碳源、汇的贡献极大,而无机碳与有机碳恰好相反,因此本书重点研究土壤有机碳及其变化因素。

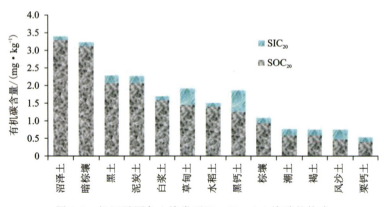

图 6-1 松辽平原各土壤类型(0~20cm)土壤碳的构成

二、不同土壤类型表层土壤碳分布特点

由于表层土壤碳主要以有机碳的构成为主,无机碳占比很小,因此表层土壤有机碳与全碳的分布极为相似。本研究分别统计了不同土壤类型土壤有机碳和全碳地球化学背景,并与黑土地的地球化学背景进行比较,研究了不同土壤类型的土壤碳的富集贫化程度,统计结果见表 6-1。

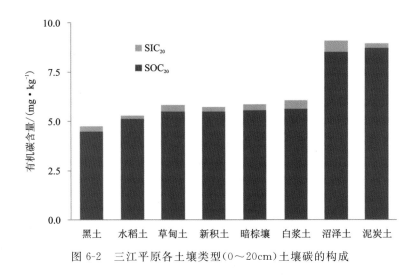

图 6-2 三江平原各土壤类型(0~20cm)土壤碳的构成

表 6-1 表层土壤有机碳与全碳各土壤类型富集程度对比统计

土壤类型	Corg	黑土地 Corg 背景值	Corg 富集系数	TC	黑土地 TC 背景值	TC 富集系数	Corg/TC
暗棕壤	2.96	1.52	1.95	3.10	1.86	1.67	0.95
白浆土	2.02	1.52	1.33	2.18	1.86	1.17	0.93
滨海盐土	0.82	1.52	0.54	0.94	1.86	0.50	0.88
草甸土	1.62	1.52	1.06	2.00	1.86	1.08	0.81
潮土	0.60	1.52	0.40	0.78	1.86	0.42	0.77
粗骨土	0.81	1.52	0.53	1.07	1.86	0.58	0.76
风沙土	0.49	1.52	0.32	0.75	1.86	0.40	0.65
褐土	0.62	1.52	0.41	0.79	1.86	0.43	0.78
黑钙土	1.25	1.52	0.83	1.87	1.86	1.01	0.67
黑土	2.04	1.52	1.35	2.25	1.86	1.21	0.91
红黏土	0.74	1.52	0.49	0.92	1.86	0.50	0.80
碱土	0.66	1.52	0.43	1.32	1.86	0.71	0.50
栗钙土	0.41	1.52	0.27	1.00	1.86	0.54	0.41
泥炭土	2.34	1.52	1.54	2.51	1.86	1.35	0.93
石质土	2.29	1.52	1.51	2.39	1.86	1.29	0.96
水稻土	1.43	1.52	0.94	1.54	1.86	0.83	0.93
新积土	1.57	1.52	1.03	1.69	1.86	0.91	0.93
沼泽土	3.05	1.52	2.01	3.22	1.86	1.73	0.95
棕壤	0.97	1.52	0.64	1.11	1.86	0.60	0.87

由表可知,沼泽土、暗棕壤、泥炭土、石质土、黑土、白浆土表层土壤有机碳与黑土地表层土壤有机碳背景相比呈强度富集,富集系数在1.4以上。表层土壤有机碳的分布与土壤所处的地形地貌、植被覆

盖、气候条件、水文地质条件等关系密切。沼泽土、泥炭土主要分布在东北两大平原的低洼地区和山间沟谷地带,具有季节性或长年的停滞性积水,地下水位都在1m以上,并具有沼生植物的生长和有机质的分解而形成潜育化过程的生物化学过程。该地区由于地势低平而滞水,形成了停滞性的高地下水位。松辽平原北部小兴安岭南缘山间沟谷是沼泽土集中分布区。该区森林采伐后林水蒸发减少而滞水,水生植被发育,主要有芦苇、菖蒲、沼柳、莎芦等,为表层有机碳累积提供了重要的生物资源基础。暗棕壤主要分布在松辽平原东部长白山脉西缘,主要以林业用地为主,每年有大量植物凋落物覆盖地表,为有机碳的强度富集提供重要基础条件。黑土和白浆土早期主要为草原草甸化植被,生物资源量丰富,有机碳累积作用明显。栗钙土、风沙土、潮土、褐土、碱土、红黏土、粗骨土、滨海盐土土壤有机碳及全碳相对贫化,富集系数在0.6以下。这些地区主要分布在松辽平原西南部西辽河流域、辽西诸河流域,属大兴安岭南部边缘,燕山山脉北坡,土地贫瘠,植被覆盖稀疏,属干旱—半干旱地区发育的土壤,有机碳及全碳含量均较低,具体如图6-3所示。

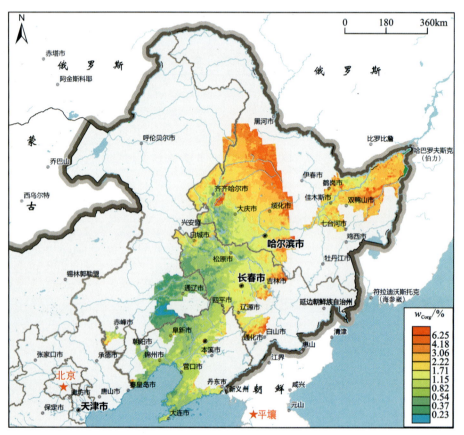

图6-3 黑土地表层土壤有机碳分布

第二节 成土母质碳及有机碳区域分布特征

一、黑土地成土母质碳的构成

本研究利用多目标区域地球化学调查的成土母质数据,计算了黑土地成土母质有机碳和无机碳组成。图6-4为黑土地不同地质背景成土母质有机碳（SOC_{180}）和无机碳（SIC_{180}）构成。黑土地各不同时代地层及侵入岩区深层土壤碳组成除第四系外均以有机碳为主，第四系分布区成土母质碳的构成与表层土壤差异很大，成土母质无机碳所占比例与有机碳所占比例相当，分别为50.8%、49.2%，第四系是最为广泛的地层区，约占69.9%，基本代表了全区地球化学基准。成土母质有机碳及无机碳分布特征存在一定的相似性，同时也存在明显的差异。

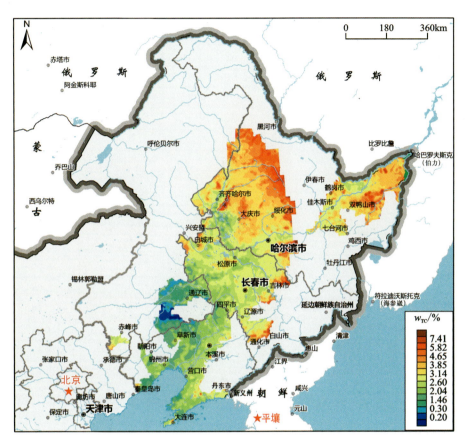

图6-4　黑土地表层土壤全碳分布图

二、黑土地成土母质碳的分布

成土母质是没有受到人为干扰的土层，具有原生的特点，代表土壤的第一环境，其土壤有机碳和全碳的含量更接近自然丰度的第四纪原生地球化学含量，因此成土母质有机碳分布分配特征按不同成土母质、不同时代地层、不同时代侵入岩分别进行统计和对比研究，可为正确理解基础地质地球化学问题提供重要地球化学基础数据。根据地层、岩浆岩的分布面积，结合深层调查点的数量，共统计23个地质单元，其中地层区包括第四系、新近系、白垩系、侏罗系、二叠系、石炭系、泥盆系、志留系、奥陶系、寒武系、元古宇、太古宇；岩浆岩区包括白垩纪侵入岩、侏罗纪侵入岩、三叠纪侵入岩、二叠纪侵入岩、石炭纪侵入岩、泥盆纪侵入岩、志留纪侵入岩、奥陶纪侵入岩、寒武纪侵入岩、元古宙侵入岩和玄武岩。各地质单元表层土壤地球化学特征值见表6-2。

表 6-2 成土母质有机碳与全碳各土壤类型富集程度对比统计

地质背景	Corg	黑土地 Corg 基准值	Corg 富集系数	TC	黑土地 Corg 基准值	Corg 富集系数	Corg/TC
第四系	0.33	0.37	0.88	0.6	0.65	0.99	0.51
新近系	0.66	0.37	1.78	0.9	0.65	1.36	0.75
白垩系	0.49	0.37	1.33	0.7	0.65	1.02	0.75
侏罗系	0.62	0.37	1.67	0.7	0.65	1.12	0.85
二叠系	0.69	0.37	1.86	0.9	0.65	1.36	0.78
石炭系	0.50	0.37	1.34	0.7	0.65	0.99	0.77
泥盆系	0.81	0.37	2.20	0.9	0.65	1.38	0.91
志留系	0.38	0.37	1.01	0.5	0.65	0.82	0.71
奥陶系	0.68	0.37	1.84	0.8	0.65	1.16	0.90
寒武系	0.52	0.37	1.40	0.7	0.65	0.99	0.80
元古宇	0.54	0.37	1.45	0.7	0.65	1.11	0.74
太古宇	0.44	0.37	1.20	0.7	0.65	0.95	0.72
白垩纪侵入岩	0.54	0.37	1.46	0.6	0.65	0.98	0.85
侏罗纪侵入岩	0.40	0.37	1.08	0.5	0.65	0.83	0.74
三叠纪侵入岩	0.55	0.37	1.49	0.7	0.65	1.11	0.77
二叠纪侵入岩	0.54	0.37	1.47	0.7	0.65	1.09	0.77
石炭纪侵入岩	0.94	0.37	2.54	1.2	0.65	1.86	0.78
泥盆纪侵入岩	0.46	0.37	1.24	0.5	0.65	0.81	0.88
志留纪侵入岩	0.42	0.37	1.12	0.4	0.65	0.67	0.96
奥陶纪侵入岩	0.41	0.37	1.11	0.5	0.65	0.70	0.91
寒武纪侵入岩	0.53	0.37	1.43	0.6	0.65	0.89	0.91
元古宙侵入岩	0.54	0.37	1.47	0.7	0.65	1.01	0.83
玄武岩	0.67	0.37	1.82	0.9	0.65	1.41	0.74

总结其富集贫化特点如下：新近系、侏罗系、二叠系、泥盆系、奥陶系、寒武系、元古宇分布区土壤有机碳相对黑土地有机碳地球化学背景呈强度富集，侵入岩地区白垩纪侵入岩、三叠纪侵入岩、二叠纪侵入岩、石炭纪侵入岩、寒武纪侵入岩、元古宙侵入岩、玄武岩分布区相对黑土地有机碳地球化学背景呈强度富集，这些地区主要分布在松辽平原东部长白山、小兴安岭西坡及大兴安岭东缘的低山丘陵区。

太古宇、泥盆纪侵入岩、白垩系、石炭系分布区成土母质有机碳基准与黑土地相比呈中弱富集，第四系、志留系、侏罗纪侵入岩、奥陶纪侵入岩、志留纪侵入岩与全区相当。从行政区域看，成土母质有机碳高背景区主要分布在松辽平原东部及北部的低山丘陵区；低背景区主要分布在松辽平原西部的沙化、碱化比较严重的地区，具体包括内蒙古通辽、吉林长岭和白城地区、黑龙江大庆地区。具体分布见图 6-5。

成土母质全碳与有机碳分布特征有所不同，玄武岩地区、石炭纪侵入岩区成土母质全碳呈强度富集，新近系、二叠系、泥盆系分布区成土母质全碳呈中弱富集，第四系、白垩系、侏罗系、石炭系、志留系、奥陶系、寒武系、元古宇、太古宇、白垩纪侵入岩、三叠纪侵入岩、二叠纪侵入岩、泥盆纪侵入岩、寒武纪侵入岩、元古宙侵入岩区土壤全碳与全区基准相当，志留纪侵入岩、奥陶纪侵入岩呈中弱贫化。高背景区主要集中分布在嫩江流域的松嫩平原中北部地区，行政区域包括黑龙江嫩江—五大连池一带、大庆—齐齐哈尔地区、吉林松原—白城地区；低背景区主要集中分布在西辽河流域的内蒙古通辽地区以及松花江下游绥滨—同江段，行政区域属于黑龙江绥滨县—鹤岗一带。具体分布见图 6-6。

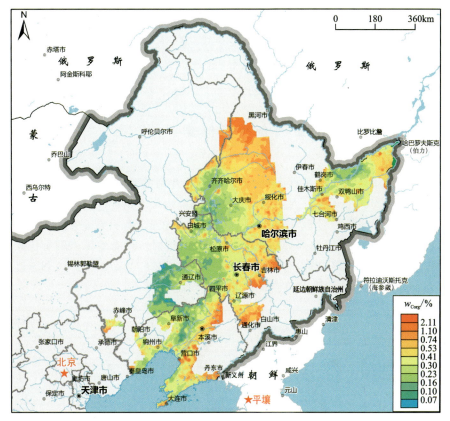

图 6-5 黑土地成土母质有机碳分布

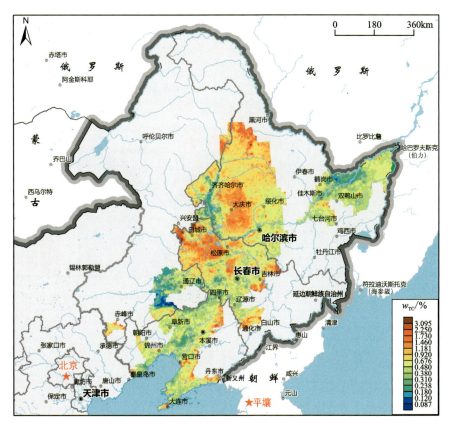

图 6-6 黑土地成土母质全碳分布图

第三节　土壤碳密度及土壤碳储量

一、松辽平原有机碳密度空间分布与储量

研究区土壤有机碳密度（SOCD）呈西南低、向东北逐渐升高的分布格局，这与研究区内土壤类型及植被覆盖关系密切（图 6-7）。松辽平原西南部的通辽—阜新沙化严重地区、沿渤海湾营口—大连滨海盐土区、松嫩平原西部的大庆—松原盐碱化区土壤有机碳密度较低，有机碳密度在 $0.05\sim1.68\text{kg/m}^2$ 之间，平均值在 1.16kg/m^2；松嫩平原北部的绥化—北安地区、榆树—尚志地区土壤有机碳密度较高，该区主要土壤类型为黑土、黑钙土及暗棕壤，有机碳密度在 $5.66\sim62.52\text{kg/m}^2$ 之间，平均值为 8.86kg/m^2。上述数据体现了松辽平原土壤有机碳密度空间分布不均匀的特点。

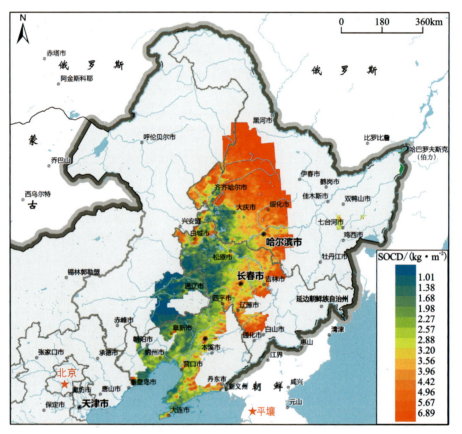

图 6-7　松辽平原 0~20cm 土壤有机碳密度分布

二、松辽平原各土壤类型的有机碳储量

按照土壤类型分别计算了 0~20cm 和 0~180cm（奚小环等，2010）土壤平均有机碳密度（$SOCD_{20}$、$SOCD_{180}$），并根据采样点计算对应的土壤类型面积和储量（$SOCS_{20}$、$SOCS_{180}$），结果见表 6-3。草甸土、

黑土、暗棕壤及黑钙土在研究区占有较大面积,同时具有较高的土壤有机碳密度。因此,这些土壤类型具有较高的土壤碳储量。根据各土壤类型的分布面积和土壤有机碳密度,本研究估算了松辽平原表层土壤(0~20cm)、成土母质(0~180cm)有机碳储量。估算结果表明,目前松辽平原0~20cm土壤有机碳储量约为1445Tg,0~180cm有机碳储量约为7364Tg。

表 6-3 松辽平原不同土壤类型有机碳密度及碳储量统计

土类	$SOCD_{20}/(kg \cdot m^{-2})$	$SOCD_{180}/(kg \cdot m^{-2})$	面积/km^2	$SOCS_{20}$/Tg	$SOCS_{180}$/Tg
草甸土	4.09	20.23	105 684	432.71	2 137.78
黑土	5.22	26.09	45 868	239.36	1 196.89
暗棕壤	7.36	36.86	32 124	236.54	1 184.08
黑钙土	2.99	14.64	45 200	135.06	661.67
棕壤	3	18.94	30 736	92.07	582.11
沼泽土	9.24	41.64	9484	87.61	394.89
白浆土	4.65	23.12	10 548	49.01	243.91
水稻土	3.88	21.22	11 000	42.67	233.4
潮土	1.71	9.55	21 536	36.9	205.57
风沙土	1.5	8.52	21 884	32.73	186.36
栗钙土	1.78	9.43	10 248	18.22	96.66
褐土	1.77	10.92	9748	17.28	106.42
碱土	1.99	10.52	4104	8.17	43.18
火山灰土	9.1	46.38	348	3.17	16.14
泥炭土	6.59	32.3	424	2.8	13.7
新积土	2.92	14.79	824	2.4	12.19
粗骨土	2.17	13.48	984	2.13	13.26
滨海盐土	2.29	15.75	768	1.76	12.09
盐土	1.99	10.78	856	1.7	9.22
江、河地区土	2.12	12.41	580	1.23	7.2
城区土	5.81	29.03	104	0.6	3.02
红黏土	2.14	15.44	164	0.35	2.53
石质土	6.93	34.93	48	0.33	1.68
总计			363 264	1 444.83	7 363.95

三、三江平原有机碳密度空间分布与储量

各类型土壤碳密度构成均显示为以有机碳为主的特征(表6-4)。不同土壤类型有机碳密度水平有明显差异,沼泽土、泥炭土有机碳密度最高,平均在 $8kg/m^2$ 以上,这与两种土壤类型的植被类型有关。首先研究区沼泽土、泥炭土主要为苔草、芦苇等水生生物,每年有大量凋落物覆盖地表,同时土壤湿度较大,为土壤有机碳的累积提供了良好的环境条件。其次是白浆土、暗棕壤、新积土、草甸土、水稻土和黑土,有机碳密度在 $4.49\sim5.62kg/m^2$ 之间。

表6-4 三江平原不同类型土壤(0~20cm)有机碳密度及碳储量统计

土类	样本数/件	$SOCD_{20}$最小值/$(kg\cdot m^{-2})$	$SOCD_{20}$最大值/$(kg\cdot m^{-2})$	$SOCD_{20}$平均值/$(kg\cdot m^{-2})$	0~20cm有机碳储量/Tg
其他土	71	0.132	19.206	4.623	1.313
暗棕壤	1485	1.488	34.710	5.567	33.069
白浆土	2783	1.320	20.760	5.619	62.550
草甸土	5802	0.638	70.540	5.480	127.172
黑土	1607	1.344	31.836	4.492	28.873
湖泊、水库土	26	3.180	14.252	6.305	0.656
灰褐土	4	1.560	3.000	2.333	0.037
江、河土	31	0.864	5.856	3.225	0.400
江河内沙洲、岛屿土	1	4.158	4.158	4.158	0.017
泥炭土	75	1.664	25.344	8.724	2.617
水稻土	172	2.024	23.700	5.125	3.526
新积土	156	0.408	19.008	5.480	3.419
沼泽土	2473	0.952	94.136	8.493	84.017
合计					347.67

三江平原表层土壤有机碳密度的分布是不均匀的(图6-8)。研究区绥滨、萝北、桦川县泥沙砾质低平原SOCD相对较低,表层土壤SOCD在 $4.0kg/m^2$ 以下,局部低于 $2.8\ kg/m^2$。抚远县、饶河县东部及同江市东部表层土壤SOCD相对较高,在 $6.4kg/m^2$ 以上;富锦县南部、宝清县北部表层土壤SOCD为高背景区,平均在 $8.0\ kg/m^2$ 以上,局部达到 $13.0\ kg/m^2$ 以上,这些区域在20世纪70年代土地利用主要以沼泽湿地为主,后期被广泛开发为农田,仅保存有沿饶力河两侧呈带状分布的沼泽湿地。根据目前土壤有机碳密度分布格局,虽然沼泽湿地被开垦多年,但是表层土壤SOCD却依然处于很高的背景。

按照土壤类型计算了三江平原0~20 cm土壤平均有机碳密度,并根据采样点计算了对应的土壤类型面积和储量。草甸土、白浆土、沼泽土在三江平原占有较大面积,同时具有较高的土壤有机碳密度。因此,这些土壤类型具有较高的土壤碳储量。根据各土壤类型的分布面积和土壤有机碳密度,本研究估算了三江平原表层土壤(0~20cm)有机碳储量约为348Tg。

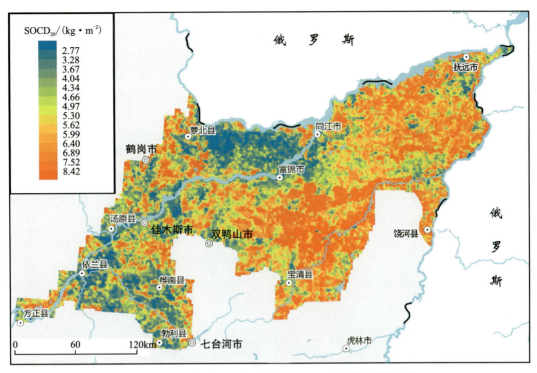

图 6-8　三江平原 2010 年土壤(0～20cm)有机碳密度分布

四、土壤碳密度变化

第二次全国土壤普查(1979—1992 年)较详细地对中国土壤状况进行了调查和研究,在此基础上形成了精确到土壤亚类或土属的土壤剖面数据库,可以直接反映 20 世纪 80 年代土壤有机碳库值,因此可以作为土壤有机碳库变化的基期数据。研究区土壤采样工作开展于 2005—2018 年,在这前后间隔 30 年左右的时间,这也正是中国经济迅猛发展,土地利用方式急剧变化,人类行为对自然界影响空前巨大的 30 年,同时也是全球气候变化日益显著的 30 年。表层土壤(0～20cm)受到自然条件和人为活动的影响最为显著,它直接与陆地生态系统碳循环发生动态的耦合,其有机碳密度的变化和分布活跃地响应于外界环境的变化,所以采用表层 SOCD 来比较不同时期土壤碳储存的变化,可以反映 30 年时间内土壤有机碳密度的变化情况。

(一)松辽平原表层土壤有机碳密度变化

图 6-9 中红色为正值,表示 20 年间松辽平原土壤有机碳密度增加的地区,而蓝色为负值,表示有机碳密度减少的地区。从图中可知,研究区内的哈大齐工业走廊、松原—通辽地区、四平—铁岭地区的大部分区域土壤有机碳密度明显下降,尤其松辽平原中部的哈尔滨—大庆地区土壤有机碳密度降低非常明显;而松嫩平原北部的海伦—北安低山丘陵区、松辽平原中部的四平—长春—德惠地区、松辽平原西部的低山丘陵区土壤有机碳密度呈上升趋势,尤其松辽平原北部的海伦—北安地区土壤有机碳密度上升非常明显。

按照土地利用类型统计了研究区表层土壤有机碳密度变化量($\Delta SOCD_{20}$)的平均值以及碳储量变化量(表 6-5)。由表可知,除了林地和沼泽地外,其他各土地利用类型有机碳密度总体上呈降低趋势。从

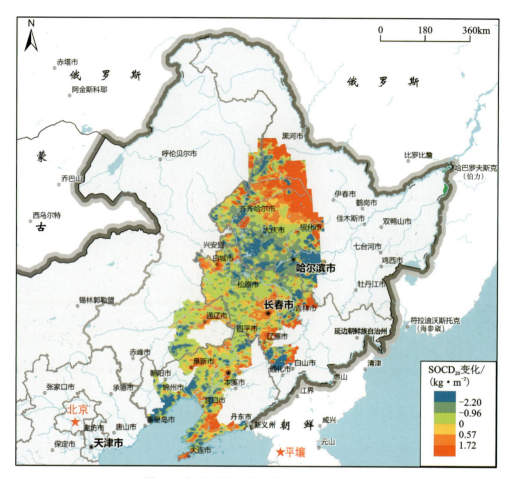

图 6-9 松辽平原表层土壤有机碳密度变化

表 6-5 各土地利用类型表层土壤有机碳密度及碳库变化

土地利用	面积/km²	SOCD/(kg·m⁻²)	目前总量/Tg	$\Delta SOCD_{20}$/(kg·m⁻²)	总变化量/Tg
草地	29 980	3.23	96.97	−0.53	−15.93
旱地	184 788	3.68	679.10	−0.41	−76.18
河流水面	5776	2.87	16.61	−1.14	−6.59
建设用地	21 572	3.39	73.19	−0.39	−8.37
林地	59 528	5.52	328.88	0.05	3.26
沙地	2400	0.74	1.78	−0.57	−1.36
水田	25 040	4.21	105.32	−0.13	−3.23
滩涂	5428	3.51	19.06	−0.58	−3.17
未利用地	156	5.52	0.86	−0.70	−0.11
盐碱地	13 832	1.93	26.70	−1.18	−16.32
沼泽地	16 496	6.13	101.08	0.71	11.72
合计	364 996	3.97	1 449.54	−0.32	−116.29

各用地方式碳库变化量来看,松辽平原旱地碳源效应最明显,为76.18Tg;其次为盐碱地和草地,分别为16.32Tg、15.98Tg。松辽平原旱地、草地、盐碱地土壤有机碳密度的降低,说明松辽平原近几十年产生了明显的碳源效应,草地及盐碱地的土壤肥力处于下降的趋势。从松辽平原两期碳库储量来看,松辽平原0~20cm土壤有机碳减少了116.29Tg,20年间较基期下降7.43%,损失的这部分有机碳可作为松辽平原20年间对大气CO_2的贡献参考。表中数据还显示,林地、沼泽地起到的固碳效应明显,分别为11.72Tg和3.26Tg。

(二)三江平原表层土壤有机碳密度变化

图6-10显示了30年来三江平原土壤碳密度变化分布格局,图中正值表示30年来的土壤有机碳密度增加量,负值表示减少量。由图可见,研究区大部分地区土壤有机碳密度在减少,尤其宝清县、富锦市、饶河县及抚远县境内的广大草甸土和沼泽土区,土壤有机碳密度减少幅度较大,平均减少$2.8kg/m^2$以上。这种变化格局的形成主要与研究区土地利用转化有关。已有研究表明,草地、林地转化为耕地,会加速土壤有机碳的分解速率,造成土壤有机碳减少。本研究统计了三江平原主要土地利用变化对应表层土壤有机碳密度变化状况,结果表明:三江平原草地、林地及沼泽地转变为耕地土壤有机碳密度平均下降幅度在$4.1\sim12.8kg/m^2$之间,沼泽转为旱地土壤有机碳下降最为明显,平均为$12.8kg/m^2$。三江平原1980—2010年主要土地利用变化为东部及南部宝清、富锦地区的草地、林地及沼泽湿地近1.4万km^2转化为耕地,这些区域恰好为土壤有机碳减少最为明显的地区。根据有机碳密度增加和减少的面积,得出三江平原30年来表层土壤有机碳由20世纪80年代的641Tg下降到当今的348Tg,下降幅度比例近45.7%。由此可见,三江平原土壤有机碳的损失对大气CO_2的贡献巨大。

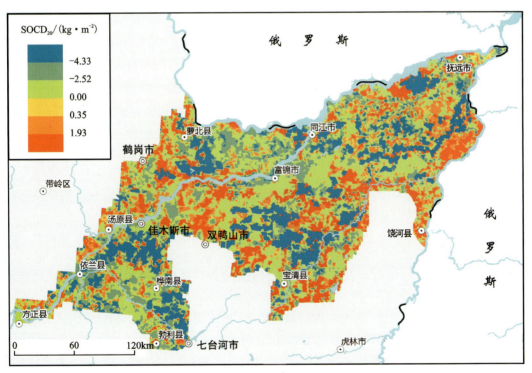

图6-10 三江平原1980—2010年土壤(0~20cm)有机碳密度变化

主要参考文献

蔡子华,戴磊,段学军,等,2007. 浙江省农业地质环境 GIS 设计与实现[M]. 北京:地质出版社.

陈怀满,2005. 环境土壤学[M]. 北京:科学出版社.

陈亚新,史海滨,魏占民,等,2005. 土壤水盐信息空间变异的预测理论与条件模拟[M]. 北京:科学出版社.

成杭新,王文栋,赵传冬,等,2005. 恒河流域地下水 As 中毒的特征及其对中国区域生态地球化学评价的启示[J]. 地质通报,24(8):694-699.

迟清华,鄢明才,2007. 应用地球化学元素丰度数据手册[M]. 北京:地质出版社.

崔玉军,时永明,李延生,等,2008. 松嫩平原沼泽湿地区多目标地球化学调查方法试验[J]. 现代地质,22(6):1055-1058.

崔玉军,时永明,刘国栋,等,2008. 黑龙江省松嫩平原南部黑土的元素含量特征[J]. 现代地质,22(6):929-933.

戴慧敏,刘凯,宋运红,等,2020. 东北地区黑土退化地球化学指示与退化强度[J]. 地质与资源,29(6):510-517.

丁雪丽,韩晓增,乔云发,等,2012. 农田土壤有机碳固存的主要影响因子及其稳定机制[J]. 土壤通报,43(3):737-744.

董岩翔,郑文,周建华,等,2007. 浙江省土壤地球化学基准值[M]. 北京:地质出版社.

方洪宾,赵福岳,姜琦刚,等,2008. 松嫩平原经济区第四系基础地质遥感调查报告[R]. 北京:中国国土资源部航空物探遥感中心.

方华军,杨学明,张晓平,2003. 东北黑土有机碳储量及其对大气 CO_2 的贡献[J]. 水土保持学报,17(3):9-12.

韩晓萌,戴慧敏,梁帅,等,2020. 黑龙江省拜泉地区典型黑土剖面元素地球化学特征及其环境指示意义[J]. 地质与资源,29(6):556-563.

韩振新,徐衍强,郑庆道,2004. 黑龙江省重要金属和非金属矿产的成矿系列及其演化[M]. 哈尔滨:黑龙江人民出版社.

郝立波,马力,赵海滨,2004. 岩石风化成土过程中元素均一化作用及机理:以大兴安岭北部火山岩区为例[J]. 地球化学,33(2):8.

黑龙江省地质矿产局,1993. 黑龙江省区域地质志[M]. 北京:地质出版社.

黑龙江省人民政府,黑龙江省社会科学院,2005. 黑龙江年鉴 2005[M]. 哈尔滨:黑龙江年鉴社.

黑龙江省人民政府,黑龙江省社会科学院,2006. 黑龙江年鉴 2006[M]. 哈尔滨:黑龙江年鉴社.

黑龙江省人民政府,黑龙江省社会科学院,2007. 黑龙江年鉴 2007[M]. 哈尔滨:黑龙江年鉴社.

黑龙江省土地管理局,黑龙江省土壤普查办公室,1992. 黑龙江土壤[M]. 北京:农业出版社.

黑龙江省土地管理局,黑龙江省土壤普查办公室,1994. 黑龙江土壤[M]. 北京:中国农业出版社.

李德文,孟凡祥,史奕,等,2005. 农业管理措施对土壤有机碳固存潜力影响的研究进展[J]. 农业系统科学与综合研究,21(4):260-263.

李定远,石德强,申锐莉,等,2008. 江汉平原大气污染源分析[J]. 现代地质,22(6):915-921.

李福田,何晓华,张斌,等,2003. 黑龙江省国土资源遥感综合调查报告[R]. 哈尔滨:黑龙江省地质调查研究总院.

李嘉熙,葛晓立,2005. 城市土壤环境地球化学研究:以苏州市为例[J]. 地质通报,24(8):710-714.

李嘉熙,吴功建,黄怀曾,等,2000. 区域地球化学与农业和健康[M]. 北京:人民卫生出版社.

李瑞敏,刘永生,陈有鑑,等,2007. 农业地质地球化学评价方法研究:土地生态安全之地学探索[M]. 北京:地质出版社.

李天杰,赵烨,张科利等,2004. 土壤地理学[M]. 北京:高等教育出版社.

李延生,崔玉军,2008. 黑龙江省松嫩低平原区盐渍化地球化学特征[J]. 现代地质,22(6):934-938.

林年丰,汤洁,2005. 松嫩平原环境演变与土地盐碱化、荒漠化的成因分析[J]. 第四纪研究,25(4):474-483.

刘国栋,崔玉军,谭福成,等,2008. 黑龙江五常地区土壤肥力及环境健康评价[J]. 现代地质,22(6):1010-1014.

刘凯,魏明辉,戴慧敏,等,2022. 东北黑土区黑土层厚度的时空变化[J]. 地质与资源,31(3):434-442.

刘克锋,刘建斌,贾月慧,2006. 土壤、植物营养与施肥[M]. 北京:气象出版社.

刘绮,2004. 环境化学[M]. 北京:化学工业出版社.

刘树华,2004. 环境物理学[M]. 北京:化学工业出版社.

陆继龙,蔡波,郝立波,等,2007. 第二松花江中下游河段底泥中多环芳烃的初步研究[J]. 岩矿测试,26(4):325-327.

陆景冈,2006. 土壤地质学[M]. 北京:地质出版社.

潘根兴,李恋卿,张旭辉,等,2003. 中国土壤有机碳库量与农业土壤碳固定动态的若干问题[J]. 地球科学进展,18(4):609-618.

全国土壤普查办公室,1994. 中国土种志(第二卷)[M]. 北京:中国农业出版社,276-329.

任国玉,郭军,徐铭志,等,2005. 近50年中国地面气候变化基本特征[J]. 气象学报,63(6):942-956.

宋运红,刘凯,戴慧敏,等,2020. 东北松辽平原典型黑土-古土壤剖面AMS^{14}C年龄首次报道[J]. 中国地质,47(6):1926-1927.

宋运红,刘凯,戴慧敏,等,2021. 东北松辽平原35年来耕地土壤全氮时空变化最新报道[J]. 中国地质,48(1):332-333.

宋运红,张哲寰,杨凤超,等,2020. 黑龙江海伦地区垦殖前后典型黑土剖面主要养分元素垂直分布特征[J]. 地质与资源,29(6):543-549.

苏永中,赵哈林,2002. 土壤有机碳储量、影响因素及其环境效应的研究进展[J]. 中国沙漠,22(3):220-228.

孙铁珩,李培军,周启星,等,2005. 土壤污染形成机理与修复技术[M]. 北京:科学出版社.

汪庆华,唐根年,李睿,等,2007. 浙江省特色农产品立地地质背景研究[M]. 北京:地质出版社.

王景立,韩楠楠,冯伟志,等,2018. 东北苏打盐碱地整治工程技术与装备研究综述[J]. 农业与技术,38(23):4.

王军,顿耀龙,郭义强,等,2014. 松嫩平原西部土地整理对盐渍化土壤的改良效果[J]. 农业工程学报,30(18):266-275.

王立刚,邱建军,马永良,2004. 应用DNDC模型分析施肥与翻耕方式对土壤有机碳含量的长期影响[J]. 中国农业大学学报,9(6):15-19.

王平,奚小环,2004. 2004年全国农业地质工作的蓝图:"农业地质调查规划要点"评述[J]. 中国地质,31(A1):11-15.

王晓光,郭晓东,刘强,2023. 东北地区地貌分区及第四纪地质图(1:150万)[M]. 北京:地质出版社.

奚小环,2005. 多目标区域地球化学调查与生态地球化学:第四纪研究与应用的新方向[J]. 第四纪研究,25(3):269-274.

奚小环,2006. 土壤污染地球化学标准及等级划分问题讨论[J]. 物探与化探,30(6):471.

奚小环,杨忠芳,崔玉军,2010. 东北平原土壤有机碳分布与变化趋势研究[J]. 地学前缘,17(3):213-221.

奚小环,杨忠芳,夏学齐,等,2009. 基于多目标区域地球化学调查的中国土壤碳储量计算方法研究[J]. 地学前缘,16(1):194-205.

徐子棋,许晓鸿,2018. 松嫩平原苏打盐碱地成因、特点及治理措施研究进展[J]. 中国水土保持SWCC,2:54-60.

许晓鸿,刘肃,赵英杰,等,2018. 吉林省西部不同环境因子对苏打盐碱地分布的影响[J]. 水土保持通报,38(1):89-95.

杨克敌,2003. 微量元素与健康[M]. 北京:科学出版社.

杨林章,徐琪,2005. 土壤生态系统[M]. 北京:科学出版社.

杨忠芳,成杭新,奚小环,等,2005. 区域生态地球化学评价思路及建议[J]. 地质通报,24(8):687-693.

杨忠芳,夏学齐,余涛,等,2011. 内蒙古中北部土壤碳库构成及其影响因素[J]. 地学前缘,18(6):1-10.

张洪江,2000. 土壤侵蚀原理[M]. 北京:中国林业出版社.

张辉,2006. 土壤环境学[M]. 北京:化学工业出版社.

张磊,2005. 环境地质与生态农业建设实务全书[M]. 北京:北京北影录音录像公司.

张丽敏,何腾兵,徐明岗,等,2013. 保护性耕作下南方旱地土壤碳氮储量变化[J]. 土壤与作物,2(3):112-116.

张树文,张养贞,李颖,等,2006. 东北地区土地利用/覆被时空特征分析[M]. 北京:科学出版社.

张巍,冯玉杰,2009. 松嫩平原盐碱土理化性质与生态恢复[J] 土壤学报,46(1):169-172.

赵鹏敏,贾政强,2020. 东北平原西部盐碱地生态治理探析[J]. 东北水利水电(5):47-49(72).

赵友兴,王丽欣,梁颖权,等,2003. 黑龙江省地图集[M]. 哈尔滨:哈尔滨出版社.

郑国璋,2007. 农业土壤重金属污染研究的理论与实践[M]. 北京:中国环境科学出版社.

中国环境监测总站,1990. 中国土壤元素基准值[M]. 北京:中国环境科学出版社.

周国华,董岩翔,张建明,等,2007. 浙江省农业地质环境调查评价方法技术[M]. 北京:地质出版社.

朱咏莉,韩建刚,吴金水,2004. 农业管理措施对土壤有机碳动态变化的影响[J]. 土壤通报,35(5):648-651.

AUSTIN A T,VIVANCO,LUCÍA,2006. Plant litter decomposition in a semi-arid ecosystem controlled by photodegradation[J]. Nature,442(7102):555-558.

GULDE S,CHUNG H,AMELUNG W,et al.,2008. Soil carbon saturation controls labile and stable carbon pool dynamics[J]. Soil Science Society of America Journal,72(3):605-612.

ITO A,OIKAWA T,2002. A simulation model of the carbon cycle in land ecosystems (Sim-CYCLE):a description based on dry-matter production theory and plot-scale validation[J]. Ecological Modelling,151(2-3):143-176.

JANSSENS I A,FREIBAUER A,SCHLAMADINGER B,et al.,2005. The carbon budget of terrestrial ecosystems at country-scale: A European case study[J]. Biogeosciences,2(1): 15-26.

JENKINSON D S,ADAMS D E,WILD A,1991. Model estimates of CO_2 emissions from soil in response to global warming[J]. Nature,351(6324): 304-306.

JONG E D,KACHANOSKI R G,1988. The importance of erosion in the carbon balance of prairie soils[J]. Canadian Journal of Soil Science,68(1): 111-119.

LAL R,FOLLETT R F,STEWART B A,et al.,2007. Soil carbon sequestration to mitigate climate change and advance food security[J]. Soil Science,172(12): 943-956.

LUSS W G W,2015. World reference base for soil resources 2014[M]. Rome: FAO.

MARLAND G,GARTEN C T,POST W M,et al.,2004. Studies on enhancing carbon sequestration in soils[J]. Energy,29(9-10): 1643-1650.

MELILLO J M,2002. Soil warming and carbon-cycle feedbacks to the climate system[J]. Science,298(5601): 2173-2176.

MIEHLE P,LIVESLEY S J,FEIKEMA P M,et al.,2006. Assessing productivity and carbon sequestration capacity of Eucalyptus globulus plantations using the process model Forest-DNDC: Calibration and validation[J]. Ecological Modelling,192(1-2): 83-94.

PIAO S,FANG J,CIAIS P,et al.,2009. The carbon balance of terrestrial ecosystems in China[J]. Nature,458(7241): 1009-1013.

POST W M,EMANUEL W R,ZINKE P J,et al.,1982. Soil carbon pools and world life zones[J]. Nature,298(5870): 156-159.

RHEE J S,IAMCHATURAPATR J,2009. Carbon capture and sequestration by a treatment wetland[J]. Ecological Engineering,35(3): 393-401.

SCHLESINGER W H,1990. Evidence from chronosequence studies for a low carbon-storage potential of soils[J]. Nature,348(6298): 232-234.

SOIL S S,2014. Keys to soil taxonomy[M]. 12th ed. United States Department of Agriculture, Natural Resources Conservation Service.

SONG G,LI L,ZHANG P Q,2005. Topsoil organic carbon storage of China and its loss by cultivation[J]. Biogeochemistry,74(1): 47-62.

VAN OOST K,QUINE T A,GOVERS G,et al.,2007. The impact of agricultural soil erosion on the global carbon cycle[J]. Science,318(5850): 626-629.

XIA X Q,YANG Z F,LIAO Y,et al.,2010. Temporal variation of soil carbon stock and its controlling factors over the last two decades on the southern Song-nen Plain,Heilongjiang Province[J]. Geoscience Frontiers,1(1): 125-132.

附 图

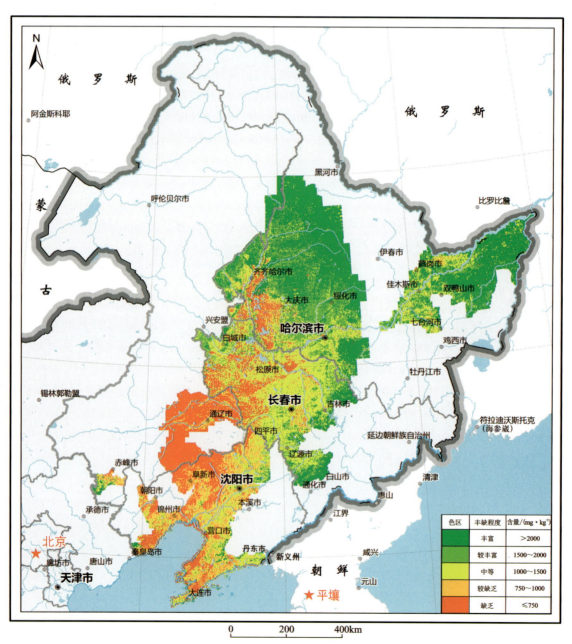

附图 1 黑土地土壤全氮评价图

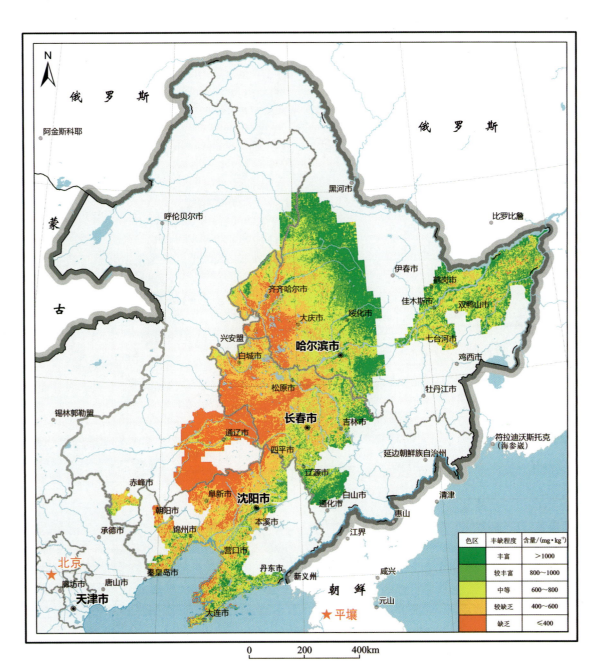

附图 2　黑土地土壤磷元素评价图

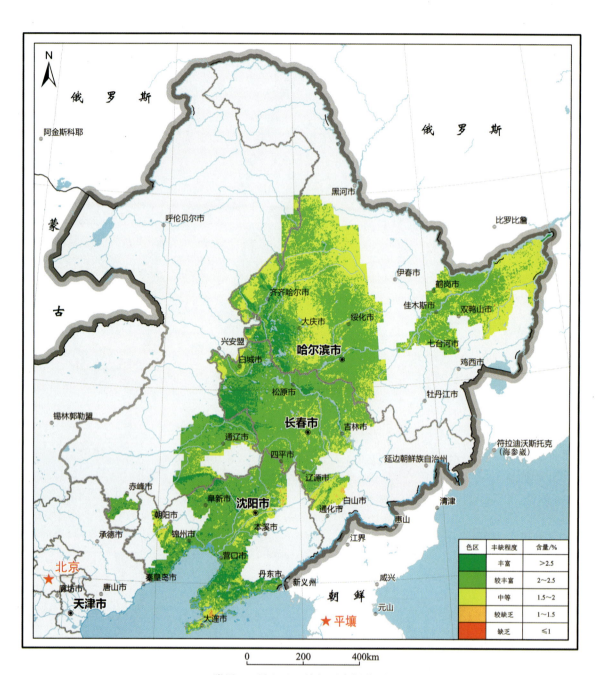

附图3 黑土地土壤钾元素评价图

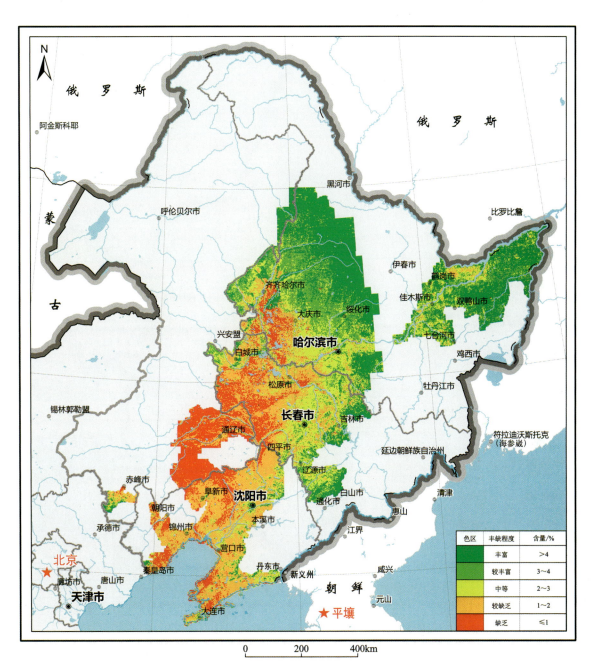

附图 4 黑土地土壤有机质评价图

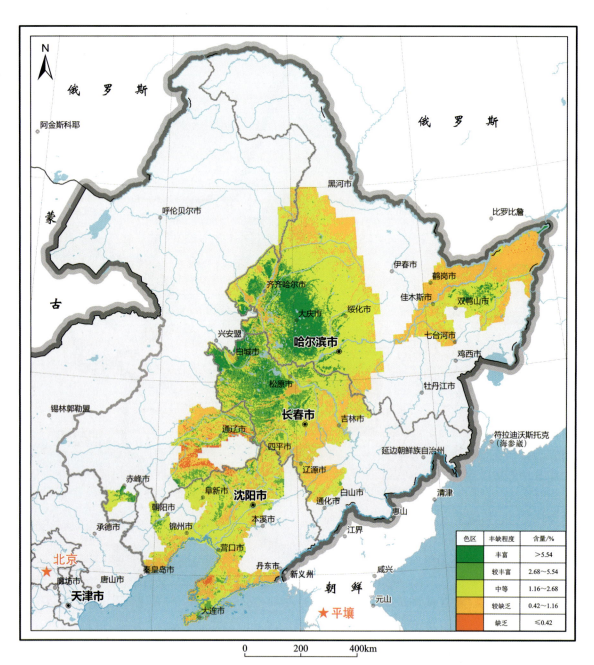

附图5 黑土地土壤氧化钙评价图

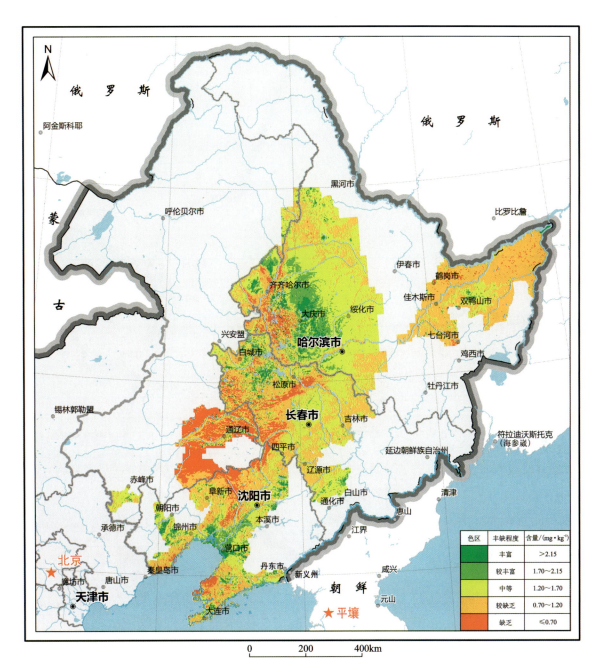

附图6 黑土地土壤氧化镁评价图

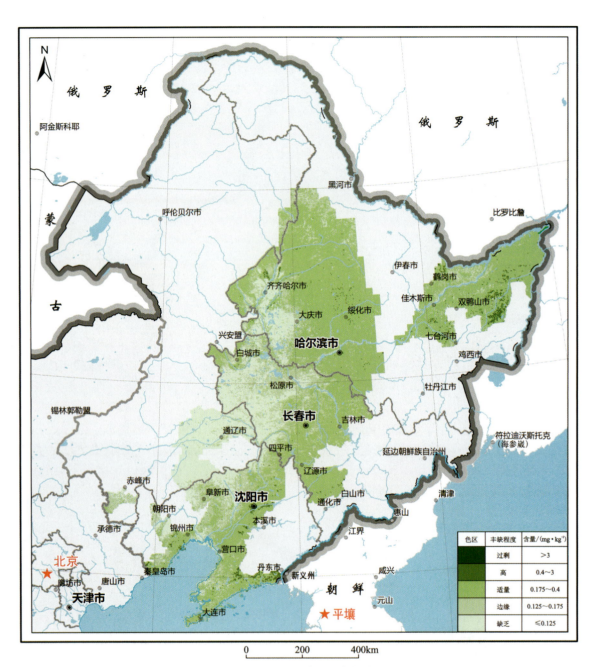

附图7 黑土地土壤硒元素评价图

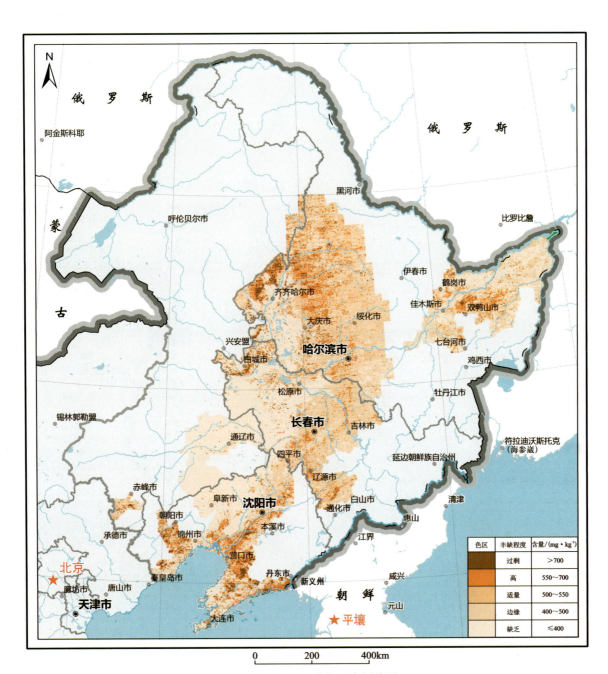

附图8 黑土地土壤氟元素评价图

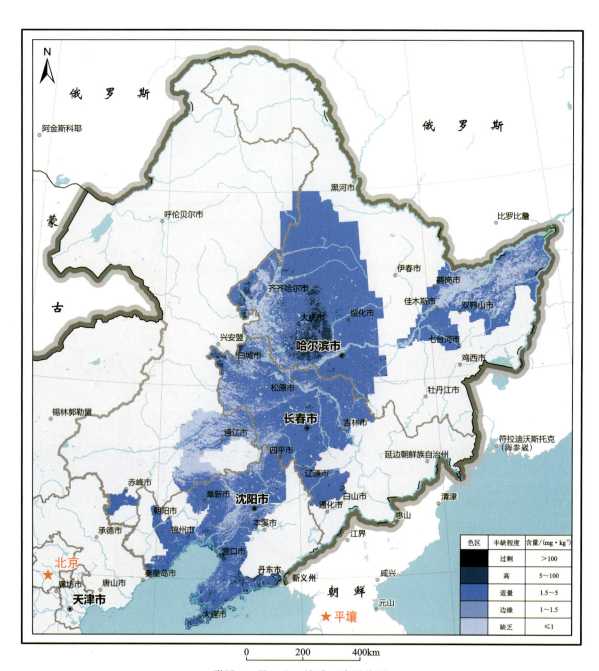

附图9 黑土地土壤碘元素评价图

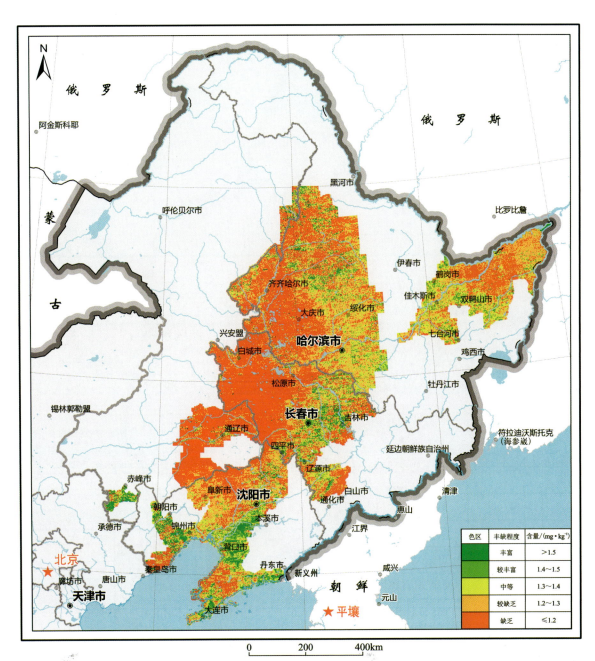

附图 10　黑土地土壤锗元素评价图

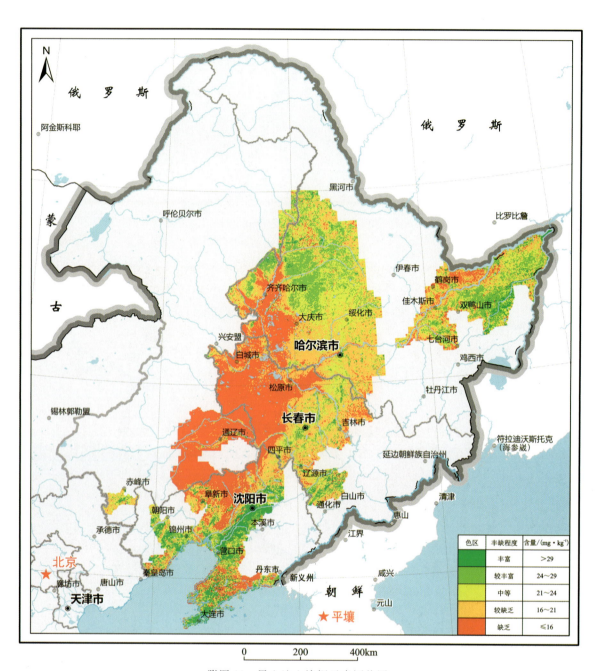

附图11 黑土地土壤铜元素评价图

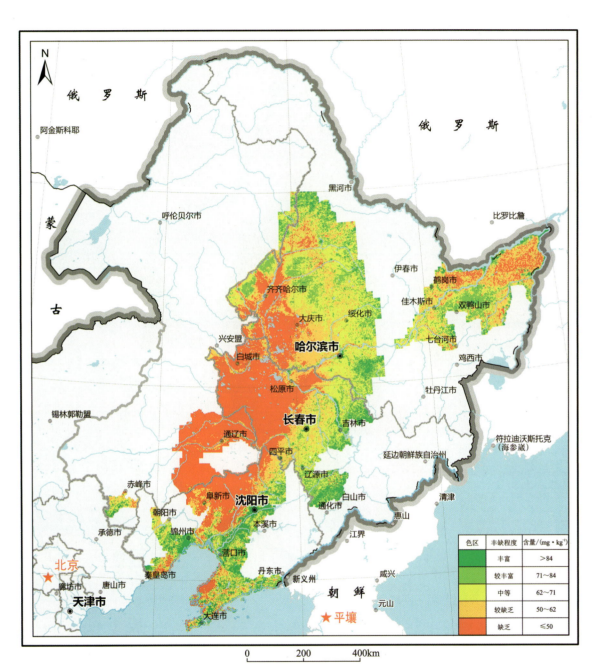

附图12 黑土地土壤锌元素评价图

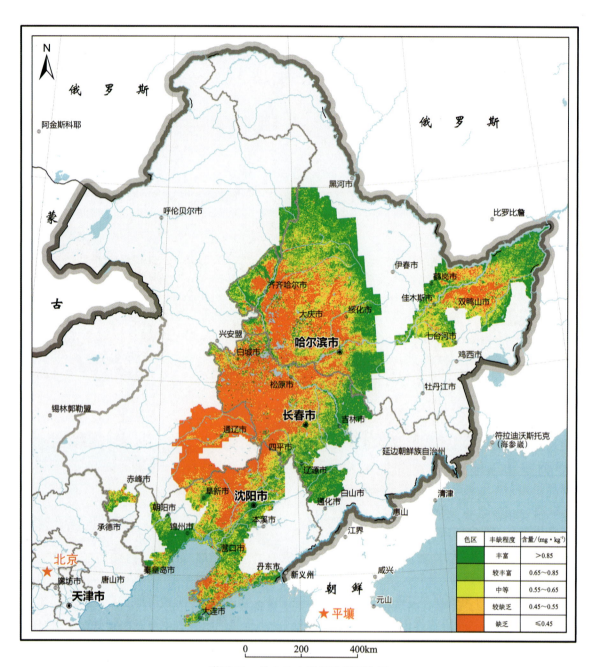

附图 13 黑土地土壤钼元素评价图

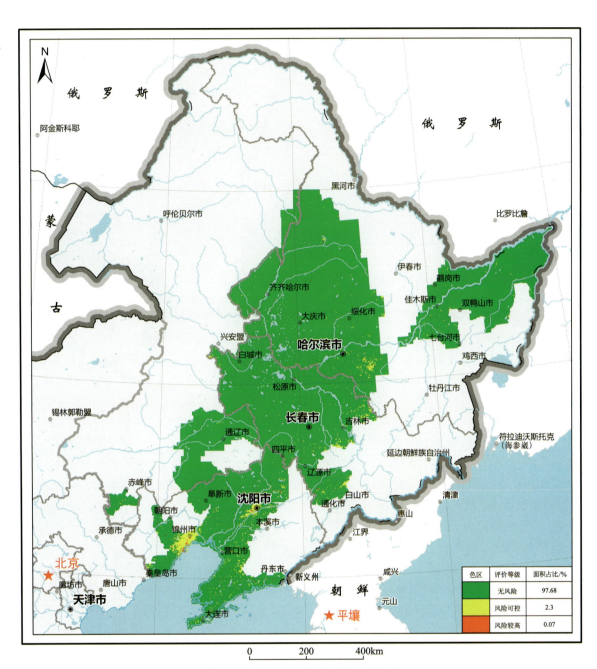

附图 16 黑土地土壤环境综合评价图

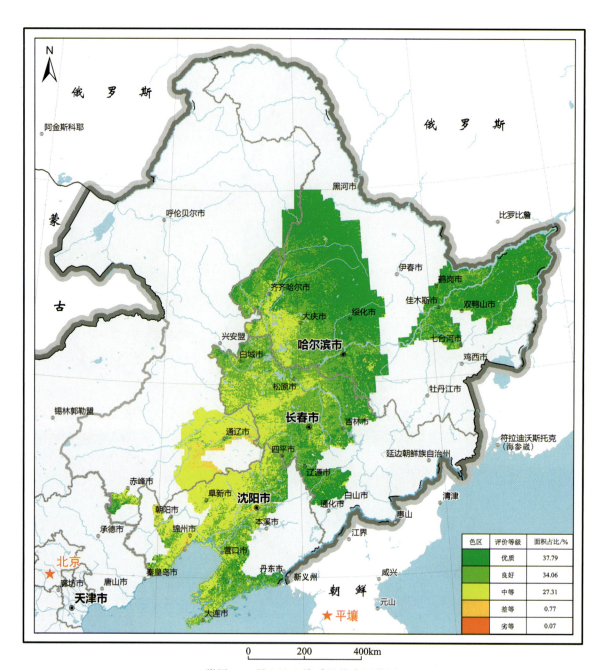

附图 17　黑土地土壤质量综合评价图

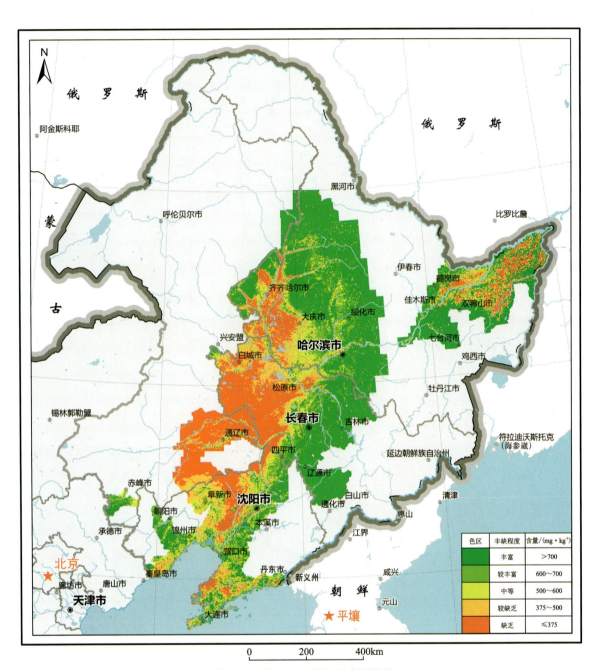

附图 14　黑土地土壤锰元素评价图

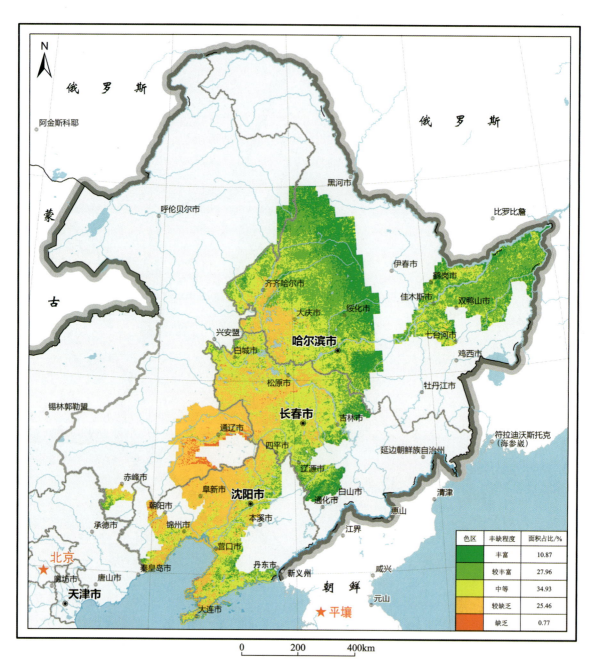

附图 15 黑土地土壤养分综合评价图

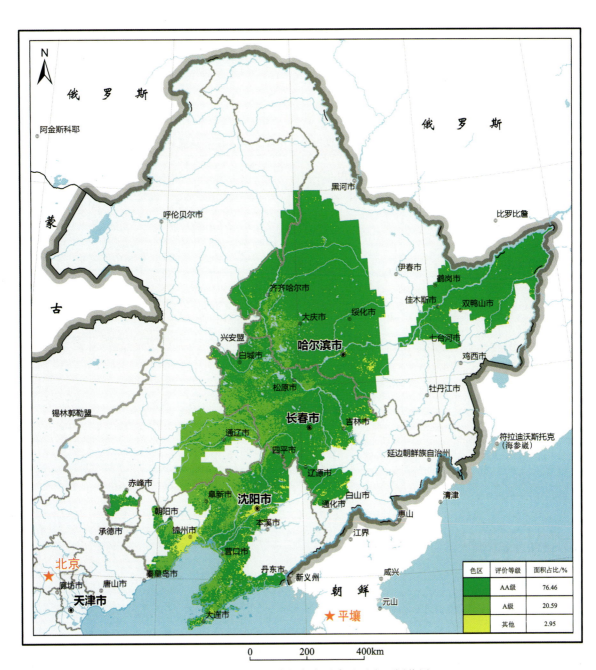

附图18 黑土地土壤绿色食品产地适宜区评价图

附　表

附表1　表层土壤54项指标与中国土壤A层背景值对比

指标	东北平原	中国土壤A层	K	指标	东北平原	中国土壤A层	K	指标	东北平原	中国土壤A层	K
Ag	0.07	0.13	0.54	TFe_2O_3	3.99	4.2	0.95	Rb	106.32	110	0.97
Al_2O_3	13.16	12.6	1.04	Ga	17	18	0.95	S	234.1	—	—
As	8.12	11.2	0.72	Ge	1.23	1.7	0.72	Sb	0.6	1.2	0.5
Au	1.174	—	—	Hg	0	0	0.44	Sc	9.31	11.1	0.84
B	30.57	48	0.64	I	2.22	3.8	0.58	Se	0.2	0.29	0.67
Ba	619.71	470	1.32	K_2O	3	2	1.12	SiO_2	66	—	—
Be	2.19	2	1.09	La	34.64	40	0.87	Sn	2.68	2.6	1.03
Bi	0.27	0.37	0.74	Li	27.97	32	0.87	Sr	199.28	165	1.21
Br	4.6	5.4	0.85	MgO	1.18	1.3	0.91	TC	1.86	—	—
CaO	1.37	2.2	0.62	Mn	628.39	585	1.07	Th	10.37	13.8	0.75
Cd	0.1	0.084	1.17	Mo	0.61	2	0.31	Ti	3967	3800	1.04
Ce	66.54	68	0.98	N	1469	—	—	Tl	0.63	0.62	1.02
Cl	71.04	—	—	Na_2O	2	2	1.21	U	2.2	3	0.73
Co	10.94	12.7	0.86	Nb	14.088	—	—	V	74.72	82	0.91
Corg	1.52	—	—	Ni	22.35	27	0.83	W	1.51	2.48	0.61
Cr	54	61	0.88	P	651.9	—	—	Y	23	23	1
Cu	18.75	23	0.82	Pb	22.89	26	0.88	Zn	56.47	74	0.76
F	423.67	480	0.88	pH	7	—	—	Zr	282.35	255	1.11

注：Au含量单位为10^{-9}，氧化物、TC和Corg含量单位为%，pH无量纲，其他元素含量单位为10^{-6}。

附表 2 松辽平原和三江平原表层土壤地球化学背景对比

指标	松辽平原 背景值	松辽平原 变异系数	三江平原 背景值	三江平原 变异系数	K	指标	松辽平原 背景值	松辽平原 变异系数	三江平原 背景值	三江平原 变异系数	K	指标	松辽平原 背景值	松辽平原 变异系数	三江平原 背景值	三江平原 变异系数	K
Ag	0.069	0.22	0.079	0.18	1.15	TFe_2O_3	3.89	0.36	4.61	0.18	1.18	Rb	105	0.11	115	0.06	1.09
Al_2O_3	13.02	0.13	13.68	0.07	1.05	Ga	16.28	0.2	18.24	0.09	1.12	S	235	0.48	238	0.28	1.02
As	8.04	0.35	8.59	0.26	1.07	Ge	1.22	0.13	1.27	0.09	1.04	Sb	0.59	0.33	0.68	0.25	1.16
Au	1.2	0.37	1.02	0.34	0.85	Hg	0.028	0.51	0.032	0.24	1.15	Sc	8.92	0.35	11.77	0.15	1.32
B	29.79	0.31	35.28	0.19	1.18	I	2.35	0.47	1.56	0.47	0.67	Se	0.19	0.4	0.25	0.3	1.35
Ba	616	0.07	639	0.07	1.04	K_2O	2.61	0.11	2.44	0.08	0.93	SiO_2	65.82	0.08	65.85	0.04	1
Be	2.14	0.21	2.45	0.09	1.15	La	33.62	0.22	38.59	0.1	1.15	Sn	2.63	0.26	2.96	0.15	1.13
Bi	0.26	0.36	0.33	0.15	1.27	Li	27.23	0.29	32.56	0.16	1.2	Sr	204	0.23	177	0.15	0.87
Br	4.77	0.51	3.92	0.41	0.82	MgO	1.21	0.34	0.99	0.21	0.82	TC	1.76	0.57	2.39	0.34	1.36
CaO	1.44	0.35	1.12	0.22	0.78	Mn	617	0.42	706	0.41	1.14	Th	9.99	0.29	12.7	0.11	1.27
Cd	0.1	0.37	0.08	0.31	0.76	Mo	0.6	0.41	0.68	0.29	1.13	Ti	3824	0.3	4865	0.09	1.27
Ce	64.22	0.26	74.33	0.11	1.16	N	1357	0.52	2051	0.34	1.51	Tl	0.62	0.11	0.72	0.09	1.16
Cl	72.33	0.35	67.32	0.23	0.93	Na_2O	1.85	0.23	1.66	0.18	0.9	U	2.07	0.33	3.07	0.16	1.48
Co	10.67	0.38	12.53	0.22	1.17	Nb	13.61	0.24	16.94	0.08	1.24	V	72.17	0.32	90.87	0.13	1.26
Corg	1.36	0.61	2.25	0.34	1.65	Ni	21.84	0.37	25.41	0.19	1.16	W	1.47	0.35	1.79	0.13	1.22
Cr	52	0.34	65.85	0.17	1.27	P	625	0.43	799	0.23	1.28	Y	22.11	0.25	28.1	0.1	1.27
Cu	18.27	0.35	21.61	0.2	1.18	Pb	22.42	0.2	25.53	0.09	1.14	Zn	55.39	0.37	62.72	0.19	1.13
F	423	0.31	428	0.19	1.01	pH	7.22	0.2	5.88	0.08	0.81	Zr	286	0.21	264	0.11	0.92

注:Au 含量单位为 10^{-9},氧化物、TC 和 Corg 含量单位为%,pH 无量纲,其他元素含量单位为 10^{-6}。

附表 3 不同地质背景表层土壤元素富集与贫乏组合

地质单元	富集贫化程度	造岩元素(8)	铁族元素(7)	稀有稀土元素(9)	放射性元素(2)	钨钼族(2)	金属成矿元素(10)	分散元素(5)	挥发分及卤族元素(8)	碳(2)
第四系	相当	Na_2O,MgO,Al_2O_3,SiO_2,K_2O,CaO,Ba,Sr	Ti,V,Cr,Mn,TFe_2O_3,Co,Ni	Li,Be,Nb,Zr,Rb,La,Ce,Sc,Y	Th,U	W,Mo	As,Sb,Bi,Cu,Zn,Ag,Sn,Au,Hg,Pb	Ga,Tl,Cd,Se,Ge	N,B,I,F,Br,P,S,Cl	Corg,TC
新近系	相当	Na_2O,MgO,Al_2O_3,SiO_2,K_2O,CaO,Ba,Sr	Ti,V,Cr,Ni	Li,Be,Nb,Zr,Rb,La,Ce,Sc,Y	Th,U	W	Sb,Cu,Zn,Ag,Sn,Au,Hg,Pb	Ga,Tl,Cd,Se,Ge	B,F,Cl	
新近系	中弱富集		Co,TFe_2O_3			Mo	As,Bi		S,I	Corg,TC
新近系	强度富集		Mn						Br,P,N	
白垩系	相当	Na_2O,MgO,Al_2O_3,SiO_2,K_2O,CaO,Ba,Sr	Ti,V,Cr,TFe_2O_3,Co,Ni	Li,Be,Nb,Zr,Rb,La,Ce,Sc,Y	Th,U	W,Mo	As,Sb,Bi,Cu,Zn,Ag,Sn,Au,Hg,Pb	Ga,Tl,Cd,Se,Ge	N,B,I,F,Br,P,S,Cl	TC
白垩系	中弱富集		Co,Mn							Corg
侏罗系	相当	Na_2O,MgO,Al_2O_3,SiO_2,K_2O,CaO,Ba,Sr	Ti,V,Cr,TFe_2O_3,Co,Ni	Li,Be,Nb,Zr,Rb,La,Ce,Sc,Y	Th,U	W	As,Sb,Bi,Cu,Ag,Sn,Au,Pb	Ga,Tl,Se,Ge	B,F,Br,S,Cl	TC
侏罗系	中弱富集		Mn			Mo	Zn		I,P,N	Corg
侏罗系	强度富集						Hg	Cd		
二叠系	相当	Na_2O,MgO,Al_2O_3,SiO_2,K_2O,CaO,Ba,Sr	V,Cr,Co,Ni	Li,Be,Nb,Zr,Rb,La,Ce,Sc,Y		W	Sb,Cu,Ag,Sn,Au,Pb	Ga,Tl,Cd,Se,Ge	B,F,Cl	
二叠系	中弱富集		Ti,TFe_2O_3				Zn,Bi,Hg,As		P,Br,S,I	
二叠系	强度富集		Mn			Mo			N	Corg,TC

续附表 3

地质单元	富集贫化程度	造岩元素(8)	铁族元素(7)	稀有稀土元素(9)	放射性元素(2)	钨钼族(2)	金属成矿元素(10)	分散元素(5)	挥发分及卤族元素(8)	碳(2)
石炭系	相当	Na$_2$O,MgO,Al$_2$O$_3$,SiO$_2$,K$_2$O,CaO,Ba,Sr	Ti,V,Cr,TFe$_2$O$_3$,Co,Ni	Li,Be,Nb,Zr,Rb,La,Ce,Sc,Y	Th,U		Bi,Cu,Zn,Ag,Sn,Au,Pb	Ga,Tl,Se,Ge	N,I,F,Br,P,S,Cl	Corg,TC
石炭系	中弱富集		Mn			W,Mo	Hg,As		B	
石炭系	强度富集						Sb	Cd		
泥盆系	相当	Na$_2$O,MgO,Al$_2$O$_3$,SiO$_2$,K$_2$O,CaO,Ba,Sr	V,Cr	Li,Be,Nb,Zr,Rb,La,Ce	Th		As,Sb,Ag,Sn,Au,Hg,Pb	Ga,Tl,Se,Ge	B,F,Cl	
泥盆系	中弱富集		Ti,TFe$_2$O$_3$,Co,Ni	Sc,Y	U	W	Zn,Bi,Cu	Cd	I	Corg,TC
泥盆系	强度富集		Mn			Mo				
志留系	相当	Na$_2$O,MgO,Al$_2$O$_3$,SiO$_2$,K$_2$O,CaO,Ba,Sr	Ti,V,Cr,TFe$_2$O$_3$,Co,Ni	Li,Be,Nb,Zr,Rb,La,Ce,Sc,Y	Th,U		As,Sb,Bi,Cu,Zn,Ag,Sn,Au,Pb	Ga,Tl,Se,Ge	S,Br,P,N	Corg,TC
志留系	中弱富集		Mn			W,Mo	Hg	Cd	N,B,I,F,Br,P,S,Cl	
志留系	强度富集	Na$_2$O,MgO,Al$_2$O$_3$,SiO$_2$,K$_2$O,CaO,Ba,Sr	Ti,V,Cr,Ni	Li,Be,Nb,Zr,Rb,La,Ce,Sc,Y	Th,U	W	As,Sb,Bi,Ag,Sn,Pb	Ga,Tl,Se,Ge	N,B,I,F,Br,P,S,Cl	Corg,TC
奥陶系	相当		Co,TFe$_2$O$_3$,Mn			Mo	Au,Cu,Zn			
奥陶系	中弱富集						Hg	Cd		
奥陶系	强度富集									

续附表 3

地质单元	富集贫化程度	造岩元素(8)	铁族元素(7)	稀有稀土元素(9)	放射性元素(2)	钨钼族(2)	金属成矿元素(10)	分散元素(5)	挥发分及卤族元素(8)	碳(2)
寒武系	中弱贫化								Br,N	Corg,TC
寒武系	相当	Na₂O,MgO,Al₂O₃,SiO₂,K₂O,CaO,Ba,Sr	Ti,V,Cr,TFe₂O₃,Ni	Li,Be,Nb,Zr,Rb,La,Ce,Y	Th,U	W,Mo	As,Bi,Ag,Sn,Au,Pb	Ga,Tl,Se,Ge	F,P,S,Cl	
寒武系	中弱富集		Mn,Co	Sc			Sb,Zn,Cu		I	
寒武系	强度富集						Hg	Cd	B	
元古宇	相当	Na₂O,Al₂O₃,SiO₂,K₂O,CaO,Ba,Sr	Ti,V	Li,Be,Nb,Zr,Rb,La,Ce,Y	Th,U	W	Ag,Sn,Pb	Ga,Tl,Se,Ge	N,I,Br,P,S,Cl	Corg,TC
元古宇	中弱富集	MgO	TFe₂O₃,Cr,Ni,Mn,Co	Sc		Mo	Bi,As,Sb,Cu,Zn,Au,Hg		F	
元古宇	强度富集							Cd	B	
太古宇	中弱贫化						As		N,Br	Corg,TC
太古宇	相当	Na₂O	Ti,V,Mn,Ni	Li,Be,Nb,Zr,Rb,La,Ce,Sc,Y	Th,U	W,Mo	Sb,Bi,Ag,Sn,Au,Pb	Ga,Tl,Se,Ge	B,I,F,P,S,Cl	
太古宇	中弱富集		TFe₂O₃,Cr,Co				Zn,Cu			
太古宇	强度富集						Hg	Cd		
白垩纪侵入岩	相当	Na₂O,MgO,Al₂O₃,SiO₂,K₂O,CaO,Ba,Sr	Ti,V,Cr,TFe₂O₃,Co,Ni	Li,Be,Nb,Zr,Rb,La,Ce,Sc,Y	Th	W	As,Sb,Cu,Ag,Sn,Au,Pb	Ga,Tl,Se,Ge	B,I,F,Br,Cl	
白垩纪侵入岩	中弱富集		Mn		U	Mo	Bi,Zn	Cd	S,P	TC
白垩纪侵入岩	强度富集						Hg		N	Corg

续附表 3

地质单元	富集贫化程度	造岩元素(8)	铁族元素(7)	稀有稀土元素(9)	放射性元素(2)	钨钼族(2)	金属成矿元素(10)	分散元素(5)	挥发分及卤族元素(8)	碳(2)
侏罗纪侵入岩	中弱贫化								Br	
	相当	MgO,Al₂O₃,SiO₂,K₂O,CaO,Ba	Ti,V,Cr,Mn,TFe₂O₃,Co,Ni	Li,Be,Nb,Zr,Rb,La,Ce,Sc,Y	Th,U	W,Mo	As,Sb,Bi,Cu,Zn,Ag,Sn,Au,Pb	Ga,Tl,Se,Ge	N,B,I,F,P,S,Cl	Corg,TC
	中弱富集	Na₂O,Sr					Hg	Cd		
三叠纪侵入岩	相当	Na₂O,MgO,Al₂O₃,SiO₂,K₂O,CaO,Ba,Sr	Ti,V,Cr,TFe₂O₃,Ni	Li,Be,Nb,Zr,Rb,La,Ce,Sc,Y	Th,U	W	As,Sb,Bi,Cu,Zn,Ag,Sn,Ag,Au,Pb	Ga,Tl,Se,Ge	B,I,F,Br,S,Cl	
	中弱富集		Co				Sn,Zn	Cd	N,P	TC
	强度富集		Mn			Mo	Hg			Corg
二叠纪侵入岩	相当	Na₂O,MgO,Al₂O₃,SiO₂,K₂O,CaO,Ba,Sr	Ti,V,Cr,TFe₂O₃,Co,Ni	Li,Nb,Zr,Rb,La,Ce,Y	Th,U	W	As,Sb,Bi,Cu,Zn,Ag,Sn,Au,Pb	Ga,Tl,Se,Ge	B,I,F,Br,S,Cl	
	中弱富集		Mn			Mo	Hg	Cd	P,N	TC
	强度富集									Corg
石炭纪侵入岩	相当		Cr	Be,Sc	Th	W	As,Sb,Sn,Au,Hg,Pb	Tl,Cd,Se,Ge	B,F,S,Cl	
	中弱富集		Ti,TFe₂O₃,V,Ni,Co		U		Cu,Ag,Zn,Bi	Ga		
	强度富集		Mn			Mo			N,Br,I,P	Corg,TC

续附表 3

地质单元	富集贫化程度	造岩元素(8)	铁族元素(7)	稀有稀土元素(9)	放射性元素(2)	钨钼族(2)	金属成矿元素(10)	分散元素(5)	挥发分及卤族元素(8)	碳(2)
泥盆纪侵入岩	中弱贫化								S,Br	TC
	相当	Na_2O,MgO,Al_2O_3,SiO_2,K_2O,CaO,Ba,Sr	Ti,V,Cr,TFe_2O_3,Co,Ni	Li,Be,Nb,Zr,Rb,La,Ce,Sc,Y	Th,U	W,Mo	As,Sb,Bi,Cu,Zn,Ag,Au,Hg,Pb	Ga,Tl,Se,Ge	N,B,I,F,P	Corg
	中弱富集		Mn				Sn	Cd	Cl	
志留纪侵入岩	中弱贫化								S,Br	
	相当	Na_2O,MgO,Al_2O_3,SiO_2,K_2O,CaO,Ba,Sr	Ti,V,Cr,TFe_2O_3,Ni	Li,Be,Nb,Zr,Rb,La,Ce,Sc,Y	Th,U		As,Sb,Bi,Cu,Zn,Ag,Au,Pb	Ga,Tl,Se,Ge	N,B,I,F,P	Corg,TC
	中弱富集		Co,Mn			W,Mo	Sn	Cd	Cl	
	强度富集						Hg			
奥陶纪侵入岩	中弱贫化									
	相当	Na_2O,MgO,Al_2O_3,SiO_2,K_2O,CaO,Ba,Sr	Ni	Li,Be,Zr,Rb		W	Au		B,F,Cl	
	中弱富集		V,Cr,Ti,TFe_2O_3,Co	Nb,La,Ce,Sc,Y	Th	Mo	As,Sb,Cu,Ag,Sn,Pb	Ga,Tl,Cd,Ge	S,I,Br	
	强度富集				U		Bi,Zn	Se		
寒武纪侵入岩	中弱贫化						Hg		P,Mn,N	Corg,TC
	相当	Na_2O,MgO,Al_2O_3,SiO_2,K_2O,CaO,Ba	Ti,V,Cr,TFe_2O_3,Ni	Li,Be,Nb,Zr,Rb,La,Ce,Sc,Y	Th,U	W	As,Sb,Bi,Cu,Ag,Sn,Au,Pb	Ga,Tl,Se,Ge	N,B,I,F,Br,S,Cl	Corg,TC
	中弱富集	Sr	Co,Mn			Mo	Zn	Cd	P	
	强度富集						Hg			

续附表 3

地质单元		富集贫化程度	造岩元素(8)	铁族元素(7)	稀有稀土元素(9)	放射性元素(2)	钨钼族(2)	金属成矿元素(10)	分散元素(5)	挥发分及卤族元素(8)	碳(2)
元古宙	侵入岩	相当	$Na_2O、MgO、$ $Al_2O_3、SiO_2、$ $K_2O、CaO、Ba、Sr$	V、Ni	Li、Be、Nb、 Zr、Rb、La、Ce、Y		W	As、Sb、Cu、Ag、 Sn、Au、Hg、Pb	Ga、Tl、Cd、 Se、Ge	N、B、I、F、 Br、S、Cl	TC
		中弱富集		Cr、Ti、TFe$_2$O$_3$、Co	Sc	Th、U	Mo	Zn、Bi		P	Corg
		强度富集		Mn							
	玄武岩	相当	$Na_2O、MgO、$ $Al_2O_3、SiO_2、$ $K_2O、CaO、Ba、Sr$		Li、Be、Zr、Rb、 La、Ce、Y	Th、U	W	As、Sb、Ag、 Sn、Au、Pb	Ga、Tl、Ge	B、F、Cl	
		中弱富集		V	Sc、Nb			Bi、Cu、Zn	Se、Cd	S、I	
		强度富集		TFe$_2$O$_3$、Cr、 Ti、Ni、Mn、Co			Mo	Hg		Br、P、N	TC、Corg

附表 4 不同土壤类型表层土壤元素富集与贫乏组合

土壤类型	富集贫化程度	造岩元素(8)	铁族元素(7)	稀有稀土元素(9)	放射性元素(2)	钨钼族(2)	金属成矿元素(10)	分散元素(5)	挥发分及卤族元素(8)	碳(2)
暗棕壤	相当	Na$_2$O,MgO,Al$_2$O$_3$,SiO$_2$,K$_2$O,CaO,Ba,Sr	V,Cr,Ni	Li,Be,Nb,Zr,Rb,La,Ce,Sc,Y	Th,U	W	As,Sb,Cu,Ag,Sn,Au,Pb	Ga,Tl,Cd,Se,Ge	B,F,Cl	
	中弱富集		TFe$_2$O$_3$,Ti,Co				Bi,Zn,Hg		S,Br,I	
	强度富集									
	中弱贫化	CaO	Mn			Mo			P,N	Corg,TC
白浆土	相当	Na$_2$O,MgO,Al$_2$O$_3$,SiO$_2$,K$_2$O,Ba,Sr	Cr,TFe$_2$O$_3$,Co,Ni	Li,Be,Nb,Zr,Rb,La,Ce,Sc,Y			As,Sb,Cu,Zn,Ag,Sn,Au,Hg,Pb	Ga,Tl,Cd,Ge	I,F,Br,S,Cl	TC
	中弱富集		V,Ti,Mn		Th,U	W,Mo				
	强度贫化						Bi,Hg	Se	P,B,N	Corg
滨海盐土	相当	Na$_2$O,MgO,Al$_2$O$_3$,SiO$_2$,K$_2$O,CaO,Ba,Sr	Ti,V,Cr,Mn,TFe$_2$O$_3$,Co,Ni	Li,Be,Nb,Zr,Rb,La,Ce,Sc,Y	Th,U	W,Mo	As,Sb,Bi,Zn,Ag,Sn,Hg,Pb	Ga,Tl,Se,Ge	N	Corg,TC
	中弱富集								F,P	
	强度富集	MgO					Cu	Cd	S,B,I,Br,Cl	
草甸土	相当	Na$_2$O,MgO,Al$_2$O$_3$,SiO$_2$,K$_2$O,CaO,Ba,Sr	Ti,V,Cr,Mn,TFe$_2$O$_3$,Co,Ni	Li,Be,Nb,Zr,Rb,La,Ce,Sc,Y	Th,U	W,Mo	As,Sb,Bi,Cu,Zn,Ag,Sn,Au,Hg,Pb	Ga,Tl,Cd,Se,Ge	N,B,I,F,Br,P,S,Cl	Corg,TC
	强度富集		Mn		U		Au	Se	N	Corg,TC
	中弱贫化	MgO	Cr,V,Co,TFe$_2$O$_3$,Ti,Ni	Be,Sc,La,Li,Ce,Nb,Y	Th	W,Mo	Bi,Zn,As,Hg,Sn,Cu,Sb	Ga	P,S,I,Br,F	
潮土	相当	Na$_2$O,Al$_2$O$_3$,SiO$_2$,K$_2$O,Ba,Sr		Zr,Rb			Ag,Au,Pb	Tl,Cd,Ge	B,Cl	
	中弱富集	CaO								

续附表 4

土壤类型	富集贫化程度	造岩元素(8)	铁族元素(7)	稀有稀土元素(9)	放射性元素(2)	钨钼族(2)	金属成矿元素(10)	分散元素(5)	挥发分及卤族元素(8)	碳(2)
粗骨土	强度贫化								N,S	Corg,TC
	中弱贫化							Se	P,Br	
	相当	Na₂O,Al₂O₃,SiO₂,K₂O,Ba,Sr	Ti,V,Cr,Mn,TFe₂O₃,Co	Li,Be,Nb,Zr,Rb,La,Ce,Sc,Y	Th,U	W,Mo	As,Bi,Zn,Ag,Sn,Au,Pb	Ga,Tl,Cd,Ge	B,I,F,Cl	
	中弱富集	MgO	Ni				Hg,Sb,Cu			
	强度富集	CaO								
风沙土	强度贫化	MgO	Ti,V,Cr,Mn,TFe₂O₃,Co,Ni	Li,Nb,Ce,Sc,Y	Th,U	W,Mo	As,Sb,Bi,Cu,Zn,Hg	Se,Ge	N,I,F,Br,P,S	Corg,TC
	中弱贫化	Al₂O₃		La,Be,Zr			Sn,Pb,Au,Ag	Ga,Cd	B	
	相当	Sr,Ba,Na₂O,CaO,K₂O,SiO₂		Rb				Tl,Ge	Cl	
褐土	强度贫化				U				N,P	Corg,TC
	中弱贫化	Na₂O,MgO,Al₂O₃,SiO₂,K₂O,Ba,Sr	Ti,V,Cr,Mn,TFe₂O₃,Co,Ni	Li,Be,Nb,Zr,La,Ce,Sc,Y	Th	W,Mo	As,Sb,Bi,Cu,Zn,Ag,Sn,Au,Hg,Pb	Se	S,Br	
	相当	CaO		Zr				Ga,Tl,Cd,Ge	B,I,F,Cl	
	中弱富集					Mo	Hg			
黑钙土	中弱富集	Na₂O,MgO,Al₂O₃,SiO₂,K₂O,Ba,Sr	Ti,V,Cr,Mn,TFe₂O₃,Co,Ni	Li,Be,Nb,Zr,Rb,La,Ce,Sc,Y	Th,U	W	As,Sb,Bi,Cu,Zn,Ag,Sn,Au,Pb	Ga,Tl,Cd,Se,Ge	N,B,F,P,S	Corg,TC
	相当								Cl	
	强度富集	CaO							I,Br	

续附表 4

土壤类型	富集贫化程度	造岩元素(8)	铁族元素(7)	稀有稀土元素(9)	放射性元素(2)	钨钼族(2)	金属成矿元素(10)	分散元素(5)	挥发分及卤族元素(8)	碳(2)
黑土	相当	Na$_2$O,MgO,Al$_2$O$_3$,SiO$_2$,K$_2$O,CaO,Ba,Sr	Ti,V,Cr	Li,Be,Nb,Zr,Rb,La,Ce,Y	Th,U	Mo	Sb,Cu,Zn,Ag,Sn,Au,Hg,Pb	Ga,Tl,Cd,Ge	B,F,P,S,Cl	
	中弱富集		Mn,TFe$_2$O$_3$,Co,Ni	Sc		W	As,Bi	Se	Br,N,I	TC,Corg
	强度贫化								N	Corg,TC
红黏土	中弱贫化								Br,P,S	
	相当	Na$_2$O,MgO,Al$_2$O$_3$,SiO$_2$,K$_2$O,Ba,Sr	Ti,V,Cr,Mn,TFe$_2$O$_3$	Li,Be,Nb,Zr,Rb,La,Ce,Sc,Y	Th,U	W	Bi,Zn,Ag,Sn,Pb	Ga,Tl,Ge	F,Cl	
	中弱富集	CaO	Co,Ni	Ce,Sc			Hg,As,Cu	Cd	I,B	
	强度富集					Mo	Sb,Au			
火山灰土	中弱贫化						Au			
	相当	Na$_2$O,Al$_2$O$_3$,SiO$_2$,K$_2$O,CaO,Ba	V,TFe$_2$O$_3$,Mn,Co	Li,Be,Zr,Rb,La,Y	Th,U	W	As,Sb,Ag,Sn,Hg,Pb	Ga,Tl,Cd,Se,Ge	B,I,Cl	
	中弱富集	MgO,Sr	Ti,Cr,Ni	Nb			Bi,Cu,Zn		F,Br,S	
	强度富集		TFe$_2$O$_3$,Ni,Mn,Cr,Co	Sc		Mo	Hg,Zn,Bi	Se	N,P	Corg,TC
	强度贫化		Ti,V	Y,Nb,Li,Ce,Be,La	Th,U		Cu,Sb,As	Ga	N	Corg
碱土	中弱贫化									
	相当	MgO,Al$_2$O$_3$,SiO$_2$,K$_2$O,Ba,Sr		Zr,Rb		W,Mo	Ag,Sn,Au,Pb	Tl,Cd,Ge	P,S,F	TC
	中弱富集	Na$_2$O							B,I	
	强度富集	CaO							Br	
									Cl	

续附表 4

土壤类型	富集贫化程度	造岩元素(8)	铁族元素(7)	稀有稀土元素(9)	放射性元素(2)	钨钼族(2)	金属成矿元素(10)	分散元素(5)	挥发分及卤族元素(8)	碳(2)
栗钙土	强度贫化	MgO	Ti,V,Cr,Mn,TFe$_2$O$_3$,Co,Ni	Li,Nb,La,Ce,Sc,Y	Th,U	W,Mo	As,Bi,Cu,Zn,Au,Hg	Se	N,I,F,P,S	Corg,TC
	中弱贫化	Al$_2$O$_3$		Be			Ag,Sb,Sn,Pb	Cd,Ga	B,Br	
	相当	Sr,CaO,Na$_2$O,Ba,K$_2$O,SiO$_2$		Zr,Rb				Tl,Ge	Cl	
泥炭土	相当	Na$_2$O,MgO,Al$_2$O$_3$,SiO$_2$,K$_2$O,CaO,Ba,Sr	Ti,V,Cr,Mn,TFe$_2$O$_3$,Co,Ni	Li,Be,Nb,Zr,Rb,La,Ce,Sc,Y	Th	W	As,Sb,Bi,Cu,Zn,Ag,Sn,Au,Pb	Ga,Tl,Cd,Se,Ge	B,I,F,Br,S,Cl	
	中弱富集				U	Mo	Hg		N,P	TC
	强度富集									Corg
石质土	相当	Na$_2$O,Al$_2$O$_3$,SiO$_2$,K$_2$O,CaO,Ba,Sr	V	Li,Be,Nb,Zr,Rb,La,Ce,Sc,Y	Th,U	W	As,Sb,Bi,Cu,Ag,Sn,Au,Pb	Ga,Tl,Se,Ge	B,F,Br,Cl	
	中弱富集	MgO	Ti,Mn,Co,TFe$_2$O$_3$			Mo	Zn		I,S,P,N	TC
	强度富集		Cr,Ni				Hg	Cd		Corg
水稻土	相当	Na$_2$O,Al$_2$O$_3$,SiO$_2$,K$_2$O,CaO,Ba,Sr	Ti,V,Mn	Be,Nb,Zr,Rb,La,Ce,Y	Th,U	W	As,Sb,Ag,Sn,Pb	Ga,Tl,Se,Ge	N,I,Br,P	Corg,TC
	中弱富集	MgO	Co,Ni,TFe$_2$O$_3$,Cr	Sc,Li		Mo	Bi,Cu,Zn,Au	Cd	F,B,S,Cl	
	强度富集						Hg			

续附表 4

土壤类型	富集贫化程度	造岩元素(8)	铁族元素(7)	稀有稀土元素(9)	放射性元素(2)	钨钼族(2)	金属成矿元素(10)	分散元素(5)	挥发分及卤族元素(8)	碳(2)
新积土	强度贫化								I	
	中弱贫化								Br	
	相当	$Na_2O,MgO,$ $Al_2O_3,SiO_2,$ K_2O,CaO,Ba,Sr	$Ti,V,Cr,Mn,$ TFe_2O_3,Co,Ni	$Li,Be,Nb,Zr,$ Rb,La,Ce,Sc,Y	Th	W	$As,Sb,Bi,Cu,$ $Zn,Ag,Sn,$ Au,Pb	$Ga,Tl,Cd,$ Se,Ge	N,B,I,F,P,S,Cl	C_{org},TC
	中弱富集				U	Mo	Hg			
沼泽土	相当	$Na_2O,MgO,$ $Al_2O_3,SiO_2,$ K_2O,CaO,Ba,Sr	$Ti,V,Cr,Mn,$ TFe_2O_3,Co,Ni	$Li,Be,Nb,Zr,$ Rb,La,Ce,Sc,Y	Th	W,Mo	$As,Sb,Cu,Zn,$ $Ag,Sn,Au,$ Hg,Pb	$Ga,Tl,Cd,$ Se,Ge	B,I,F,Br,Cl	
	中弱富集			Sc	U		Bi		S,P	
	强度富集								N	C_{org},TC
棕壤	中弱贫化								Br,N	C_{org},TC
	相当	$Na_2O,MgO,$ $Al_2O_3,SiO_2,$ K_2O,CaO,Ba,Sr	$Ti,V,Cr,Mn,$ TFe_2O_3,Co,Ni	$Li,Be,Nb,Zr,$ Rb,La,Ce,Sc,Y	Th,U	W,Mo	$As,Sb,Bi,Cu,$ Zn,Ag,Sn,Pb	Ga,Tl,Se,Ge	B,I,F,P,S,Cl	
	中弱富集						Au			
	强度富集						Hg	Cd		

附表 5 不同流域表层土壤元素富集与贫乏组合

流域	富集贫化程度	造岩元素(8)	铁族元素(7)	稀有稀土元素(9)	放射性元素(2)	钨钼族(2)	金属成矿元素(10)	分散元素(5)	挥发分及卤族元素(8)	碳(2)
松花江吉林段	相当	Na$_2$O,MgO,Al$_2$O$_3$,SiO$_2$,K$_2$O,CaO,Ba,Sr	Ti,V,Cr,TFe$_2$O$_3$,Co,Ni	Li,Be,Nb,Zr,Rb,La,Ce,Sc,Y	Th,U	W,Mo	As,Sb,Bi,Cu,Zn,Ag,Sn,Au,Pb	Ga,Tl,Se,Ge	N,B,I,F,Br,P,S,Cl	Corg,TC
	中弱富集		Mn					Cd		
	强度富集						Hg		S,N,Br	
东辽河流域	中弱贫化									Corg,TC
	相当	Na$_2$O,MgO,Al$_2$O$_3$,SiO$_2$,K$_2$O,CaO,Ba,Sr	Ti,V,Cr,Mn,TFe$_2$O$_3$,Co,Ni	Li,Be,Nb,Zr,Rb,La,Ce,Sc,Y	Th,U	W,Mo	As,Sb,Bi,Cu,Zn,Ag,Sn,Au,Hg,Pb	Ga,Tl,Cd,Se,Ge	B,F,P	
	中弱富集	MgO,CaO							Cl	
黑龙江流域	中弱贫化							Cd	I,Br	
	相当	Na$_2$O,Al$_2$O$_3$,SiO$_2$,K$_2$O,CaO,Ba,Sr	Ti,V,Cr,Mn,TFe$_2$O$_3$,Co,Ni	Li,Be,Nb,Zr,Rb,La,Ce,Sc,Y	Th	W	As,Sb,Cu,Zn,Ag,Sn,Au,Hg,Pb	Ga,Tl,Se,Ge	B,F,S,Cl	
	中弱富集			Sc	U	Mo	Bi		P	TC
	强度富集								N	Corg
浑河流域	中弱贫化									Corg,TC
	相当	Na$_2$O,Al$_2$O$_3$,SiO$_2$,K$_2$O,CaO,Ba,Sr	Ti,V,Mn	Li,Be,Nb,Zr,Rb,La,Ce,Y	Th,U	W,Mo	As,Sn	Ga,Tl,Se,Ge	N,Br,B	
	中弱富集	MgO	Cr,Co,TFe$_2$O$_3$,Ni	Sc			Ag,Pb,Bi,Sb,Zn	Cd	I,F,P,S,Cl	
	强度富集						Cu,Au,Hg			

续附表 5

流域	富集贫化程度	造岩元素(8)	铁族元素(7)	稀有稀土元素(9)	放射性元素(2)	钨钼族(2)	金属成矿元素(10)	分散元素(5)	挥发分及卤族元素(8)	碳(2)
	强度贫化									C_{org},TC
	中弱贫化								N,Br	
辽东诸河流域	相当	Na_2O,MgO,Al_2O_3,SiO_2,K_2O,CaO,Ba	Ti,V,Cr,Mn,TFe_2O_3,Co,Ni	Li,Be,Nb,Zr,Rb,La,Ce,Sc,Y	Th,U	W,Mo	As,Sb,Bi,Cu,Zn,Ag,Sn,Pb	Ga,Tl,Se,Ge	B,F,P,S	
	中弱富集	Sr					Au,Hg		I	
	强度富集							Cd	Cl	
	强度贫化								N	C_{org},TC
	中弱贫化		Mn	Li	U	W	As	Se	Br,P,S	
辽河干流	相当	Na_2O,MgO,Al_2O_3,SiO_2,K_2O,CaO,Ba,Sr	Ti,V,Cr,TFe_2O_3,Co,Ni	Be,Nb,Zr,Rb,La,Ce,Sc,Y	Th	Mo	Sb,Bi,Cu,Zn,Ag,Sn,Au,Hg,Pb	Ga,Tl,Cd,Ge	B,I,F,Cl	
	强度贫化								N	C_{org},TC
	中弱贫化								Br,P,S	
辽西诸河	相当	MgO,Al_2O_3,SiO_2,K_2O,CaO,Ba,Sr	Ti,V,Cr,Mn,TFe_2O_3,Co,Ni	Li,Be,Nb,Zr,Rb,La,Ce,Sc,Y	Th,U	W	As,Sb,Bi,Cu,Zn,Ag,Sn,Au,Pb	Ga,Tl,Se,Ge	B,I,F,Cl	
	中弱富集	Na_2O				Mo	Hg			
	强度富集							Cd		

续附表 5

流域	富集贫化程度	造岩元素(8)	铁族元素(7)	稀有稀土元素(9)	放射性元素(2)	钨钼族(2)	金属成矿元素(10)	分散元素(5)	挥发分及卤族元素(8)	碳(2)
嫩江流域	中弱贫化									
	相当	Na₂O,MgO,Al₂O₃,SiO₂,K₂O,Ba,Sr	Ti,V,Cr,Mn,TFe₂O₃,Co,Ni	Li,Be,Nb,Zr,Rb,La,Ce,Sc,Y	Th,U	W,Mo	As,Sb,Bi,Cu,Zn,Ag,Sn,Au,Pb	Ga,Tl,Cd,Se,Ge	N,B,I,F,P,S,Cl	Corg
	中弱富集								Br	TC
	强度富集	CaO					Hg			
松花江黑龙江段	相当	Na₂O,MgO,Al₂O₃,SiO₂,K₂O,CaO,Ba,Sr	Ti,V,Cr,TFe₂O₃,Co,Ni	Li,Be,Nb,Zr,Rb,La,Ce,Sc,Y	Th,U	W,Mo	As,Sb,Bi,Cu,Zn,Ag,Sn,Au,Hg,Pb	Ga,Tl,Cd,Se,Ge	B,I,F,Br,S,Cl	
	中弱富集		Mn						N,P	Corg,TC
	中弱贫化								I	
乌苏里江流域	相当	Na₂O,MgO,Al₂O₃,SiO₂,K₂O,CaO,Ba,Sr	Mn,TFe₂O₃	Be,Zr,Rb,La,Ce		Mo	As,Sb,Zn,Ag,Sn,Au,Hg,Pb	Ga,Tl,Cd,Se,Ge	F,Br,S,Cl	
	中弱富集		Co,V,Ni,Ti,Cr	Li,Nb,Y,Sc	Th	W	Bi,Cu		B,P	
	强度富集				U			Se	N	
	强度贫化		Ti,V,Cr,Mn,TFe₂O₃,Co,Ni	Li,Nb,Rb,La,Ce,Sc,Y	Th,U	W,Mo	As,Sb,Bi,Cu,Zn,Au,Hg	Se	N,I,F,P,S	Corg,TC
西辽河流域	中弱贫化	MgO,Al₂O₃					Sn,Pb	Ga,Cd	Br,B	Corg,TC
	相当	Na₂O,Sr,SiO₂,K₂O,CaO,Ba		Be,Zr			Ag	Tl,Ge	Cl	

续附表 5

流域	富铜贫化程度	造岩元素(8)	铁族元素(7)	稀有稀土元素(9)	放射性元素(2)	钨钼族(2)	金属成矿元素(10)	分散元素(5)	挥发分及卤族元素(8)	碳(2)
鸭绿江流域	相当	Na$_2$O、Al$_2$O$_3$、SiO$_2$、K$_2$O、CaO、Ba、Sr	V	Li、Be、Nb、Zr、Rb、La、Ce、Y	Th	W	As、Sb、Cu、Sn、Pb	Tl、Ge		
	中弱富集	MgO	Mn、TFe$_2$O$_3$、Ti、Co、Ni	Sc	U		Au、Ag	Ga	Br、B、F、Cl	
	强度富集		Cr			Mo	Zn、Bi、Hg	Se、Cd	P、S、N、I	Corg、TC

附表 6 不同土地利用类型表层土壤元素富集与贫乏组合

土地利用类型	富集贫化程度	造岩元素(8)	铁族元素(7)	稀有稀土元素(9)	放射性元素(2)	钨钼族(2)	金属成矿元素(10)	分散元素(5)	挥发分及卤族元素(8)	碳(2)
草地	中弱贫化		TFe$_2$O$_3$,Cr,Co,Mn		Th		Zn,Hg	Cd,Se	P	
草地	相当	NaO,MgO,AlO$_3$,SiO$_2$,K$_2$O,CaO,Ba,Sr	Ti,V,Ni	Li,Be,Nb,Zr,Rb,La,Ce,Sc,Y			As,Sb,Bi,Cu,Ag,Sn,Au,Pb	Ga,Tl,Ge	N,B,I,F,Br,S,Cl	Corg,TC
草地	强度富集	CaO								
旱地	相当	NaO,MgO,AlO$_3$,SiO$_2$,K$_2$O,CaO,Ba,Sr	Ti,V,Cr,Mn,TFe$_2$O$_3$,Co,Ni	Li,Be,Nb,Zr,Rb,La,Ce,Sc,Y	U	W,Mo	As,Sb,Bi,Cu,Zn,Ag,Sn,Au,Hg,Pb	Ga,Tl,Cd,Se,Ge	N,B,I,F,Br,P,S,Cl	Corg,TC
建设用地	相当	NaO,MgO,AlO$_3$,SiO$_2$,K$_2$O,CaO,Ba,Sr	Ti,V,Cr,Mn,TFe$_2$O$_3$,Co,Ni	Li,Be,Nb,Zr,Rb,La,Ce,Sc,Y	Th,U	W,Mo	As,Sb,Bi,Cu,Zn,Ag,Sn,Au,Pb	Ga,Tl,Cd,Se,Ge	N,B,I,F,Br,P,S,Cl	Corg,TC
建设用地	中弱富集						Hg			
林地	相当	NaO,MgO,AlO$_3$,SiO$_2$,K$_2$O,CaO,Ba,Sr	Ti,V,Cr,TFe$_2$O$_3$,Co,Ni	Li,Be,Nb,Zr,Rb,La,Ce,Sc,Y	Th,U	W	As,Sb,Bi,Cu,Zn,Ag,Sn,Au,Pb	Ga,Tl,Se,Ge	B,I,F,Br,S,Cl	
林地	中弱富集		Mn			Mo	Hg	Cd	N,P	TC
林地	强度富集									Corg
林地	中弱贫化				U				I	
水田	相当	NaO,MgO,AlO$_3$,SiO$_2$,K$_2$O,CaO,Ba,Sr	Ti,V,Cr,Mn,TFe$_2$O$_3$,Co,Ni	Li,Be,Nb,Zr,Rb,La,Ce,Sc,Y	Th	W,Mo	As,Sb,Bi,Cu,Zn,Ag,Sn,Au,Pb	Ga,Tl,Cd,Se,Ge	N,B,F,Br,P,S,Cl	Corg,TC
水田	中弱富集				U		Hg	Se		

续附表 6

土地利用类型	富集贫化程度	造岩元素(8)	铁族元素(7)	稀有稀土元素(9)	放射性元素(2)	钨钼族(2)	金属成矿元素(10)	分散元素(5)	挥发分及卤族元素(8)	碳(2)
未利用土地	强度贫化									Corg
	中弱贫化		Mn,Co,TFe₂O₃,Ni,Cr,Ti,V	Sc	Th	W	Hg,Bi,Cu,Zn,Sb	Se	I,N,P	TC
	相当	MgO,AlO₃,SiO₂,K₂O,Ba,Sr		Li,Be,Nb,Zr,Rb,La,Ce,Y	U	Mo	As,Ag,Sn,Au,Pb	Ga,Tl,Cd,Ge	B,F,Br,S	
	中弱富集	Na₂O								
	强度富集	CaO							Cl	
沼泽地	相当	NaO,MgO,AlO₃,SiO₂,K₂O,Ba,Sr	Ti,V,Cr,Mn,TFe₂O₃,Co,Ni	Li,Be,Nb,Zr,Rb,La,Ce,Sc,Y	Th,U	W,Mo	As,Sb,Bi,Cu,Zn,Ag,Sn,Au,Hg,Pb	Ga,Tl,Cd,Se,Ge	B,I,F,Br,P,Cl	
	中弱富集	CaO							S	
	强度富集								N	TC,Corg

附表7 土壤地球化学基准值

元素（氧化物）	剔除率	最大值	最小值	中位数	平均	标准差	变异系数
Ag	2.10%	0.117	0.023	0.069	0.07	0.016	0.23
Al_2O_3	5.82%	19.12	8.69	14.36	13.91	1.74	0.13
As	1.67%	18.6	0.5	8.9	8.69	3.32	0.38
Au	3.19%	2.54	0	1.2	1.24	0.44	0.35
B	1.04%	64	2.3	32.7	31.93	10.7	0.34
Ba	4.83%	773	478	621	625	49	0.08
Be	1.00%	3.79	0.77	2.38	2.28	0.5	0.22
Bi	0.84%	0.57	0.01	0.27	0.26	0.1	0.4
Br	4.33%	5.16	0.03	1.9	2.11	1.02	0.48
CaO	24.79%	2.36	0.19	1.19	1.24	0.38	0.3
Cd	2.68%	0.147	0	0.071	0.073	0.025	0.34
Ce	1.28%	117.9	14.78	69	66.33	17.2	0.26
Cl	12.86%	129	3	60	64.06	21.66	0.34
Co	0.69%	25.2	0.2	12.2	11.57	4.55	0.39
Corg	6.62%	0.96	0.01	0.33	0.37	0.2	0.54
Cr	0.96%	113.7	1.99	57.6	54.32	19.85	0.37
Cu	0.75%	39.4	0.2	20.1	18.98	6.82	0.36
F	0.48%	886	37	484	464	143	0.31
TFe_2O_3	0.16%	8.91	0.15	4.54	4.19	1.58	0.38
Ga	0.49%	28.1	6.45	18.1	17.31	3.63	0.21
Ge	0.43%	1.81	0.76	1.28	1.28	0.18	0.14
Hg	2.06%	0.057	0.001	0.02	0.022	0.012	0.53
I	5.07%	4.55	0.01	1.67	1.79	0.92	0.51
K_2O	2.19%	3.42	1.93	2.65	2.68	0.25	0.09
La	0.76%	60.1	7.66	35.6	33.91	8.75	0.26
Li	0.18%	55.1	4.1	30.6	28.85	8.79	0.3
MgO	0.84%	2.56	0.05	1.3	1.26	0.43	0.34

续附表 7

元素（氧化物）	剔除率	最大值	最小值	中位数	平均	标准差	变异系数
Mn	1.61%	1366	37	627	616	250	0.41
Mo	2.53%	1.46	0.05	0.65	0.66	0.27	0.41
N	3.97%	1138	0	448	459	227	0.49
Na_2O	0.69%	3.27	0.5	1.81	1.88	0.46	0.25
Nb	1.06%	24.3	3.55	14.8	13.92	3.46	0.25
Ni	0.95%	50.6	0.2	25.18	23.66	9.01	0.38
P	1.83%	1050	19	457	463	196	0.42
Pb	1.55%	35.8	9.88	23.2	22.84	4.33	0.19
pH	0.00%	10.61	4	7.26	7.43	1.34	0.18
Rb	1.56%	149	69	110	109	13	0.12
S	5.06%	213	2	93.68	99.74	37.77	0.38
Sb	0.82%	1.28	0.03	0.65	0.63	0.22	0.35
Sc	0.12%	20	0.2	10.44	9.7	3.57	0.37
Se	1.38%	0.275	0	0.098	0.11	0.055	0.5
SiO_2	5.27%	77.56	52.65	64.95	65.11	4.15	0.06
Sn	0.79%	4.88	0.58	2.7	2.65	0.74	0.28
Sr	2.56%	378	49	197	209	56	0.27
TC	3.60%	1.78	0	0.55	0.65	0.38	0.58
Th	0.39%	20	1.08	11.2	10.54	3.18	0.3
Ti	0.27%	7396	419	4165	3863	1178	0.3
Tl	1.82%	0.93	0.38	0.65	0.66	0.09	0.14
U	0.72%	4.54	0.12	2.2	2.15	0.8	0.37
V	0.23%	152	4.9	79.2	75.6	25.48	0.34
W	0.67%	3.13	0.08	1.61	1.52	0.54	0.35
Y	0.19%	41.5	4.6	24.7	23.18	6.21	0.27
Zn	0.31%	119	1.4	62.1	57.19	20.91	0.37
Zr	1.93%	423	108	268	266	52	0.2

注：Au 含量单位为 10^{-9}，氧化物、TC 和 Corg 含量单位为%，pH 无量纲，其他元素含量单位为 10^{-6}。

附表 8　与中国东部平原土壤地球化学基准值对比

元素（指标）	东部平原	东北平原	K	元素（指标）	东部平原	东北平原	K	元素（指标）	东部平原	东北平原	K
Ag	0.072	0.07	0.97	TFe_2O_3	4.71	4.19	0.89	Rb	105	108.91	1.04
Al_2O_3	13.51	13.91	1.03	Ga	15.7	17	1.1	S	160	99.74	0.62
As	10	8.69	0.87	Ge	1.42	1.28	0.9	Sb	0.79	1	0.79
Au	1.6	1.24	0.77	Hg	0.025	0	0.88	Sc	11	9.7	0.88
B	48	31.93	0.67	I	2.2	2	0.81	Se	0.1	0.11	1.1
Ba	565	625.24	1.11	K_2O	2.47	3	1.08	SiO_2	66	65.11	0.99
Be	2.3	2	0.99	La	37	33.91	0.92	Sn	3.1	2.65	0.86
Bi	0.31	0.26	0.84	Li	36	28.85	0.8	Sr	175	209.305	1.2
Br	2.6	2.11	0.81	MgO	1.57	1.26	0.81	TC	0.86	0.65	0.76
CaO	2.91	1.24	0.43	Mn	705	616.45	0.87	Th	12	10.54	0.88
Cd	0.118	0.07	0.62	Mo	0.57	0.657	1.15	Ti	4172	3862.65	0.93
Ce	58	66	1.14	N	440	459	1.04	Tl	0.66	0.66	0.99
Cl	135	64.06	0.47	Na_2O	1.63	1.88	1.16	U	2.3	2.15	0.94
Co	13	11.57	0.89	Nb	15.5	13.92	0.9	V	87	75.6	0.87
Corg	0.34	0.37	1.08	Ni	30	23.66	0.79	W	1.7	1.52	0.89
Cr	65	54.32	0.84	P	475	462.85	0.97	Y	26	23	0.89
Cu	23	19	0.83	Pb	23	22.84	0.99	Zn	64	57.19	0.89
F	510	463.95	0.91	pH	8.13	7.43	0.91	Zr	250	265.686	1.06

注：Au 含量单位为 10^{-9}，氧化物、TC 和 Corg 含量单位为%，pH 无量纲，其他元素含量单位为 10^{-6}。

附表 9　东北地区两大平原土壤地球化学基准值

元素(指标)	松辽平原 均值	松辽平原 变异系数	三江平原 均值	三江平原 变异系数	元素(指标)	松辽平原 均值	松辽平原 变异系数	三江平原 均值	三江平原 变异系数	元素(指标)	松辽平原 均值	松辽平原 变异系数	三江平原 均值	三江平原 变异系数
Ag	0.068	0.22	0.081	0.19	TFe_2O_3	4	0.39	5.35	0.21	Rb	107	0.12	121	0.08
Al_2O_3	13.63	0.14	15.07	0.05	Ga	16.8	0.22	20.39	0.09	S	103.41	0.39	81.55	0.19
As	8.39	0.39	10.55	0.27	Ge	1.26	0.14	1.38	0.1	Sb	0.61	0.36	0.74	0.25
Au	1.25	0.36	1.19	0.32	Hg	0.019	0.51	0.035	0.28	Sc	9.3	0.38	12.22	0.23
B	31.52	0.35	34.49	0.25	I	1.88	0.5	1.28	0.56	Se	0.106	0.5	0.132	0.45
Ba	622	0.08	643	0.07	K_2O	2.69	0.09	2.61	0.09	SiO_2	65.3	0.07	64.78	0.03
Be	2.22	0.23	2.62	0.1	La	33.22	0.27	38.15	0.14	Sn	2.58	0.29	3.09	0.19
Bi	0.25	0.41	0.33	0.25	Li	27.96	0.31	34.45	0.22	Sr	214	0.28	188	0.19
Br	2.28	0.45	1.16	0.39	MgO	1.28	0.36	1.21	0.22	TC	0.7	0.58	0.42	0.37
CaO	1.31	0.36	1.15	0.17	Mn	604	0.42	692	0.33	Th	10.24	0.31	12.44	0.18
Cd	0.073	0.34	0.074	0.33	Mo	0.65	0.43	0.73	0.26	Ti	3749	0.32	4682	0.13
Ce	64.62	0.28	75.46	0.15	N	452	0.53	512	0.3	Tl	0.64	0.13	0.78	0.1
Cl	68.35	0.37	52.32	0.22	Na_2O	1.91	0.24	1.75	0.27	U	2.04	0.38	2.83	0.2
Co	11.08	0.4	14.47	0.26	Nb	13.53	0.26	16.55	0.1	V	72.83	0.34	93.45	0.21
Corg	0.37	0.56	0.35	0.4	Ni	22.97	0.39	27.83	0.26	W	1.47	0.37	1.82	0.21
Cr	51.69	0.37	70.85	0.22	P	440	0.44	592	0.21	Y	22.51	0.27	27.5	0.16
Cu	18.51	0.37	21.86	0.29	Pb	22.28	0.19	25.93	0.12	Zn	54.9	0.38	71.79	0.19
F	456	0.32	514	0.22	pH	7.56	0.18	6.64	0.1	Zr	268	0.21	249	0.12

注：Au 含量单位为 10^{-9}，氧化物、TC 和 Corg 含量单位为%，pH 无量纲，其他元素含量单位为 10^{-6}。

附表 10 不同地质背景深层土壤元素富集与贫乏组合

地质背景	富集贫化程度	造岩元素(8)	铁族元素(7)	稀有稀土元素(9)	放射性元素(2)	钨钼族(2)	金属成矿元素(10)	分散元素(5)	挥发分及卤族元素(8)	碳(2)
第四系	相当	Na$_2$O,MgO,Al$_2$O$_3$,SiO$_2$,K$_2$O,Ba,Sr	Ti,V,Cr,Mn,TFe$_2$O$_3$,Co,Ni	Li,Be,Nb,Zr,Rb,La,Ce,Sc,Y	Th,U	W,Mo	As,Sb,Bi,Cu,Zn,Ag,Sn,Au,Hg,Pb	Ga,Tl,Cd,Se,Ge	N,B,I,F,Br,P,S,Cl	Corg,TC
	强度富集	CaO							Br	
新近系	中弱贫化	Na$_2$O,CaO,Sr								
	相当	MgO,Al$_2$O$_3$,SiO$_2$,K$_2$O,Ba	Ti,Cr,Mn,Ni	Li,Be,Nb,Zr,Rb,La,Ce,Y	Th		As,Sb,Cu,Zn,Ag,Sn,Au,Pb			
	中弱富集		Co,TFe$_2$O$_3$,V	Sc	U	W	Bi			TC
	强度富集					Mo	Hg	Se	N	Corg
白垩系	相当	Na$_2$O,MgO,Al$_2$O$_3$,SiO$_2$,K$_2$O,CaO,Ba,Sr	Ti,V,Cr,TFe$_2$O$_3$,Ni	Li,Be,Nb,Zr,Rb,La,Ce,Sc,Y	Th,U	W,Mo	As,Sb,Bi,Cu,Zn,Ag,Sn,Au,Hg,Pb	Ga,Tl,Cd,Se,Ge	B,I,F,Br,P,S,Cl	TC
	中弱富集		Mn,Co						N	Corg
侏罗系	相当	Na$_2$O,MgO,Al$_2$O$_3$,SiO$_2$,K$_2$O,CaO,Ba,Sr	Ti,V,Cr,TFe$_2$O$_3$,Co,Ni	Li,Be,Nb,Zr,Rb,La,Ce,Sc,Y	Th,U	W	As,Sb,Bi,Cu,Ag,Sn,Au,Hg,Pb	Ga,Tl,Cd,Ge	B,I,F,S,Cl	TC
	中弱富集		Mn		Th	Mo	Zn	Se	P,N,Br	
	强度富集									Corg
二叠系	相当	Na$_2$O,MgO,Al$_2$O$_3$,SiO$_2$,K$_2$O,CaO,Ba,Sr	Cr,Ni	Be,Nb,Zr,Rb,La,Ce,Y	Th		Sb,Cu,Ag,Sn,Au,Pb	Ga,Tl,Cd,Se,Ge	B,I,F,Br,S,Cl	
	中弱富集		TFe$_2$O$_3$,Co,Ti,V,Mn	Li,Sc	U	W	As,Zn,Bi		P	TC
	强度富集					Mo	Hg	Se	N	Corg

续附表 10

地质背景	富集贫化程度	造岩元素(8)	铁族元素(7)	稀有稀土元素(9)	放射性元素(2)	钨钼族(2)	金属成矿元素(10)	分散元素(5)	挥发分及卤族元素(8)	碳(2)
石炭系	相当	$Na_2O,MgO,Al_2O_3,SiO_2,K_2O,Ba,Sr$	Ti,V,TFe_2O_3,Co,Ni	$Li,Be,Nb,Zr,Rb,La,Ce,Sc,Y$	Th,U		Cu,Zn,Ag,Sn,Au,Hg,Pb	Ga,Tl,Ge	I,F,P,S,Cl	TC
	中弱富集	CaO	Cr,Mn			W	Bi	Se,Cd	B,N,Br	Corg
	强度富集					Mo	As,Sb			
泥盆系	相当	$Na_2O,MgO,Al_2O_3,SiO_2,K_2O,CaO,Ba,Sr$		Be,Nb,Zr,Rb	Th		Sb,Ag,Sn,Pb	Ga,Tl,Cd,Ge	B,I,F,Br,S,Cl	
	中弱富集		Co,TFe_2O_3,Mn,V,Ti,Cr	La,Li,Ce,Y,Sc		W,Mo	As,Cu,Zn,Au,Bi		P	TC
	强度富集		Ni		U		Hg	Se	N	Corg
志留系	相当	$Na_2O,MgO,Al_2O_3,SiO_2,K_2O,CaO,Ba,Sr$	V,Cr,Mn	$Li,Be,Nb,Zr,Rb,La,Ce,Sc,Y$	Th	W,Mo	Cu,Ag,Sn,Au,Pb	Ga,Tl,Cd,Ge	N,I,F,Br,S,Cl	Corg,TC
	中弱富集		Ti,Ni,TFe_2O_3		U	W	Zn,Sb,Bi,Ag,Bi,Hg	Se	B,P	
奥陶系	相当	$Na_2O,Al_2O_3,SiO_2,K_2O,CaO,Ba,Sr$	Mn	Li,Be,Nb,Zr,Rb,La,Ce,Y	Th,U	W	As,Sb,Bi,Ag,Sn,Au,Pb	Ga,Tl,Cd,Ge	I,F,Cl	TC
	中弱富集	MgO	Co,Ti,V,Cr,TFe_2O_3,Ni	Sc		Mo	Cu,Zn,Hg		P,B	
	强度富集							Se	Br,S,N	Corg

续附表 10

地质背景	富集贫化程度	造岩元素(8)	铁族元素(7)	稀有稀土元素(9)	放射性元素(2)	钨钼族(2)	金属成矿元素(10)	分散元素(5)	挥发分及卤族元素(8)	碳(2)
寒武系	中弱贫化	Na₂O,Sr								
	相当	MgO,Al₂O₃,SiO₂,K₂O,CaO,Ba	Ti,V	Li,Be,Nb,Zr,Rb,La,Ce,Y	Th,U	W,Mo	As,Sb,Bi,Zn,Ag,Sn,Au,Hg,Pb	Ga,Tl,Ge	F,P	TC
	中弱富集		Co,Cr,Mn,TFe₂O₃,Ni	Sc			Cu	Cd,Se	N	
	强度富集								B,S,I,Br,Cl	Corg
元古宇	相当	Na₂O,MgO,Al₂O₃,SiO₂,K₂O,CaO,Ba,Sr	Ti	Be,Nb,Zr,Rb,La,Ce,Y	Th,U	W	Sb,Ag,Sn,Pb	Ga,Tl,Cd,Ge	F,P,Cl	TC
	中弱富集		Cr,V,Mn,TFe₂O₃,Ni	Li,Sc		Mo	As,Hg,Zn,Bi,Cu,Au		S,I,Br,B	
	强度富集						As	Se	N	Corg
太古宇	中弱贫化									
	相当	Na₂O,MgO,Al₂O₃,SiO₂,K₂O,CaO,Ba,Sr	Ti,V,Mn	Li,Be,Nb,Zr,Rb,La,Ce,Sc,Y	Th,U	W,Mo	Sb,Bi,Ag,Sn,Au,Hg,Pb	Ga,Tl,Cd,Ge	N,B,I,F,S,Cl	TC
	中弱富集		Cr,TFe₂O₃,Co,Ni				Zn,Cu	Se	Br,P	Corg
白垩纪侵入岩	相当	Na₂O,MgO,Al₂O₃,SiO₂,K₂O,CaO,Ba,Sr	Ti,V,Cr,TFe₂O₃,Co,Ni	Li,Be,Zr,Rb,La,Ce,Sc,Y			As,Sb,Cu,Ag,Sn,Au,Pb	Ga,Tl,Se,Ge	B,I,F,Br,S,Cl	TC
	中弱富集		Mn	Nb	Th,U	W	Hg,Zn,Bi	Cd	N,P	Corg
	强度富集					Mo				

续附表 10

地质背景	富集贫化程度	造岩元素(8)	铁族元素(7)	稀有稀土元素(9)	放射性元素(2)	钨钼族(2)	金属成矿元素(10)	分散元素(5)	挥发分及卤族元素(8)	碳(2)
侏罗纪侵入岩	相当	Na_2O,MgO,Al_2O_3,SiO_2,K_2O,CaO,Ba,Sr	Ti,V,Cr,Mn,TFe_2O_3,Co,Ni	Li,Be,Nb,Zr,Rb,La,Ce,Sc,Y	U	W,Mo	As,Sb,Bi,Cu,Zn,Ag,Sn,Au,Hg,Pb	Ga,Tl,Cd,Ge	N,B,I,F,Br,P,S,Cl	Corg,TC
侏罗纪侵入岩	中弱富集				Th			Se		
三叠纪侵入岩	相当	Na_2O,MgO,Al_2O_3,SiO_2,K_2O,CaO,Ba,Sr	V,Cr,TFe_2O_3,Co,Ni	Li,Be,Nb,Zr,Rb,La,Ce,Sc,Y			As,Sb,Cu,Ag,Au,Pb	Ga,Tl,Cd,Ge	B,I,F,Br,S	TC
三叠纪侵入岩	中弱富集		Ti,Mn		Th,U	W,Mo	Sn,Bi,Zn,Hg		Cl,P	
三叠纪侵入岩	强度富集							Se	N	Corg
二叠纪侵入岩	相当	Na_2O,MgO,Al_2O_3,SiO_2,K_2O,CaO,Ba,Sr	Ti,V,Cr,Mn,TFe_2O_3,Co,Ni	Li,Be,Nb,Zr,Rb,La,Ce,Sc,Y	Th	W	As,Sb,Bi,Cu,Zn,Ag,Sn,Au,Pb	Ga,Tl,Cd,Ge	B,I,F,Br,S,Cl	TC
二叠纪侵入岩	中弱富集				Th,U	Mo	Hg	Se	N,P	
二叠纪侵入岩	强度富集									Corg
石炭纪侵入岩	相当	Na_2O,MgO,Al_2O_3,SiO_2,K_2O,CaO,Ba,Sr	Cr	Zr,Rb	Th	W	Sb,Sn,Au,Pb	Tl,Cd,Ge	B,I,S,Cl	TC
石炭纪侵入岩	中弱富集		Ti,TFe_2O_3,V,Co,Ni	Sc,Be,Li,Nb,Mn,La,Ce,Y			Bi,As,Cu,Ag,Zn	Ga	Br,F,P	
石炭纪侵入岩	强度富集				U	Mo	Hg	Se	N	Corg,TC
泥盆纪侵入岩	相当	Na_2O,MgO,Al_2O_3,SiO_2,K_2O,CaO,Ba,Sr	Ti,V,Cr,Mn,TFe_2O_3,Co,Ni	Li,Be,Nb,Rb,La,Ce,Sc,Y	Th,U		As,Sb,Bi,Cu,Zn,Ag,Sn,Au,Hg,Pb	Ga,Tl,Cd,Se,Ge	N,I,F,Br,P,Cl	TC
泥盆纪侵入岩	中弱贫化								S	
泥盆纪侵入岩	中弱富集			Zr		Mo,W			B	Corg

续附表 10

地质背景	富集贫化程度	造岩元素(8)	铁族元素(7)	稀有稀土元素(9)	放射性元素(2)	钨钼族(2)	金属成矿元素(10)	分散元素(5)	挥发分及卤族元素(8)	碳(2)
志留纪侵入岩	强度贫化								S	
	中弱贫化									TC
	相当	$Na_2O, MgO, Al_2O_3, SiO_2, K_2O, CaO, Ba, Sr$	Ti, Cr, Mn	$Li, Be, Nb, Zr, Rb, La, Ce, Sc, Y$	Th, U		$As, Bi, Ag, Sn, Au, Hg, Cu$	Ga, Tl, Cd, Ge	N, I, Br, P, Cl	Corg
	中弱富集		TFe_2O_3, V, Co, Ni			W	Zn, Se, Sb, Cu		F	
	强度富集					Mo			B	
奥陶纪侵入岩	中弱贫化								Br	TC
	相当	$Na_2O, MgO, Al_2O_3, SiO_2, K_2O, CaO, Ba, Sr$	Ni	Li, Be, Nb, Zr, Rb		W	$As, Sb, Bi, Ag, Sn, Au, Hg, Pb$	Cd, Se, Ge	N, B, I, F, S, Cl	Corg
	中弱富集		$Ti, Co, V, Mn, TFe_2O_3, Cr$	Sc, La, Ce, Y	Th	Mo	Zn	Ga, Tl	P	
	强度富集				U		Hg			
寒武纪侵入岩	相当	$Na_2O, Al_2O_3, SiO_2, K_2O, Ba, Sr$	Mn	$Li, Be, Nb, Zr, Rb, La, Ce, Y$	Th, U	W, Mo	$As, Sb, Bi, Ag, Sn, Au, Hg, Pb$	Ga, Tl, Cd, Ge	B, I, F, Br, S, Cl	TC
	中弱富集	CaO, MgO	$Cr, TFe_2O_3, Ti, V, Co, Ni$	Sc			Cu, Zn	Se	P, N	
	强度富集									Corg
元古宙侵入岩	相当	$Na_2O, MgO, Al_2O_3, SiO_2, K_2O, CaO, Ba, Sr$	Ni	$Li, Be, Nb, Zr, Rb, La, Y$	Th, U	W	$As, Sb, Cu, Ag, Sn, Au, Pb$	Tl, Cd, Ge	B, I, F, Br, S, Cl	TC
	中弱富集		$Mn, V, Ti, Co, TFe_2O_3, Cr$	Ce, Sc		Mo	Bi, Zn	Ga, Se	P, N	
	强度富集						Hg			Corg

续附表 10

地质背景	富集贫化程度	造岩元素(8)	铁族元素(7)	稀有稀土元素(9)	放射性元素(2)	钨钼族(2)	金属成矿元素(10)	分散元素(5)	挥发分及卤族元素(8)	碳(2)
	相当	Na_2O,Al_2O_3,SiO_2,K_2O,CaO,Ba,Sr		Li,Be,Zr,Rb,Y	Th	W	As,Sb,Ag,Sn,Au,Pb	Tl,Ge	B,I,F,Br,S,Cl	
	中弱富集	MgO		Ce,La	U		Bi	Ga,Cd		
玄武岩	强度富集		Mn,V,TFe_2O_3,Ti,Cr,Co,Ni	Sc,Nb		Mo	Zn,Cu,Hg	Se	P,N	Corg,TC

附表 11 不同土壤类型深层土壤元素富集与贫乏组合

土壤类型	富集贫化程度	造岩元素(8)	铁族元素(7)	稀有稀土元素(9)	放射性元素(2)	钨钼族(2)	金属成矿元素(10)	分散元素(5)	挥发分及卤族元素(8)	碳(2)
暗棕壤	相当	Na_2O,MgO,Al_2O_3,SiO_2,K_2O,CaO,Ba,Sr	Cr,Ni	Li,Be,Nb,Zr,Rb,La,Ce,Y	Th		As,Sb,Cu,Ag,Sn,Au,Pb	Ga,Tl,Cd,Ge	B,I,F,Br,S,Cl	
	中弱富集		Ti,V,Co,TFe_2O_3,Mn	Sc	U	W,Mo	Bi,Zn		P	TC
	强度富集						Hg	Se	N	Corg
	中弱贫化	Na_2O							Br	TC
白浆土	相当	MgO,Al_2O_3,SiO_2,K_2O,CaO,Ba,Sr	Mn	Be,Zr,Rb,La,Ce			Ag,Au,Pb	Ga,Tl,Cd,Ge	I,F,S,Cl	Corg
	中弱富集		Ti,Ni,TFe_2O_3,V,Co,Cr	Nb,Y,Li,Sc	Th,U	W,Mo	Sn,Sb,As,Zn,Cu,Bi		B,N,P	
	强度富集						Hg	Se		
滨海盐土	相当	Na_2O,Al_2O_3,SiO_2,K_2O,Ba,Sr	Ti,V,Cr,Mn,TFe_2O_3,Co,Ni	Li,Be,Nb,Zr,Rb,La,Ce,Sc,Y	Th,U	W,Mo	As,Sb,Bi,Cu,Zn,Ag,Sn,Hg,Pb	Ga,Tl,Cd,Se,Ge	N,F,P	Corg,TC
	中弱富集	MgO,CaO					Au			
	强度富集								B,I,S,Cl,Br	
草甸土	相当	Na_2O,MgO,Al_2O_3,SiO_2,K_2O,Ba,Sr	Ti,V,Cr,Mn,TFe_2O_3,Co,Ni	Li,Be,Nb,Zr,Rb,La,Ce,Sc,Y	Th,U	W,Mo	As,Sb,Bi,Cu,Zn,Ag,Sn,Au,Hg,Pb	Ga,Tl,Cd,Se,Ge	N,B,I,F,Br,P,S,Cl	Corg,TC
	中弱富集	CaO								

续附表 11

土壤类型	富集贫化程度	造岩元素(8)	铁族元素(7)	稀有稀土元素(9)	放射性元素(2)	钨钼族(2)	金属成矿元素(10)	分散元素(5)	挥发分及卤族元素(8)	碳(2)
潮土	强度贫化		Co,TFe$_2$O$_3$,V,Mn,Ni		U	W,Mo	Bi,Hg,Zn,As	Se	P,N	Corg
	中弱贫化	MgO,Al$_2$O$_3$	Ti,Cr	Be,Nb,Ce,Y	Th		Sb,Cu,Sn,Au,Pb	Ga,Cd	B,I,F,Cl	TC
	相当	Sr,Na$_2$O,K$_2$O,SiO$_2$		Rb,Zr			Ag	Tl,Ge	Br,S	
	中弱富集	CaO								
	中弱贫化								P,Cl	Corg,TC
粗骨土	相当	Na$_2$O,Al$_2$O$_3$,SiO$_2$,K$_2$O,Ba,Sr	Ti,V,Cr,Mn,TFe$_2$O$_3$,Co	Li,Be,Nb,Zr,Rb,La,Ce,Sc,Y	Th,U	W,Mo	As,Bi,Zn,Ag,Sn,Hg,Pb	Ga,Tl,Ge	N,B,F,S	
	中弱富集	MgO	Ni				Sb,Au,Cu	Cd	I	
	强度富集	CaO							Br	
风沙土	强度贫化	MgO,SiO$_2$	Ti,V,Cr,Mn,TFe$_2$O$_3$,Co,Ni	Li,Nb,Ce,Sc,Y	Th,U	W,Mo	As,Sb,Bi,Cu,Zn,Hg	Se	N,I,F,P	Corg
	中弱贫化	Al$_2$O$_3$		La,Be,Zr			Ag,Sn,Au,Pb	Cd,Ga	B,S	TC
	相当	Ba,Sr,Na$_2$O,K$_2$O		Rb				Tl,Ge	Br	
	中弱富集	CaO							Cl	
	强度富集									
褐土	中弱贫化					Mo	Hg	Se	P,N	Corg
	相当	Na$_2$O,MgO,Al$_2$O$_3$,SiO$_2$,K$_2$O	Ti,V,Cr,Mn,TFe$_2$O$_3$,Co,Ni	Li,Be,Nb,Rb,La,Ce,Sc,Y	Th	W	As,Sb,Bi,Cu,Zn,Ag,Sn,Au,Pb	Ga,Tl,Cd,Ge	B,I,F,S,Cl	TC
	中弱富集			Zr						
	强度富集	CaO							Br	

续附表 11

土壤类型	富集贫化程度	造岩元素(8)	铁族元素(7)	稀有稀土元素(9)	放射性元素(2)	钨钼族(2)	金属成矿元素(10)	分散元素(5)	挥发分及卤族元素(8)	碳(2)
黑钙土	中弱贫化						Hg	Se	N,P	
	相当	Na_2O、MgO、Al_2O_3、SiO_2、K_2O、Ba	Ti,V,Cr,Mn,TFe_2O_3、Co、Ni	Li,Be,Nb,Zr,Rb,La,Ce,Sc,Y	Th,U	W,Mo	As,Sb,Bi,Cu,Zn,Ag,Sn,Au,Pb	Ga,Tl,Cd,Ge	B,F,S	Corg
	中弱贫化	Sr							I	
	强度富集	CaO							Cl,Br	TC
黑土	相当	Na_2O、MgO、Al_2O_3、SiO_2、K_2O、CaO、Ba、Sr		Li,Be,Nb,Zr,Rb,La,Ce	Th,U		Sb,Ag,Sn,Au,Hg,Pb	Ga,Tl,Cd,Se,Ge	B,I,F,Br,P,S,Cl	TC
	中弱富集		Mn,Ti,Cr,V,Co,TFe_2O_3、Ni	Y,Sc		W,Mo	Zn,Cu,As,Bi		N	Corg
	中弱贫化	Na_2O、Sr							P	
红黏土	相当	MgO、Al_2O_3、SiO_2、K_2O、CaO、Ba、Sr	Ti,V,Mn,TFe_2O_3、Co	Li,Be,Nb,Zr,Rb,La,Ce,Sc,Y	Th,U	W,Mo	As,Bi,Zn,Ag,Sn,Hg,Pb	Ga,Tl,Cd,Ge	N,F,Cl	TC
	中弱富集	CaO	Cr,Ni				Cu	Se	B,S	Corg
	强度富集						Sb,Au		Br,I	
火山灰土	相当	Na_2O、MgO、Al_2O_3、SiO_2、K_2O、CaO、Ba、Sr		Li,Zr,Rb,Ce	Th,U		Sb,Ag,Au,Pb	Tl,Ge	B,I,Br	
	中弱富集		V、TFe_2O_3、Mn、Cr	Sc,La,Be,Y			As,Sn,Cu,Hg,Zn	Ga	S,F,Cl	
	强度富集		Ti,Co,Ni	Nb		W,Mo	Bi	Cd,Se	N,P	Corg,TC

续附表 11

土壤类型	富集贫化程度	造岩元素(8)	铁族元素(7)	稀有稀土元素(9)	放射性元素(2)	钨钼族(2)	金属成矿元素(10)	分散元素(5)	挥发分及卤族元素(8)	碳(2)
碱土	强度贫化		Mn,Co,TFe₂O₃,Cr,Ni							Corg
	中弱贫化	Al₂O₃	Ti,V	Li,Y,Nb,Be,Ce	Th,U	Mo	Bi,Hg,Zn	Se,Ga	N	
	相当	MgO,SiO₂,K₂O,Ba		Be,Zr,Rb,La		W	Cu,Sb,Sn,As	Tl,Cd,Ge	P	
	中弱富集	Na₂O,Sr					Ag,Au,Pb		B,I,F,S	
	强度富集	CaO							Br,Cl	TC
栗钙土	强度贫化	MgO	Ti,V,Cr,Mn,TFe₂O₃,Co,Ni	Li,Nb,La,Ce,Sc,Y	Th,U	W,Mo	As,Sb,Bi,Cu,Zn,Sn,Au,Hg	Se	N,B,I,F,P	Corg
	中弱贫化	Al₂O₃		Be,Zr			Ag,Pb	Ga,Cd		TC
	相当	SiO₂,K₂O,Na₂O,Ba,Sr		Rb				Tl,Ge	S,Br,Cl	
	中弱富集	CaO								
	强度富集									
栗褐土	中弱贫化							Se		Corg
	相当	Na₂O,MgO,Al₂O₃,SiO₂,K₂O,Ba,Sr	Ti,V,Cr,Mn,TFe₂O₃,Co,Ni	Li,Be,Nb,Zr,Rb,La,Ce,Sc,Y	Th,U	W,Mo	As,Sb,Bi,Cu,Zn,Ag,Sn,Au,Hg,Pb	Ga,Tl,Cd,Ge	N,I,F,P	
	中弱富集								B	
	强度富集	CaO			Th	W			S,Cl,Br	TC
泥炭土	中弱贫化								Br,I	
	相当	Na₂O,MgO,Al₂O₃,SiO₂,K₂O,CaO,Ba,Sr		Li,Be,Nb,Zr,Rb,La,Ce,Sc,Y			Sb,Bi,Cu,Ag,Sn,Au,Pb	Ga,Tl,Cd,Ge	B,F,S,Cl	TC
	中弱富集		Cr,TFe₂O₃		U	Mo	Zn,As	Se	N,P	Corg
	强度富集						Hg			

续附表 11

土壤类型	富集贫化程度	造岩元素(8)	铁族元素(7)	稀有稀土元素(9)	放射性元素(2)	钨钼族(2)	金属成矿元素(10)	分散元素(5)	挥发分及卤族元素(8)	碳(2)
石质土	相当	$Na_2O,Al_2O_3,SiO_2,K_2O,Ba,Sr$		Li,Be,Zr,Rb,La,Ce,Y	Th,U	W,Mo	As,Sb,Bi,Ag,Sn,Au,Pb	Ga,Tl,Ge	B,F,Cl	
	中弱富集	CaO	TFe_2O_3,V,Mn,Ti	Sc,Nb			Hg,Zn	Cd,Se	S	TC
	强度富集	MgO	Co,Cr,Ni				Cu		I,P,N,Br	Corg
水稻土	相当	$Na_2O,MgO,Al_2O_3,SiO_2,K_2O,CaO,Ba,Sr$	Ti,V,Cr,Mn,TFe_2O_3,Co,Ni	Li,Be,Nb,Zr,Rb,La,Ce,Sc,Y	Th,U	W,Mo	As,Sb,Bi,Cu,Zn,Ag,Sn,Au,Hg,Pb	Ga,Tl,Cd,Ge	N,B,F,Br,S	Corg,TC
	中弱富集							Se	I,P,Cl	TC
	强度贫化							Se	I,Br,F	
新积土	中弱贫化	MgO	Ni,Cr				Au,Cu			
	相当	$Na_2O,Al_2O_3,SiO_2,K_2O,CaO,Ba,Sr$	Ti,V,Mn,TFe_2O_3,Co	Li,Be,Nb,Zr,Rb,La,Ce,Sc,Y	Th,U	W,Mo	As,Sb,Bi,Zn,Ag,Sn,Hg,Pb	Ga,Tl,Cd,Ge	N,B,P,S,Cl	Corg
	强度贫化		TFe_2O_3						N	
	中弱贫化		V,Ti,Mn,Cr,Co,Ni	Li,Sc,Nb,Y	Th,U	W,Mo	Hg,Zn,Bi,Cu,Sb	Ga,Se	P	Corg
盐土	相当	$MgO,Al_2O_3,SiO_2,K_2O,Ba$		Be,Zr,Rb,La,Ce			As,Ag,Sn,Au,Pb	Tl,Cd,Ge	B,I,F,S	
	中弱富集	Na_2O								
	强度富集	CaO,Sr							Br,Cl	TC

续附表 11

土壤类型	富集贫化程度	造岩元素(8)	铁族元素(7)	稀有稀土元素(9)	放射性元素(2)	钨钼族(2)	金属成矿元素(10)	分散元素(5)	挥发分及卤族元素(8)	碳(2)
沼泽土	强度贫化								Br	
	中弱贫化								I	
	相当	Na_2O、MgO、Al_2O_3、SiO_2、K_2O、CaO、Ba、Sr	Ti、V、Cr、Mn、TFe_2O_3、Co、Ni	Li、Be、Nb、Zr、Rb、La、Ce、Y	Th	W、Mo	As、Sb、Cu、Zn、Ag、Sn、Au、Pb	Ga、Tl、Cd、Ge	B、F、S、Cl	TC
	中弱富集			Sc	U		Bi	Se		Corg
	强度富集						Hg		P、N	
棕壤	相当	Na_2O、MgO、Al_2O_3、SiO_2、K_2O、CaO、Ba、Sr	Ti、V、Cr、Mn、TFe_2O_3、Co、Ni	Li、Be、Nb、Zr、Rb、La、Ce、Y	Th、U	W、Mo	As、Sb、Bi、Cu、Zn、Ag、Sn、Au、Hg、Pb	Ga、Tl、Cd、Ge	N、B、F、P、Cl	Corg、TC
	中弱富集							Se	I、Br、S	

附表 12 不同流域深层土壤元素富集与贫乏组合

不同流域	富集贫化程度	造岩元素(8)	铁族元素(7)	稀有稀土元素(9)	放射性元素(2)	钨钼族(2)	金属成矿元素(10)	分散元素(5)	挥发分及卤族元素(8)	碳(2)
松花江吉林段	相当	Na$_2$O,MgO,Al$_2$O$_3$,SiO$_2$,K$_2$O,CaO,Ba,Sr	Ti,V,Cr,TFe$_2$O$_3$,Co,Ni	Li,Be,Nb,Zr,Rb,La,Ce,Sc,Y	Th,U	W,Mo	As,Sb,Bi,Cu,Ag,Sn,Au,Hg,Pb	Ga,Tl,Cd,Ge	I,F,Br,P,S,Cl	TC
	中弱富集		Mn				Zn	Se	B,N	Corg
	强度贫化								S	
东辽河流域	中弱贫化								N	Corg,TC
	相当	Na$_2$O,MgO,Al$_2$O$_3$,SiO$_2$,K$_2$O,CaO,Ba,Sr	Ti,V,Mn,TFe$_2$O$_3$,Co,Ni	Li,Be,Nb,Zr,Rb,La,Ce,Sc,Y	Th,U	W,Mo	As,Sb,Bi,Cu,Zn,Ag,Sn,Au,Hg,Pb	Ga,Tl,Cd,Se,Ge	B,I,F,Br,P	
	中弱富集								Cl	
	强度贫化								I,Br	
黑龙江流域	中弱贫化									TC
	相当	Na$_2$O,MgO,Al$_2$O$_3$,SiO$_2$,K$_2$O,CaO,Ba,Sr	Ti,V,Mn,TFe$_2$O$_3$,Co,Ni	Li,Be,Nb,Zr,Rb,La,Ce,Y	Th	W,Mo	As,Sb,Cu,Zn,Ag,Sn,Au,Pb	Ga,Tl,Cd,Ge	N,B,F,P,S,Cl	Corg
	中弱富集		Cr	Sc	U		Bi	Se		
	强度富集						Hg			
浑河流域	相当	Na$_2$O,MgO,Al$_2$O$_3$,SiO$_2$,K$_2$O,CaO,Ba,Sr	Ti,V,Mn,TFe$_2$O$_3$,Co,Ni	Li,Be,Nb,Zr,Rb,La,Ce,Sc,Y	Th,U	W,Mo	As,Sb,Bi,Zn,Ag,Sn,Hg,Pb	Ga,Tl,Cd,Ge	N,I,F,Br,Cl	Corg,TC
	中弱富集		Cr				Cu,Au	Se	B,P	
	强度富集								S	

续附表 12

不同流域	富集贫化程度	造岩元素(8)	铁族元素(7)	稀有稀土元素(9)	放射性元素(2)	钨钼族(2)	金属成矿元素(10)	分散元素(5)	挥发分及卤族元素(8)	碳(2)
辽东诸河流域	中弱贫化						As			
	相当	Na₂O,MgO,Al₂O₃,SiO₂,K₂O,CaO,Ba,Sr	Ti,V,Cr,Mn,TFe₂O₃,Co,Ni	Li,Be,Nb,Zr,Rb,Ce,Sc,Y	Th,U	W,Mo	Sb,Bi,Cu,Zn,Ag,Sn,Au,Hg,Pb	Ga,Tl,Cd,Ge	N,F,P,S	Corg,TC
	中弱富集			La					B	
	强度富集								Cl,Se,Br,I	
辽河干流	中弱贫化		Mn,V,Co,TFe₂O₃	La,Li	U		Zn,Bi,As,Hg,Sn	Se		Corg,TC
	相当	Na₂O,MgO,Al₂O₃,SiO₂,K₂O,Ba,Sr	Ti,Cr,Ni	Be,Nb,Zr,Rb,Ce,Sc,Y	Th	Mo	Sb,Cu,Ag,Au,Pb	Ga,Tl,Cd,Ge	N,P,Cl	
	中弱富集	CaO							B,I,F,Br,S	TC
辽西诸河流域	中弱贫化						Hg		Cl,P	
	相当	Na₂O,MgO,Al₂O₃,SiO₂,K₂O,Ba,Sr	Ti,V,Cr,Mn,TFe₂O₃,Co,Ni	Li,Be,Nb,Zr,Rb,La,Ce,Sc,Y	Th,U	W	As,Sb,Bi,Cu,Zn,Ag,Sn,Au,Pb	Ga,Tl,Cd,Se,Ge	N,B,I,F,S	Corg
	中弱富集	CaO				Mo			Br	
嫩江流域	相当	Na₂O,MgO,Al₂O₃,SiO₂,K₂O,Ba,Sr	Ti,V,Cr,Mn,TFe₂O₃,Co,Ni	Li,Be,Nb,Zr,Rb,La,Ce,Sc,Y	Th,U	W,Mo	As,Sb,Bi,Cu,Zn,Ag,Sn,Au,Hg,Pb	Ga,Tl,Cd,Se,Ge	N,B,I,F,Br,P,S	Corg
	中弱富集								Cl	
	强度富集	CaO								TC

续附表 12

不同流域	富集贫化程度	造岩元素(8)	铁族元素(7)	稀有稀土元素(9)	放射性元素(2)	钨钼族(2)	金属成矿元素(10)	分散元素(5)	挥发分及卤族元素(8)	碳(2)
松花江黑龙江段	相当	Na_2O,MgO,Al_2O_3,SiO_2,K_2O,CaO,Ba,Sr	Ti,V,Cr,Mn,TFe_2O_3,Co,Ni	Li,Be,Nb,Zr,Rb,La,Ce,Sc,Y	Th,U	W,Mo	As,Sb,Bi,Cu,Zn,Ag,Sn,Au,Hg,Pb	Ga,Tl,Cd,Se,Ge	N,B,I,F,Br,S,Cl	Corg,TC
	中弱富集								P	
	强度贫化								Br	
	中弱贫化	Na_2O								TC
乌苏里江流域	相当	MgO,Al_2O_3,SiO_2,K_2O,CaO,Ba,Sr		Be,Zr,Rb		Mo	Au,Pb	Cd,Ge	I,S,Cl	Corg
	中弱富集		Ni,Ti,Mn,V	La,Ce,Nb,Y,Li	Th,U		Ag,Sn,Sb,As,Cu,Zn	Se,Tl,Ga	N,B,F,P	
	强度贫化		TFe_2O_3,Co,Cr	Sc		W	Bi,Hg			
	强度富集		Ti,V,Cr,Mn,TFe_2O_3,Co,Ni	Li,Be,Nb,La,Ce,Sc,Y	Th,U	W,Mo	As,Sb,Bi,Cu,Zn,Sn,Au,Hg	Ga,Se	N,B,I,F,P	Corg
西辽河流域	中弱贫化	Al_2O_3		Zr	Th	W	Pb,Ag	Cd		TC
	相当	Na_2O,Sr,Ba,K_2O,SiO_2		Rb	U	Mo		Ge,Tl	Br,S,Cl	
	强度富集	CaO								
鸭绿江流域	相当	Na_2O,Al_2O_3,SiO_2,K_2O,CaO,Ba,Sr		Be,Zr,Rb,Y	Th	W	As,Sb,Bi,Ag,Sn,Au,Pb	Tl,Ge	B,F,Cl	
	中弱富集	MgO	V,Mn,Ti	Nb,La,Li,Sc,Ce	U	Mo	Cu	Ga	S	
	强度富集		TFe_2O_3,Co,Ni,Cr				Zn,Hg	Cd,Se	P,N,Br,I	TC,Corg

附表 13　不同土地利用类型深层土壤元素富集与贫乏组合

土地利用类型	富集贫化程度	造岩元素(8)	铁族元素(7)	稀有稀土元素(9)	放射性元素(2)	钨钼族(2)	金属成矿元素(10)	分散元素(5)	挥发分及卤族元素(8)	碳(2)
草地	中弱贫化		Ti,TFe₂O₃,Co,Cr,Mn,Ni	Sc	Th		Hg,Zn	Se	N,P	Corg
	相当	Na₂O,MgO,Al₂O₃,SiO₂,K₂O,Ba,Sr	V	Li,Be,Nb,Zr,Rb,La,Ce,Sc,Y	U	W,Mo	As,Sb,Bi,Cu,Ag,Sn,Au,Pb		B,I,F,Br,S,Cl	TC
	强度富集	CaO								
旱地	相当	Na₂O,MgO,Al₂O₃,SiO₂,K₂O,Ba,Sr	Ti,V,Cr,Mn,TFe₂O₃,Co,Ni	Li,Be,Nb,Zr,Rb,La,Ce,Sc,Y	Th,U	W,Mo	As,Sb,Bi,Cu,Zn,Ag,Sn,Au,Hg,Pb	Ga,Tl,Cd,Se,Ge	N,B,I,F,Br,P,S	Corg,TC
	中弱富集	CaO								
河流水面	相当	MgO,Al₂O₃,SiO₂,K₂O,CaO,Ba,Sr	Ti,V,Cr,Mn,TFe₂O₃,Co,Ni	Li,Be,Nb,Zr,Rb,La,Ce,Sc,Y	Th,U	W,Mo	As,Sb,Bi,Cu,Zn,Ag,Sn,Au,Hg,Pb	Ga,Tl,Cd,Se,Ge	N,B,I,F,Br,P,S	Corg,TC
	中弱富集	Na₂O							Cl	
建设用地	相当	Na₂O,MgO,Al₂O₃,SiO₂,K₂O,Ba,Sr	Ti,V,Cr,Mn,TFe₂O₃,Co,Ni	Li,Be,Nb,Zr,Rb,La,Ce,Sc,Y	Th,U	W,Mo	As,Sb,Bi,Cu,Zn,Ag,Sn,Au,Hg,Pb	Ga,Tl,Cd,Se,Ge	N,B,I,F,Br,P,S	Corg,TC
	中弱富集	CaO								
林地	相当	Na₂O,MgO,Al₂O₃,SiO₂,K₂O,Ba,Sr		Li,Be,Nb,Zr,Rb,La,Ce,Sc,Y		W	As,Sb,Bi,Cu,Zn,Ag,Sn,Au,Pb	Ga,Tl,Cd,Se,Ge	B,I,F,Br,P,S,Cl	TC
	中弱富集					Mo	Hg	Se	N	
	强度富集									Corg

续附表 13

土地利用类型	富集贫化程度	造岩元素(8)	铁族元素(7)	稀有稀土元素(9)	放射性元素(2)	钨钼族(2)	金属成矿元素(10)	分散元素(5)	挥发分及卤族元素(8)	碳(2)
沙地	强度贫化	MgO,Al₂O₃	Ti,V,Cr,Mn,TFe₂O₃,Co,Ni	Li,Be,Nb,Zr,La,Ce,Sc,Y	Th,U	W,Mo	As,Sb,Bi,Cu,Zn,Sn,Au,Hg,Pb	Ga,Cd,Se	N,B,I,F,Br,P	Corg,TC
	中弱贫化	CaO,Na₂O,Sr		Rb			Ag	Tl	S,Cl	
	相当	Ba,K₂O						Ge		
	中弱富集	SiO₂								TC
水田	中弱贫化								Br	
	相当	Na₂O,MgO,Al₂O₃,SiO₂,K₂O,CaO,Ba,Sr	Ti,V,Cr,Mn,TFe₂O₃,Co,Ni	Li,Be,Nb,Zr,Rb,La,Ce,Sc,Y	Th,U	W,Mo	As,Sb,Bi,Cu,Zn,Ag,Sn,Au,Pb	Ga,Tl,Cd,Se,Ge	N,B,I,F,P,S,Cl	Corg
	中弱富集		TFe₂O₃,Co,Cr,Mn,Ti,V	Sc,Nb	Th	W,Mo	Hg,Zn,Bi,Cu	Se	N	Corg
未利用土地	相当	Na₂O,MgO,Al₂O₃,SiO₂,K₂O,Ba	Ni	Li,Be,Zr,Rb,La,Ce,Y	U		As,Sb,Ag,Sn,Au,Pb	Ga,Tl,Cd,Ge	B,I,F,Br,P,S	
	中弱贫化	Sr								TC
	强度富集	CaO							Cl	
	强度贫化						Hg		N	
盐碱地	中弱贫化	Al₂O₃,Ba,SiO₂	Ti,V,Cr,Mn,TFe₂O₃,Co,Ni	Nb,Ce,Sc,Li,Y	Th,U	W,Mo	Bi,Cu,Zn,Sn	Ga,Se	P	Corg
	相当	K₂O,Na₂O,MgO		Be,La,Rb,Zr			Au,As,Sb,Ag,Pb		B,F,S,I	
	中弱富集	Sr						Ge,Tl,Cd		
	强度富集	CaO							Br,Cl	TC

续附表 13

土地利用类型	富集贫化程度	造岩元素(8)	铁族元素(7)	稀有稀土元素(9)	放射性元素(2)	钨钼族(2)	金属成矿元素(10)	分散元素(5)	挥发分及卤族元素(8)	碳(2)
	中弱贫化								Br、I	
沼泽地	相当	Na$_2$O、MgO、Al$_2$O$_3$、SiO$_2$、K$_2$O、CaO、Ba、Sr	Ti、V、Cr、Mn、TFe$_2$O$_3$、Co、Ni	Li、Be、Nb、Zr、Rb、La、Ce、Sc、Y	Th、U	W、Mo	As、Sb、Bi、Cu、Zn、Ag、Sn、Au、Hg、Pb	Ga、Tl、Cd、Se、Ge	N、B、F、P、S、Cl	Corg、TC

附表14 表层与深层土壤元素含量比值

元素(氧化物)	极小值	极大值	均值	众数	比例($K_{表/深}$)				
					≤0.6	0.6~0.8	0.8~1.2	1.2~1.4	>1.4
Ag	0.01	94.17	1.07	1.00	0.03	0.14	0.59	0.13	0.10
Al_2O_3	0.14	3.25	0.97	1.00	0.00	0.03	0.93	0.02	0.01
As	0.05	103.19	1.02	1.00	0.07	0.19	0.55	0.09	0.10
Au	0.00	478.22	1.12	1.00	0.14	0.18	0.42	0.09	0.17
B	0.00	17.35	1.04	1.00	0.06	0.20	0.51	0.11	0.12
Ba	0.11	20.48	1.00	1.00	0.00	0.01	0.96	0.02	0.00
Be	0.08	4.50	0.98	1.00	0.01	0.08	0.83	0.05	0.02
Bi	0.00	231.03	1.16	1.00	0.02	0.11	0.59	0.12	0.16
Br	0.03	300.33	2.72	2.00	0.03	0.04	0.12	0.07	0.75
CaO	0.03	43.12	1.14	1.00	0.09	0.11	0.50	0.13	0.16
Cd	0.00	1 162.96	1.65	1.00	0.03	0.08	0.31	0.13	0.46
Ce	0.12	5.80	1.02	1.00	0.01	0.09	0.76	0.09	0.05
Cl	0.01	400.12	1.39	1.00	0.09	0.14	0.35	0.13	0.29
Co	0.04	13.44	1.01	1.00	0.03	0.18	0.62	0.08	0.08
Corg	0.02	108.00	4.92	3.00	0.01	0.01	0.03	0.02	0.93
Cr	0.09	165.86	1.06	1.00	0.02	0.11	0.68	0.09	0.10
Cu	0.05	64.20	1.08	1.00	0.03	0.14	0.62	0.09	0.12
F	0.00	14.62	0.96	1.00	0.05	0.25	0.56	0.07	0.07
TFe_2O_3	0.01	8.57	1.02	1.00	0.02	0.15	0.68	0.07	0.08
Ga	0.06	4.00	0.97	1.00	0.00	0.06	0.89	0.04	0.01
Ge	0.00	3.13	0.97	1.00	0.01	0.09	0.85	0.05	0.01
Hg	0.08	2000	1.71	1.00	0.05	0.10	0.26	0.12	0.47
I	0.02	200	1.43	1.00	0.09	0.11	0.27	0.12	0.40
K_2O	0.19	3.31	0.97	1.00	0.00	0.03	0.95	0.01	0.00
La	0.03	31.47	1.03	1.00	0.01	0.07	0.79	0.09	0.05
Li	0.01	7.22	1.01	1.00	0.01	0.13	0.71	0.08	0.07

续附表 14

元素（氧化物）	极小值	极大值	均值	众数	比例（$K_{表/深}$）				
					≤0.6	0.6~0.8	0.8~1.2	1.2~1.4	>1.4
MgO	0.00	1 216.44	1.05	1.00	0.05	0.19	0.58	0.08	0.10
Mn	0.00	21.54	1.08	1.00	0.06	0.14	0.53	0.13	0.14
Mo	0.00	1 176.74	1.06	1.00	0.10	0.21	0.45	0.10	0.14
N	0.04	204.16	4.09	2.00	0.00	0.00	0.03	0.03	0.93
Na$_2$O	0.10	12.49	1.00	1.00	0.01	0.12	0.73	0.09	0.04
Nb	0.06	74.61	1.03	1.00	0.00	0.04	0.85	0.07	0.04
Ni	0.00	49.00	1.02	1.00	0.04	0.19	0.60	0.07	0.09
P	0.01	13.96	1.51	1.00	0.01	0.04	0.25	0.19	0.52
Pb	0.01	142.55	1.04	1.00	0.00	0.05	0.83	0.08	0.04
pH	0.00	29.04	0.95	1.00	0.00	0.05	0.94	0.01	0.00
Rb	0.01	5.50	0.98	1.00	0.00	0.02	0.96	0.02	0.00
S	0.00	348.30	2.59	2.00	0.01	0.01	0.09	0.07	0.82
Sb	0.06	83.18	1.04	1.00	0.04	0.20	0.56	0.09	0.11
Sc	0.00	37.45	1.03	1.00	0.03	0.14	0.67	0.07	0.09
Se	0.04	78.80	2.08	2.00	0.01	0.02	0.15	0.11	0.71
SiO$_2$	0.11	3.49	1.00	1.00	0.00	0.01	0.99	0.01	0.00
Sn	0.00	77.04	1.07	1.00	0.03	0.15	0.57	0.14	0.12
Sr	0.01	11.70	0.99	1.00	0.01	0.11	0.76	0.07	0.04
TC	0.05	93.12	3.65	2.00	0.01	0.02	0.08	0.05	0.84
Th	0.00	17.23	1.02	1.00	0.02	0.11	0.72	0.08	0.06
Ti	0.12	6.86	1.06	1.00	0.00	0.05	0.81	0.08	0.06
Tl	0.13	3.86	0.97	1.00	0.00	0.08	0.87	0.04	0.01
U	0.00	12.19	1.09	1.00	0.02	0.11	0.62	0.13	0.12
V	0.08	9.05	1.03	1.00	0.01	0.10	0.74	0.08	0.08
W	0.00	92.50	1.06	1.00	0.03	0.13	0.64	0.10	0.11
Y	0.00	4.63	1.02	1.00	0.00	0.06	0.82	0.07	0.04
Zn	0.06	37.19	1.06	1.00	0.02	0.13	0.66	0.09	0.10
Zr	0.08	16.19	1.09	1.00	0.00	0.03	0.77	0.14	0.06